灌南味道

印烙在民俗里的舌尖记忆

政协灌南县委员会 组织编写

成树华等 著

图书在版编目（CIP）数据

灌南味道 ：印烙在民俗里的舌尖记忆 / 政协灌南县委员会组织编写；成树华等著. —苏州 ：苏州大学出版社，2022.12
ISBN 978-7-5672-4074-2

Ⅰ. ①灌… Ⅱ. ①政… ②成… Ⅲ. ①饮食－文化－灌南县 Ⅳ. ①TS971.202.534

中国版本图书馆 CIP 数据核字（2022）第 172798 号

书　　名：灌南味道——印烙在民俗里的舌尖记忆
GUANNAN WEIDAO——YINLAO ZAI MINSU LI DE SHEJIAN JIYI
组织编写：政协灌南县委员会
著　　者：成树华　等

责任编辑：杨　柳
装帧设计：吴　钰

出版发行：苏州大学出版社（Soochow University Press）
社　　址：苏州市十梓街 1 号　邮编：215006
印　　装：苏州市深广印刷有限公司
网　　址：http://www.sudapress.com
邮购热线：0512-67480030
销售热线：0512-67481020

开　　本：718 mm×1 000 mm　1/16　印张：23. 25　字数：335 千
版　　次：2022 年 12 月第 1 版
印　　次：2022 年 12 月第 1 次印刷
书　　号：ISBN 978-7-5672-4074-2
定　　价：78.00 元

凡购本社图书发现印装错误，请与本社联系调换。
服务热线：0512-67481020
苏州大学出版社邮箱　sdcbs@ suda.edu.cn

序一

前些日子，灌南县烹饪协会会长成树华先生将《灌南味道——印烙在民俗里的舌尖记忆》（以下简称《灌南味道》）的书稿发给我，同时他还向我详细介绍了成书的经过，我甚是感动。我觉得编撰《灌南味道》，不仅是灌南餐饮界的一件大事，而且是江苏乃至全国餐饮界的一件幸事。

《灌南味道》内容丰富，穿越时空，触摸着历史的脉搏。从夏商时“厨圣”伊尹的印迹，到西汉时海西侯国的记忆，再到盛唐时盐河的漕运，都折射出灌南历史文化的厚重。同时，它也清晰地记录了灌南当地的历史变迁，以及灌南和连云港、淮安一带互为一体的关系；它溯本求源，探寻当地餐饮的兴衰跌宕，以及灌南菜融入淮扬菜系的历史过程；它生动地叙述了季节的菜鲜、河产的水鲜、渔港的海鲜等时令佳肴，以及草里虫鲜的稀奇怪诞；它整理出渐已消失的乡间土灶的饮食风情，淳厚食俗里摆桌设座、上菜斟酒、下箸用餐、吃食入口等举手投足间的分寸讲究，以及古礼中沉淀的宴客之道。本书图文并茂地道出了淮扬菜技艺的传承与发展、节日食俗里的文化内涵、轶事趣闻里的雅俗情怀、艺食同源的文化氛围、汤沟美酒的醇香酣畅、饮食方言的乡土文化气息及菌菇产业的蓬勃发展。这些方方面面，显示出灌南饮食的丰富内涵和文化特征。

我国素有“烹饪王国”的美誉，包括江苏在内的各地美食，各有特色，经过五千多年的文化沉淀，凝聚着人们对自然界的感知，饱含着儒、释、道文化的博大及民间各种学问的深邃，彰显着中国人“含蓄内敛而不张扬”的为人处世的哲理，蕴藏着“治大国如

烹小鲜”的治国理念。这些精神内涵、生活态度和人生况味，在《灌南味道》一书中都得到了淋漓尽致的体现。

党的二十大即将胜利召开，《灌南味道》这本书的编撰、出版、发行，既是一份忠诚而深情的献礼，也能从中窥见灌南政协人不忘初心、锐意进取的身影。《灌南味道》是一本工具书，它让人知道诸多灌南独特菜肴的制作技艺，品味其间烹煮煎炸带来的鲜香脆爽。《灌南味道》是一本民俗书，它让人领略到灌南的风土人情，了解衣食住行里的俗规禁忌。《灌南味道》更是一把金钥匙，它帮我们打开了灌南文化的大门，领我们走进印烙在民俗里的灌南饮食文化，坐看灌南餐饮的春夏秋冬，细品灌南民俗的新奇怪诞，感悟乡情、乡愁的酸甜苦辣。

祝灌南县餐饮产业百尺竿头更进一步，取得更好发展！

中国烹饪协会第七届会长 傅龙成

2022 年 2 月于北京

序二

民以食为天。中国饮食文化博大精深，精、美、情、礼是其深层内涵和意蕴，精、美表现饮食的形象和品质，情、礼则反映与饮食相关的心态、习俗和社会功能。放眼大千世界，纵观万物万象，莫不相宜而生、相依而存。口腹之道，更多的是反映在生活方式和地理环境的层面上。灌南地处苏北平原、黄海之滨，自古以来“达海通江”，造就了灌南独特的地理与人文环境。境内海鲜、河鲜、四季时蔬种类繁多，这为灌南美食提供了天然的物质条件。丰富的食材随着商贾往来、经济发展和人口流动，成就了本地一批别具风味的美点和菜式，造就了鲜明的地域餐饮特色，掇菁撷华的菜肴和精湛的厨艺在区域内独树一帜。

灌南本土菜博采众长，融贯东西，尤以带有灌南特色的淮扬菜最负盛名，是淮扬菜系中的佼佼者。其火工讲究，制作精细，浓醇兼备，咸淡相宜，体现本味，可谓百菜百味；主配料配合巧妙，厨师尤擅炖、煨、烧、焖、扒等技法，酥烂脱骨而不失其形、清爽脆嫩而不失其味。十月沙光、貌丑虾婆、金鲳海鱼、梭子鲜蟹，豆丹佳肴、土灶美味，以及荠菜、春韭、槐花、苜蓿、小蒜、菌菇等时令生鲜，让人垂涎。灌南汤沟酒的历史更是源远流长，清代就以“南国汤沟酒，开坛十里香”的诗句名满天下，是中国浓香型白酒的卓越代表。

美味能让人看到不一样的世界，美味能够增强人们对生活、对家乡、对民族、对祖国的热爱。为弘扬、宣传灌南本土饮食文化，让更多的人了解灌南、热爱灌南，通过灌南的地方饮食领略灌南的

风土人情，感悟灌南人民的生活变迁和经济社会的发展变化，政协灌南县委员会组织编写了《灌南味道——印烙在民俗里的舌尖记忆》一书并顺利出版。本书不仅追溯了灌南菜肴的历史，介绍了各类特色菜肴及其烹饪方法和名店名厨，以及相关的民俗风情，还记录了口口相传的饮食轶事趣闻和故事传说，收录了与饮食相关的散文随笔、字画楹联、方言白话等。另外，本书还对汤沟酒的起源发展、工艺传承、社会影响等方面做了详细介绍，内容丰富翔实。

知味不易，说味更难。“时令菜鲜，回味乡情的酸甜苦辣”“河中美鲜，叩问味蕾的浓淡深浅”“渔港海鲜，品尝家乡的春夏秋冬”“草里虫鲜，感觉别样的稀奇怪诞”……这些诗意的小标题，能让你心神向往，恣意想象，复活你味蕾的记忆。“二月荠菜，唇齿留香”“田头小蒜，回味悠长”“金针黄花，忘忧疗愁”……我们相信，读者随意从文中抽取几段文字，都能油然生起阅读的快感。

希望该书能引导读者在普通的生活中寻找和发现饮食之美、生活之美，从而善待自然，热爱生活。同时，也希望该书能对弘扬我县饮食文化，推动地方特色食材食品、人才技艺、基地街区等美食产业链融合发展，促进区域经济发展，满足人民美好生活需要发挥积极作用。

政协灌南县第十届委员会主席 杨以波

2022 年 1 月

第一章
溯源寻脉 感悟兴衰跌宕 1

第二章
本土食材 诉说乡情乡愁 25

第三章
乡间土灶　映射世情冷暖　107

第一章

溯源寻脉　感悟兴衰跌宕

翻开灌南历史，我们可以清晰地看到夏、商、周、春秋、战国、秦、汉等朝代更迭的历史脉络和灌南古往今来在连云港、淮安之间盘根错节的文化交集。

灌南的饮食，因“厨圣”伊尹两隐伊山而开化；西汉时期，海西侯国的政治、经济推动了本地饮食的发展；唐代盐河的开挖与运河的漕运，使灌南饮食和淮安、扬州一带的淮扬菜相交融；明代“洪武赶散”，促进了苏南移民饮食特点和安徽盐商饮食习惯在灌南的结合，使本地的饮食风格紧紧地锁定在淮扬菜这条主线上。

溯源历史文明，感触一脉相承的文化渊源；探考“厨圣”伊尹，感叹鼻祖两隐伊山的飘逸情怀；追逐朝代更迭，感悟餐饮文化的兴衰起伏；走进传统农耕，感慨大地的惠泽奉献。在漫长的历史中，一代又一代的先民用自己的智慧与实践，在中国大地上不断耕耘，呈现出深植于中华民族血脉中的饮食文化精髓。

第一节　探古寻味　一脉相承

灌南县位于连云港市东南部，古称“海西县”“朐县”“朐山县”。地处灌南县东北、东临黄海的堆沟港，古往今来是连云港对外贸易港口的组成部分。堆沟港和其毗邻的黄海是境内淡水渔业和海洋捕捞的天然渔场。

“铜锺”
（现藏于灌南县博物馆）

夏、商、周时期，灌南一带为古徐州的属地；春秋、战国时期，先属鲁国，后属楚国。其烹饪历史可上溯至商朝，成熟于汉。公元前221年，秦始皇统一六国，分天下为三十六郡，设东海郡（今连云港一带），灌南当时隶属东海郡的朐县。

古时，灌南及周边地区被称为“东夷”。据《后汉书·东夷列传》记载，东夷又称“人方”“夷方”，是先秦时代生活在黄、泗、淮河流域各部族的总称。说起当地的饮食文化，应从生活在该地区的人类的生存活动开始。

1979年1月12日，考古人员在古朐山县境内的锦屏山桃花涧发掘出以石英石为主要原料的旧石器100余件。经专家鉴定，古朐山县的桃花涧一带是我国东部沿海地区唯一有明确层位关系的旧石器时代遗址，这证明四五万年前就有人类在此繁衍生息。此外，距今约7000年的海州锦屏山将军崖石刻的稻穗、麦穗图案，距今6500多年的灌云大伊山石棺墓遗址，距今约5000年的海州中云乡藤花落遗址，距今2000多年的灌南境内的多处汉文化遗址，都表明灌南是古朐山县的一部分，有着博大精深的文化与辉煌灿烂的历史。

西汉太初四年（公元前 101 年），汉武帝下诏封贰师将军李广利为“海西侯”，置海西侯国。灌南全境及周边的一些地方为其领地，即从罘北山（今连云港市灌云县同兴村和罘山村）起，东至海边，南至涟水县（古称“安东县”）北部一带，西北至朐县（今连云港市海州区的锦屏一带），西与厚邱县（今宿迁市沭阳县）接壤，食邑八千户，以现今灌南县新集镇塘河村为海西侯国的都邑。西汉征和三年（公元前 90 年），因李广利降匈奴而废侯，遂改置海西县，此乃灌南最早的建县记录。

三国时，灌南属魏，隶属广陵郡（今扬州市一带）。西晋时，境属因之。东晋建武元年（317 年），晋皇室南迁，废海西县，境属朐县。此后先后隶属后赵、前燕和前秦。南朝宋初仍属朐县，后改属青冀二州（侨置州）。南朝齐代时，境属青州（侨置州）；梁代时，境属南北二青州（侨置州）。北魏时，境属朐县，隶属海州；北周时，境属朐山县，隶属朐山郡。隋代时，境属朐山县，隶属东海郡。唐代时，实行道、州、县制，境属朐山县，隶属河南道之海州。五代十国时，境先后属吴、南唐和后周。北宋时，实行路、州、县制，境属朐山县，隶属淮海东路之海州。南宋时，境为金地，属朐山县，隶属山东东路之海州。元代时，实行行省制，省下辖道、州、县，境属朐山县，隶属河南江北行省淮东道之海宁州。从明代起，沿袭元时行省制，省下辖府、州、县，境域北部属海州；境域南部属安东县（今淮安市涟水县），隶属南直隶省之淮安府。清代，沿袭明制，境域北部属海州直隶州，南部属淮安府的安东县，均先后隶属江南江宁布政使司和江苏省。

清宣统三年（1911 年），改海州直隶州为东海县。1912 年 4 月，东灌分治，设灌云县，灌南分属灌云县、沭阳县和涟水县。1957 年，经中华人民共和国国务院批准，从灌云县以南和涟水县以北划出部分区域设置灌南县，县治新安镇，隶属原淮阴专区。1996 年 8 月，经江苏省人民政府批准，将灌南县划归连云港市管辖。

灌南饮食文化历史悠久，随着历史变迁、朝代更迭和行政管辖权属的变更，呈现出独特的文化特色。它不是独立的，而是显现出和周边地区在每个朝代的历史文化发展过程中盘根错节、相辅相成的交汇融合。

灌南境内曾发掘出龙沟汉居民遗址、大庙汉墓遗址、汉代海西侯国古城遗址、沂河淌内一万多平方米的唐代遗址，出土了远古时代的各种陶器、铜器，还有秦汉时的半两钱、五铢钱，并在陶器中发现了碳化的麦、禾等谷物。长茂石经幢，龙沟石刻雕像，三口镇石经幢，汤沟酒厂老窖池，吴承恩撰写的刘公墓志铭，新安镇五百多年的白果树，堆沟港古码头遗址和捕捞工具，这些历史遗存无不展现出灌南境内先民们生动的饮食生活场景，向我们诉说着一段段辉煌的饮食文化发展历史，展示着祖先们在这块大地上绘下的跌宕起伏、波澜壮阔的历史画卷。

第二节　鼻祖伊尹　两隐伊山

精烹善饪，传汤药，惠泽民生，烹饪中药两业成鼻祖。

助商灭桀，定乾坤，教文施政，隐伊智圣名刻甲骨文。

古时，灌南和灌云是一个整体，灌云的山都带有一个“伊”字，为什么这里的山都带一个“伊”字呢？相关资料显示，这与伊尹有关。伊尹何许人也？伊尹是商初帝师，是兴商的贤相。人们把伊尹和孔丘同等看待，称他们是“元圣”“至圣”。伊尹还是庖厨之祖，后世赞他为烹饪家、食疗家、汤药家，至今饮食烹饪界、医药界仍尊称他为“祖师爷”。伊尹曾两度隐居在灌云一带的大伊山、小伊山、伊芦山，用长达十四年的时间在本地区传播饮食和汤药文化，为本地区播种下饮食文化和汤药文化的种子。

伊尹像（尹步军画）

伊尹，生于夏末商初，本名伊挚，别名阿衡，尹起初是官名，有莘国人。另据《列子·天瑞》《吕氏春秋》《水经注》等史籍记载，伊尹生于洛阳伊川或空桑。

相传，伊尹母亲是居于伊水（今洛阳市栾川县）之上采桑养蚕的奴隶。他母亲生他之前梦见神仙告诉她："如见石臼有水出，即东走，万不可回首，汝若回头，汝就会变成一棵桑树。"第二天，她果然看到石臼里水如泉涌。这个善良的采桑女为了挽救众人，不顾自己的安危，拖着怀孕的身体，赶紧招呼四邻向东奔逃二十里①，慌乱之中她回头看了一眼，原来的村落已经成为一片汪洋水泊。因她违背了神仙的告诫，泄露了天机，所以她的身体立即变成了一棵带有树洞的大桑树。有莘氏的采桑女巧遇这棵大桑树，发现树洞里有一男婴在啼哭，便将其抱回去献给有莘国国君。有莘王怜其身世，顿生惜爱之心，命宫中的奴隶厨师好生抚养。这一神话故事美丽动人，因"其母盈于伊水之滨"，故有莘王命其姓为伊。

伊尹自幼聪慧，悟性极高，勤奋且上进。在有莘国的宫中，他有机会学到文字，并接触到文化、军事、农业、自然、手工业、医药等各方面知识及各类典籍，对其中的奥妙产生了浓厚的兴趣。伊尹虽屈卑为奴隶，但未屈服于命运的束缚，不仅从抚养他的奴隶厨师那里学到了烹饪技艺，而且能把烹饪原料的特性、自然生长规律、相关的烹饪方法，与自己接触到的各方面知识相融合，举一反三，触类旁通，这也为他后来施展助商灭桀、治国安邦平天下的雄才大略奠定了坚实的基础。

伊尹在为奴隶主贵族做厨师的青少年时期，就已显露出超人的才华。他既要为有莘王烹制一日三餐，又要给宫内的王孙们教文识字（实为"师仆"，奴隶身份的老师），又由于他精通汤药，经常煎煮汤药治病救人，因此，得到了上下层社会的普遍尊敬，可见当时他的影响力已超出其奴隶身份。

夏朝末年，君王桀施行暴政，惨无人道、人天共怨。夏桀久慕

① 1里=500米。本书所涉及的"里"计量单位，以尊重文稿为旨，保持原貌，不做修改。

伊尹之名，为挽回残局，召其入朝为官，授予其“尹”的官职。此后不久，伊尹不满夏桀暴政而弃官逃走。为躲避夏桀的追杀，他远走东夷，隐匿在庐朐一带（今连云港市南边海滩附近）的偏僻山岛上，结茅为庐隐居。伊尹由于常年向当地民众传授烹饪之术及（汤药）治病的精妙，因此，深受当地民众的爱戴。后来，人们称此处为“伊芦山”。而伊尹经常采集药材的两座山，便被称为“大伊山”“小伊山”。

几年后，有莘王非常怀念这位才华出众，厨艺、汤药术超群的奇士，便派人打探到其隐居之地，将其接回宫中。再后来，求贤若渴的殷商国君汤三番五次以玉、帛、马、皮为礼前往有莘国聘请伊尹，有莘王都不答应，商汤只好娶有莘王的女儿为妃，于是，伊尹便以陪嫁奴隶的身份来到商汤的身边。《孟子·公孙丑》有“汤之于伊尹，学焉而后臣之，故不劳而王”的记载，可见，伊尹是历史上第一个帝王之师。

商汤得到了伊尹，在宗庙为其举行除灾祛邪的仪式，点燃苇草以驱除不祥，杀牲涂血以消灾避邪，解除了伊尹的奴隶身份。

伊尹曾为商汤亲炙美味的鹄鸟之羹，商汤尝罢大悦，对他的烹饪技术大加赞赏。屈原的《天问》载有“缘鹄饰玉，后帝是飨”。王逸注：“后帝，谓殷汤也。言伊尹始仕，因缘烹鹄鸟之羹，修玉鼎，以事于汤。汤贤之，遂以为相也。”① 意思是由于商汤品尝了伊尹以鼎烹制的鹄鸟之羹，认识到伊尹贤能，拜伊尹为丞相。

一次，商汤在宗庙里举行祈福的祭祀，在庙堂上以隆重的礼仪让伊尹向自己讲述天下美味的精妙。伊尹说肉类各有特点，水生动物肉腥，食肉动物肉臊，食草动物肉膻。要使这些肉成为美味，水是第一重要因素；其次用酸、甜、苦、辣、咸五味及

① 转引自刘光胜.《清华大学藏战国竹简（壹）》整理研究［M］. 上海：上海古籍出版社，2016：170.

多种佐料调和，哪种先放、哪种后放、放多少都有标准。就像处理国家大事一样，哪件事应先处理，哪件事应后解决，应分个轻重缓急，量力而行；火候也很关键，掌握得当，就能去腥臊味，减少膻味。美味全由鼎中精妙的变化而产生，只能意会而不能以语言说清，就好比骑马射箭、阴阳变化、四季轮转的规律，须用很多时间去实践、去体会、去领悟，掌握了其中的奥妙，烹制出的肉就会熟而不烂、淡而不薄、肥而不腻。只有将五味调和并相互渗透，通过火力的大小作用使主料和调料融为一体，才能做出一道宛若艺术品的美味佳肴。处理国家大事也应如此，变不利因素为有利因素，化干戈为玉帛，取其精华去其糟粕，奖罚分明如火候大小的选择，如此才能使政体机制良性循环。这些道理通俗易懂、深入浅出，商汤及在场的大臣听得茅塞顿开。

伊尹进一步讲了很多菜肴的制作过程，其中蕴含深刻的治国之道。商汤若有所悟，方知伊尹确是经天纬地的栋梁之材。

伊尹辅佐商汤实行仁政，励精图治，体恤民情，深受民众的爱戴。在他的辅佐下，商汤从弱到强，打败了暴虐的夏桀，完成了中国历史上第一次以武力改朝换代的壮举。伊尹先后辅佐过五位天子，奠定了商朝五百多年的基业，并由此把文明带入了青铜时代的鼎盛时期。现在发现的甲骨文中有很多关于伊尹的内容。

商汤死后，伊尹辅佐外丙、中壬二君。中壬死后，其侄太甲无道，破坏商汤法制，不理国政，被伊尹放逐。三年后，太甲悔过，复归于亳。太甲驾崩，他的儿子沃丁继位。伊尹又辅佐其两年，主动请辞。沃丁为报答伊尹的恩德，让他的儿子伊陟继承相位，又根据伊尹的意愿，封其隐居地大伊山地区为其世袭领地，从此伊氏成为居住在古黄海边的华夏先祖的组成部分。现灌南县北陈集镇尹荡村和其他镇仍然有很多伊姓家族，可谓是木之有本、水之有源。伊氏薪火相传，生生不息。

第三节　朝代更迭　餐饮兴衰

在 1958 年建县之前，灌南县的饮食风格随着频繁的朝代更迭和辖区变换而不断变换。建县之后，县域内的烹饪技艺得到不断发展与完善。如今，灌南县的餐饮品种、菜肴品质、烹饪技艺远近闻名，在周边县市中名列前茅。

灌南东临黄海，灌河（又称“潮河”）横贯东西，古硕项湖包孕其中，海鲜、河鲜、四季时蔬种类繁多，为美食的诞生提供了天然的物质条件。唐代开挖的盐河贯其南北，由于盐河的漕运作用，北边的现张店镇和县城一带形成了商贾云集的“美食天堂”。只是由于后来水患、兵患不断，才暗淡了昔日酒醇菜美、笙歌不歇的迷人光彩。

自西汉汉武帝年间建置海西县，灌南一带的烹饪技艺虽较其早期有了大幅提高，然还未形成较成熟的工艺流程，至隋唐以后才有了很大的发展。值得一提的是，明朝洪武年间（约 1368 年），朝廷出于政权稳固和统治的需要，把江南一带的大量大户人家驱赶至县境内（史称“洪武赶散”）。移民们背井离乡、千里跋涉来到这里，插草为标、圈地为域、垦荒屯田，虽苦不堪言，但仍通过辛勤的劳作，同恶劣的自然环境抗争。他们凭借长江流域先进的农耕经验和手工业生产技术，战胜了数不清的自然灾害。移民们自强不息，传承文化，垦荒种田、捞虾捕鱼、熬盐换物，增加生活补给，并和原住民相融为一体，自称为“里人”。此后，该地人口日渐稠密，虽地处荒芜，然有硕项湖和南、北六塘河及灌河水系为当地人民的繁衍生息提供了丰富的物产资源。有民谣道：

耕田熬盐两头忙，秋播麦子夏收粮。
里人得闲波上漂，划桨捕鱼摸蚬蚌。
五至八斤算中等，二三十斤大盐藏。
半斤八两扔回水，一天捕捞几大筐。

盐河漕运也为当地发展提供了便利的交通条件。其时，多有安徽商人（盐商）长住此地，以贩卖海盐和水产为业，获利丰厚，日积月累，遂成富户。后因徽商与自称“里人”的本地人出于货物交易的需要，于盐河东择地建成集市，取名为“悦来集”，取民众及商贾乐于来此贸易之意。时有民谣为证：

里人鱼盐堆满仓，换钱换布做衣裳。
徽人获利成气候，互相利用兴市场。

悦来集（陈正一画）

在此以后的几十年中，有徽商出主意将“悦来集”改名为“新安镇”，“里人”们拒不接受，因新安镇是徽商原籍的地名，“里人”们认为此举有失体面，但经过六十多年的曲折历程，最终由当时的海州府裁定，易名“新安镇”。

常言道：“一方水土养一方人。”由于外来移民增多，又与当地人共同生活在同一片土地上，他们生活相融，关于饮食的制作方法和口味也相互结合，渐渐形成了本土的饮食风味特色。有民谣道：

划桨撒网硕项湖，采莲摘菱捕捞忙。
夫捉鳗鱼腿肚粗，妻捞虾蟹满筐头。
烹得蟹来碗口大，膏凝肉嫩油直流。
煮虾炖鳗汆蚬螺，食姜蘸醋烫酒沽。

有民谣描述了明中期至清中期当地的饮食特征：

里人吃食清淡淡，炸熘爆炒样样行。
鳝鱼烧肉焖蒜头，花色繁多匠独具。
白鱼白虾白银鱼，清蒸白煮鲜味足。
徽人习法融其内，形成菜系风味绝。

居住于此地的多方移民，经过长期以来尤其是唐、宋、元、明、清历代的饮食文化的演绎，经从业人员及民间饮食的制作方法的不断创造和完善，以及与淮安、扬州等地的烹调技术的进一步融会贯通，至清晚期已基本形成以苏南人口味为基础，荤素灵巧搭配，避免太油、太腻、太辣的饮食做法。同时，吸收了安徽人注重火候，擅长炖、煨、烧、焖、扒等技法的长处，菜肴清淡爽口、南北皆宜，具有突出主料、体现本味，一菜一式、百菜百味，制作考究、刀工精细，主配料配合巧妙、尤擅吊汤，酥烂脱骨而不失其形、清爽脆嫩而不失其味的菜肴特色。当地人家擅长制作以水鲜、海鲜及各类动植物为食材的菜品，品种也四季有别。有民谚为证：

清清炒时蔬，湖水煮湖鱼。
咸淡宜适中，本味留其中。

由于唐代开挖的盐河和淮安运河的漕运相互作用，灌南地区成为南来北往贸易的必经之路。因历史上灌南地区多次属淮安行政辖区，加之苏南移民和安徽盐商的相互促进，该地形成了浓厚的商业氛围，这些都奠定了灌南地区淮扬菜制作的基础，使该地形成了淮扬菜的特色体系。

县境内的硕项湖，古称“灌湖”“硕濩湖”“大湖”，是苏北平原上的天然湖泊。其位于灌南、涟水、沭阳三县的交界处，西至沭阳县的东部，南至涟水的高沟镇，北至境内的北部，东至盐河西的渔场口，东西约五十里，南北约八十里。在汛期时，此湖与灌河水系相连，湖面水域宽阔，鱼、虾、蟹、鳖、菱茭、藕等水生物产丰富。湖面上烟波浩渺、芦叶青青、鸥鹭翻飞、碧波万顷，渔翁泛舟其上，悠然哼着小曲，撒网捕鱼。有谚为证：

划桨扬帆迎朝露，挑鱼担虾夕照还。

出于水产品交易之需要，在盐河西约二里处（现海西公园南）设渔市，古称“渔场口”，交易渔盐生意。因货源充足，品质优良，引各地商贾纷至沓来，摊点无数，呈现出一片繁荣景象。20世纪八九十年代，此地还延留大面积的原始水域，民间时称此地为“渔场”，现在的遗址被政府建设成为海西公园。

灌南一带海拔较低，历史上黄河曾多次决堤南下“夺泗”“夺淮”，经泗水、宿迁、淮安一带入淮河或经灌南一带入黄海，给灌南人民造成了巨大的灾难。自南宋建炎二年（1128年）至清咸丰五年（1855年），县境内几乎水患不断，黄河决口南下带来大量的流沙，使硕项湖逐渐淤积，面积不断缩小。至清晚期最后一次黄河泛滥，硕项湖区域已被洪水带来的泥沙淤积成陆地。每次黄河决口，洪水如猛兽，遍地泽国，吞噬庄稼、村庄，人畜伤亡无数，“万户萧疏”，农业生产遭受致命打击，经商贸易几乎停滞，百姓一日三餐难以为继。先前在本地已形成特色体系的淮扬菜也因此无从发展。至中华民国成立前后，原硕项湖区域还有部分低洼地带，每逢夏季雨水偏多时便水满四溢。民谣对此有十分形象的描述：

小圩马成沟，十年九不收。
男人挖螃蟹，女人摸泥鳅。

中华人民共和国成立后，灌南县的烹饪工作者以饱满的热情投身到社会主义建设中来。饮食网点从中华人民共和国成立初期的四十多个增至1958年的一百多个，从业人员由原来的一百余人增加到一千一百余人。1958年，建成县人民委员会食堂（后改为县政府第一招待所），此后县委党校的第二招待所成立。1959 年，成立国营灌南饭店（后改名淮扬菜馆）。1968 年起，先后成立国营车站饭店和大集体性质的迎春饭店、人民饭店、胜利饭店、新东饭店、镇东饭店。

十一届三中全会召开后，餐饮行业更加兴旺活跃起来，从县城至乡镇增加了无数大大小小的餐饮网点。粮食饭店、海峰楼大酒店、树华鱼馆、九华楼等一些风味特色饭店相继创办，受到消费者的青睐。

2000 年以后，国家的经济建设走上了快速发展的轨道，人民群众的生活可谓“芝麻开花节节高”，一年更比一年好，各乡镇普遍建办了设施齐全的大小饭店，数量上也大大满足了消费者的需求。县城里开设了较高档次的新世纪大酒店，该酒店为当时全县的标志性建筑，曾多次获国家级、省级烹饪技术比赛的大奖，成为灌南的餐饮品牌。此后，县政府第一招待所改制，更名为“灌南宾馆”，这是一家集餐饮、客房、娱乐、洗浴、会议为一体的三星级宾馆。再后来相继产生的世纪缘国际酒店、灌南宴大酒店、金玉良缘大酒店、金京华大酒店、幸福缘宴会中心、硕项湖酒店、华莲国际酒店等，都是优质高档的大型餐饮企业，为灌南的经济建设和餐饮文化的传承与发展做出了巨大的贡献。风味特色餐饮店也像雨后春笋般涌现，如印象灌南、杨斌大排档、朱家寨瓦香鸡、老白皂羊肉汤馆、二雷土菜馆、十八碗土菜馆……家家各具风味，门庭若市。

汉韵海西，水秀惠泽。得天独厚的饮食资源赋予了灌南深厚的饮食文化底蕴。灌南县委、县政府高度重视餐饮业的发展。2021 年 10 月 19 日，县委主要领导陪同连云港市领导视察新世纪大酒店，并对酒店总经理成树华的成氏菌菇菜非遗传承项目作出“认真、高质、普及、传承”的重要指示。为做大做强灌南的餐饮品牌，整合本地旅游资源，2021 年 11 月，首届灌南“十大名菜”“十大名厨”“十大名店”评选活动拉开帷幕。经过两个多月的精心策划、层层筛选、网络投票和专家评审，于 2022 年 1 月 6 日下午正式公布结果并颁奖。入选灌南“十大名菜”的有：软兜素长鱼、养生菊花杏鲍菇、菌菇佛跳墙、灌河“三鲜”（灌河刀鱼、灌河四鳃鲈鱼、灌河虾籽）、清蒸硕项湖大闸蟹、灌南卤水老豆腐、海西馄饨鸭、老白皂羊肉汤。入选灌南“十大名厨”的有：朱祝祥、成树中、朱道来、成善东、成井生、严军、丁勇、汪立诗、王荣华、张尧伟。入选灌南“十大名店”的有：新世纪大酒店、金玉良缘大酒店、硕项湖酒店、灌南宴大酒店、心相映大酒店、幸福缘宴会中心、世纪缘国际酒店、右见旧时光饭店、印象灌南、杨斌大排档。

在目不暇接、风味各异、精彩纷呈的美食中，灌南餐饮人用勤劳的双手来书写本地饮食文化的内涵，充满深情地唤起灌南人民舌尖上的记忆，满足灌南人民味蕾的多样需求。千百年来，这片热土上凝聚着灌南餐饮人兢兢业业的汗水和孜孜不倦的追求，记录着一代又一代烹饪技艺的传承，寄托着灌南餐饮人对未来的憧憬，烙下灌南餐饮业各个历史阶段更迭与兴衰的印记。

第四节　粮精食韵　始出农耕

远古时代，我们的祖先主要靠食飞禽走兽、野蔬及植物根茎为生，且只生食。《礼记·礼运》中云：未有火化，食草木之实，鸟兽之肉，饮其血，茹其毛。即为茹毛饮血的生食阶段。

直至元谋人保存和利用了火种，先民们渐渐地用火熟食，烹饪由此诞生，这也开启了我国原始人类的熟食阶段。后来，距今约一万年前的人类由于食用了盐，才有了味的产生。而后陶器的运用推动了人类烹饪手段的飞速进步。正如恩格斯所指出的："因为摩擦生火第一次使人支配了一种自然力，从而最终把人同动物界分开。"①

经过旧石器时代和新石器时代的长期智慧思维的积累，先民们终于尝试在石头上凿坑捣食，"石臼"便产生了。根据对可食的野生植物的认识，移植、播种、驯化，粮食逐渐成为人们的主食。"石臼"这个最原始的粮食粉碎工具，是火和盐的最好搭档，也是人类向未来迈进的阶梯。人类终于摆脱了朝不保夕的生活窘境。

种子和土壤是人们最初的相识，于是四季轮回的耕耘、播种、管理、收获在循环往复间不断升华，继而产生了油脂。作为粮食的精华，油脂对人们改善食物营养结构和营养素的吸收起到了关键的作用。它历史久远，产生和发展的源头漫漶难找。据民间传说，远古时有个畜牧氏族首领被黄帝任为大臣，黄帝给他取名叫力牧。《史记·五帝本纪》载：黄帝举风后、力牧、常先、大鸿以治民。注曰：得力牧于大泽，进以为将。力牧在战争中夜间行军，发明了用油脂照明的灯，被后世奉为造油的始祖。

---

① 马克思，恩格斯．马克思恩格斯选集：第三卷［M］．2版．北京：人民出版社，1995：456.

油榨（胡长荣摄）

压榨是一种历史悠久的制油技术。北魏贾思勰的《齐民要术》中有“压榨取油”的记载。元代的《王祯农书》，明代的《天工开物》《农政全书》等典籍中，也都有榨油方法的记载。“取诸麻菜子入釜，文火慢炒，透出香气，然后碾碎受蒸。”① 古法榨油从选籽、炒籽、磨粉、蒸粉、踩饼、上榨、插楔、撞榨到接油有几十道工序。人们将含有油脂的大豆、菜籽、茶籽等粉碎，置蒸笼内蒸熟，用人力和木石等工具对其加力压榨，挤出其中可食用的油脂。剩余的渣物被称为“豆饼”或“菜籽饼”等。

随着历史的演进，人类不仅拥有了粮食，还驯服了牛、骡、马、驴，并制作出了配套耕地的犁、播种的耩子、平整土壤的耙，还有打谷的石磙、连枷，扬场的木锨，将谷壳分类的筛子，磨粉的石磨、碾和碓，以河水水流为动力的水磨，把面、麸分开的箩子和

① 宋应星．天工开物［M］．北京：商务印书馆，1933：210.

簸箕，以及那些牛拉大车和人推小木车。有民谣唱道：

驴拖马拉牛骡犁，叉耙扫帚扬场锨。

男女老少齐上阵，挑担运粮推粪泥。

这首民谣形象地道出了农耕社会热火朝天的劳动场景。

一颗种子到底能体现多大的情怀，从简单的一碗饭到花色繁多的点心都是一粒麦、一粒谷的价值。灌南一带民间有一种世代相传、人人爱吃的面食，叫“朝牌饼”，只因它的形状极似古代官员上朝时双手举的上朝的牌子。这种饼长约三十厘米，宽约八厘米，中间稍弓，两头向正面微翘，正面粘有芝麻，色泽金黄，背面微黄“起盖”，吃口“筋筋拽拽”，表皮又脆又香，是色、香、味、形俱佳的美味主食。

朝牌饼虽然好吃，但是做起来不简单。做朝牌饼，灌南民间俗称“打朝牌”。首先，打朝牌的炉子就很特别，采用粗圆桶，离地的位置设有一进气的小门。凑近观之，炉面有一大碗粗的口，这是朝牌饼烤制的入口。圆口向下的炉膛呈“八”字形（俗称“嘴小肚大”），底部设有漏灰的“炉底”，炉底上堆燃炭火。把炉膛烘烤得热量均匀，便是打朝牌的基本条件。

做朝牌饼的面粉自然是石磨、石碾、碓、水磨这些原始工具的杰作，少不了用粗筛、细箩将粗、细面粉分开。朝牌饼的面粉当是精品的细面。

传统手艺中必不可少的是揣面、揉面、以“老酵”发酵，还要加食碱水让酸碱中和，香酥起脆。朝牌饼的口味有咸的和甜的。咸的是在擀制面坯时在夹层中撒入有盐味的葱花，不咸的本地人便叫作“甜的”。

打朝牌的师傅多有祖传的手艺，他们以娴熟的动作，擀出长方形的一排排、一行行的朝牌饼生坯，刷上糖浆，在夹层中撒入有盐味的葱花，再在表面均匀地撒上芝麻，左手抓生坯一端，右手迅速沾水，眨眼间变魔术般地将生坯换至右手，迅疾伸进炉膛，将背面贴在炉壁上。师傅重复着这个动作，将生坯整齐划一地贴入炉壁，再将小铅盆盖于朝牌炉的圆口上，同时将进气口塞上，让膛内的热量聚集，使朝牌饼得以充分烘烤。

待时间一到，师傅端去炉口上的小铅盆，用扁口的朝牌夹子将朝牌饼一块块连铲带夹投入藤匾之中。正值饭时的人们一哄而上，提篮挎篓争相购买。朝牌饼趁热吃“嘎嘣脆”，稍迟吃“脆而柔”，冷时吃“筋而拽”。

朝牌饼，在本地算得上是从农耕中走出来的食韵代表了。

粮食的出现，让人们告别了朝不保夕的生活，从此它安稳地居于人们的餐桌，让人们充满踏实感，在人们生活中占据了不可撼动的地位。

灌南民间的历史名吃还有“炸油条”。传说，南宋时奸臣秦桧陷害忠臣岳飞，颇具匠心的厨师们出于对秦桧这个奸贼的憎恨，将面团制成长条，放入油锅中炸，俗称“炸油桧”，意为把这个油嘴滑舌的秦桧炸死。还有戏说秦桧脸皮厚如老油条，如谚语“脸皮厚，八百斤面炸不透”。

初时的油条，是一根粗似筷子的油炸面条。后来，擅长面点技艺的厨师在特软的面团中掺入明矾和食盐，让面条在油炸时膨胀增大。厨师们将制作好的油条生坯放入热油锅，随着“扑哧扑哧”的骤响，生坯便从筷子粗被油炸膨胀至大拇指粗。厨师的创新是赋予食材变身美味佳肴的灵魂。他们将两根筷子粗的面条，用手掌轻拍至扁，叠在一起，用竹筷在中间一压，使两根面条紧紧粘起来，右手捏住面条的一头，将其拎起，另一头靠着面板，顺着一个方向轻轻“悠”（即甩）转几圈，面条便被“悠”长至三十厘米左右。左手随即捏住靠着面板的一头，双手配合平衡又轻柔地将面条放入油锅中。另一个厨师用特制的长竹筷，随着油条的浮起，顺着油条生坯扭曲条纹，将其不断地翻转。随着“扑哧扑哧”的爆响，油条由细变粗，“体形”逐渐“丰腴”。炸好的油条色泽金黄，美味松脆。厨师们戏谑道：“炸独条是炸秦桧，两根条合炸是炸秦桧和他的坏女人。”

“馓子”是灌南农耕食韵的又一代表。馓子有“馓把子”和“馓肘子”两种。“馓把子”形似唐代妇女头上盘起的发髻，高而垂下又向上兜起；“馓肘子”是将丝丝分明的馓条扭炸成旋纹形的柱状体。

《本草纲目》载：“寒具，即今馓子也，以糯粉和面，入少盐，牵索扭捻成环钏之形，油煎食之。”① 馓子，因冬春可留数月，及寒食禁烟用之，故名寒具。据传，馓子始于春秋战国时期的“寒食节”，是方便食用的食品。

灌南厨师做馓子一般有三道工序。第一道工序是揉面。取适量清水和少许食盐，投入适量面粉搅成絮，再揉成稍硬的面团。放盐是为了使面更筋道，口感更好。揉面是关键中的关键，行业中称越揉越有“筋”。接着在面团上抹上一层素油让其“面性”稍稍舒缓，行话叫“醒面”。

第二道工序是搓条和盘条。取出醒好的面团，切成粗长块，搓成鸡蛋粗的圆形长条。面案前分坐两人，一人负责搓条，一人负责盘条。搓条之人先是双手齐动，前推后搓，把粗面条搓成小手指粗的细面条，左手搓送至右手，右手接连不断地搓，边搓边把搓成的面条借着韧性和惯性，接连不断地抛扔至右边盘条人的面前。盘条人在盆底倒入素油，防止粘底，将搓条之人抛扔过来的面条用右手捏起，左手输送，由盆中间向外顺时针一圈一圈地盘，直到盘至盆壁，这是第一层。再在第一层面条上，刷上足够分量的素油，防止相互粘连，把面条转个方向回至盆中间，按盘第一层的方法，继续将面条顺时针一圈圈地盘至盆壁。如此重复不断，直到结束。其间搓条人一直搓不停，边搓边送，盘条人边接边盘。一根面条究竟有多长，未曾计算，但一根面条从来没有断过，这过程出神入化，两个人的配合令外行人惊讶称奇。

第三道工序是老灶台上的炸制。炸制时一般用豆油或菜籽油。大锅内油的分量为五分之四。待油温至七成热，即开始炸馓子。还是两个人的组合，一人负责“拿馓子”，另一人负责“摆馓子”。

---

① 转引自《辞海》编辑委员会．辞海·1989年版·缩印本［M］．上海：上海辞书出版社，1989：1157.

“拿馓子”是行业俗称，即用右手捏住馓条的尾端，连拽带绕地绕向张开的左手掌上，由指端并排不重叠地一圈一圈地向下绕，直至绕到左手的大拇指的虎口处，用右手指掐断，把断头“扁”入左手指和馓条之间。此时将右手掌伸直，插于左手掌掌心和环绕的馓条之间。右手向下轻轻抖动，顺着面性左手向上拉，待面性均衡，左右手互相均匀地抖搂，挫顿有节。环绕的馓条已被拉得伸长至三十厘米左右，此时早已准备好的摆条师傅，将专制的长约八十厘米的竹筷，左右手各握一根，伸至拿条师傅的两手当中，右筷挑住上端，左筷接住下端，然后左右平衡地将馓条移放入油锅之中。借着馓条的弹性，左右筷子挑着环形的馓条“摆”个不停，动作协调优美，富有一定的节奏感。之所以要“摆”，一是防止馓条互相粘连，二是让每根馓条受热均匀。待馓条将要变硬时，左右筷子抖抖顿顿地向中间稍有错位地合并，再将其按入油中，忽上忽下地炸至定型，最后抽出双筷，推向一边空余之处。结束之后，左右筷子又伸向拿条师傅的环形馓条当中。一“拿”一“摆”，在如此不间断操作中，那一筐筐色泽金黄的馓子早被打下手的其他师傅捞起码在藤匾之中。根根不粘不黏，粗细均匀，就像木梳梳理顺长的发髻，笔直又自然地环而合起。

馓肘子的拿条和馓把子一样，不同之处是在油锅“摆”炸到馓条将变硬时，左手撑住不动，右手的竹筷向里（向摆馓人的面前）连着翻转两圈。抖动之间，抽出其中一筷，用其挡住馓体，再抽出另一根筷子，连续不断地照此进行，即馓肘子的炸制过程。

馓子，在县境内旧时是“奢侈品”，普通人家一般吃不起。妇女坐月子时，亲友们将平时积攒的零钱拿出，买上一篮馓子，配上鸡蛋和红糖送去，算是“出礼”。逢老人生病，近亲也会送来一两斤①，算是零食补品。

宋代苏轼的《寒具诗》中把当时的馓子足足夸了一番：

---

① 1斤=500克。本书所涉及的“斤”计量单位，以尊重文稿为旨，保持原貌，不做修改。

纤手搓来玉数寻，碧油轻蘸嫩黄深。
夜来春睡浓于酒，压褊佳人缠臂金。

体现农耕食韵的主食，朴实无华，人们费尽想象，创造出既简单又美味的食品，让它和那些名馔佳肴共同勾起食者的味蕾。“花卷”和“卷子”，是灌南人一日三餐的主食代表。

灌南民间制作花卷，是将石磨或石碾上磨出来的小麦面粉揉成面团，加入“老酵”发酵，放入食碱水使之中和，再次揉到“起光”，放在案板上“醒”劲。然后把本地产的小葱切成葱花，将灌南自产的嫩豆腐切成玉米粒大小，在豆腐丁中放入葱花、适量的精盐，滴少许的豆油，拌成花卷的馅心。

接下来是将“醒”好的面团揉成鸡蛋粗的长条，用擀面杖将其顺长压住，双手均衡用力，向两边擀成宽约十厘米、厚约五毫米的面皮。用刷子刷上豆油，将葱花、豆腐丁均匀地铺在上面，然后从面皮的顶头向里卷三四圈，用刀切断，如此重复地一一做完，放入蒸笼上蒸熟即成。掀开笼盖观之，外观饱满丰润，洁白如玉，其间夹着翠绿的葱花和细嫩筋道的豆腐丁，咬上一口，面皮松软筋道，豆腐丁脆嫩有颗粒感，葱花的香味介于其间，最后盐的咸味给它们来个“一锤定音”——“真好吃”！

卷子的做法则更为简单，把醒好的面团揉成鹅蛋粗的长条，用手轻轻将其拍至微扁，双手托起，放入大蒸笼蒸熟。掀开笼盖，洁白饱满的、约七十厘米长的大卷子，十分诱人。用刀切成厚块，只见断面蓬松起孔，口感松软筋道，使人越吃越想吃，不愧是千百年来传承的佳品。

小麦自从被人们发现和利用后，经石磨等磨成洁白的面粉，聪明的人们，对“好吃”越来越敏感，面食的做法也越来越多。他们不断地挖掘这些谷物的可利用的价值，创造出许许多多美味可口的主食。其中，灌南人非常喜爱的大饼，便是本地人餐桌上的又一主角，它与卷子、馒头、朝牌饼、包子、油条、馓子等一道，成为本地人餐桌上必不可少的美食。

灌南一带吃大饼、做大饼的历史悠久，据说已有一千多年了。

制作大饼用的是经石磨磨制的小麦面粉，大饼最大的特色是蓬松，而之所以有这极度松软的口感是因为和面时投入了大量的水。比如，大饼是一斤面粉兑水七两五钱[①]，发酵好的面黏稠有劲，捧在手上能淌下来；调制卷子、朝牌饼的面团时，和面兑水的比例是一斤面粉只兑水五两。大饼的制作方法是将十斤面粉放入大盆中，加水七斤半，加入适量的“老酵”搅拌均匀后，双手揣至起筋。再用棉被覆盖，让其充分发酵，直至用手抓起一把酵面，面劲发酵膨胀得能扯成近一尺[②]长的丝丝缕缕状。取适量的食用碱兑成碱水加入酵面内，使其和酵面的酸味中和，再次让面发酵，同时，也让面性得以舒展。

灌南人把制作大饼称为“炕”大饼，方法是“炕”和“腾”两法结合。以“炕”的火候产生主要的热量，对大饼酵面进行渐渐渗透，同时使酵面在锅中慢慢地“腾”，如此才能做出地道好吃的大饼。

“炕”大饼的具体过程是将平底锅烧至微热，双手捧起适量的酵面糊，因为酵面糊水分较多，面极为黏稠，所以动作要连续果断，连捧带拖地一下子把面捧入平底锅中，双手沾水将面糊整平。盖上密封性极好的锅盖，慢“炕”细“腾”。火候一到，揭开锅盖，只见原来只有两厘米厚的面糊，已“炕”涨至五六厘米厚，用锅铲将饼体四周铲得和锅分离。右手使用铲子，左手配合，连铲带掀地将饼翻过来，饼底朝上，饼面朝下，盖上锅盖，继续慢“炕”细“腾”。炕饼师傅凭着老到的经验，认准时间，掀开锅盖，将一块色呈微黄、触感极为松软，直径约四十厘米、厚五六厘米的圆形大饼取出。用刀切开，只见里面的饼结构膨松得既像海绵又像丝瓜瓤，吃一口“筋筋拽拽”，松软到了极致。千百年来，大饼是灌南人普遍喜爱的主食之一。

---

① 1两=50克，1钱=5克。本书所涉及的“两”“钱”计量单位，以尊重文稿为旨，保持原貌，不做修改。

② 1尺≈33.33厘米。本书所涉及的“尺”计量单位，以尊重文稿为旨，保持原貌，不做修改。

用小麦粉做的主食不胜枚举，配以灌南本土丰富多彩的杂粮，变得更加精彩纷呈。不管有多少山珍海味、奇异珍馐，它永远是餐桌上的主角。

米，从秧苗到稻谷，它的颗颗粒粒是对人们辛勤劳作的回报。它身姿多变，随遇而安，坐看人间万象、岁月更替。

地处黄海之滨的灌南县，历史上多是滩涂，后渐渐改造成田地，除了种植大麦、小麦之外，起先所种的多是杂粮。20 世纪 70 年代初期，电力的使用和普及使当地具备了灌溉的能力，本地农村逐步引进旱改水工程，将长期种植旱植物的农田改造成一年两季的水旱两用田，从而改变了本地人一日三餐都以面食为主的饮食结构。随着稻谷在灌南“安家落户”，大米和小麦“平分秋色”，成了人们餐桌上的另一主食。

从一碗白米饭，到花样繁多的糕点——水糕、花糕、糯米糕团、发糕；从鸭饭、野鸭菜饭、咸干饭、八宝饭、蛋炒饭、什锦炒饭，到其他各种蔬菜炒饭；还有八宝粥、腊八粥、汤圆……可谓洋洋大观，精彩纷呈。

粮食的百搭百配、百配百变是其价值的体现，是农耕文化的时代结晶。民以食为天，食以粮为先。吃饭是人的头等大事，关于吃的记忆让稻、麦等形态从最早被用简单工具刻在石头上，到后来被刻于甲骨、竹简、板材上。更为有趣的是，劳动人民还吃出了“感叹”，“哼哼呀呀”的劳动吆喝声是触景生情的表白。漫长的历史过程中，诗句的旋律、形象的绘画、记忆的符号等均萌发于最初的人间烟火。

最初的垒土成灶是人类进化的里程碑，是食韵跃动的起点。饮食活动蕴含丰富的文化元素，随着人类生命的延续，也在不断地积累和创造，可谓时时闻得到，处处看得见。

劳动号子是农耕文化的特征之一。牛拉扶犁时悠扬动听的长调，牛拖石磙、驴推石碾时急促的吆喝，推拐石磨时的抒情小调，都是农耕劳作的生活音符。劳作与欢唱的旋律中，人们满怀幸福，因粮食制品的丰富充足而产生自我满足和安慰。

第二章

本土食材　诉说乡情乡愁

每个地方，都有当地独特风味的美食。这些风味各异的美食，能体现当地的多元文化和民俗风情。其中，四季的特色食材、别具一格的吃法、纯朴归真的自然滋味，最能让人领略到当地饮食文化的厚重。因此，“灌南美食”这张文化名片，永远招揽着四面八方的人们乘兴而来、尽兴而归，让本地人记住乡愁，让外乡人领略灌南味道。

第一节　时令菜鲜　回味乡情的酸甜苦辣

“三春荠菜饶有味”“夜雨剪春韭”“满地槐花满树蝉”……这样的诗句是优美的；荠菜、春韭、槐花……时令生鲜，令人垂涎；人生四季，让我们回味着乡情的酸甜苦辣。

二月荠菜　唇齿留香

元杨载《到京师》诗曰：

城雪初消荠菜生，角门深巷少人行。

柳梢听得黄鹂语，此是春来第一声。

每个季节，都有令人难以忘怀的美食，引得人们舌尖上的“馋虫”舞动起来，唤起“同盟者”的味蕾，演绎出令人垂涎的“春之味”的乐章。荠菜就是这“春之味”乐章的“领唱者”。

农历正月闹元宵的喧嚣刚过，二月，在充满诗情画意的黄鹂鸟的鸣叫声中悄然而至。村庄的房前屋后、田野埂头、沟边河畔，到处都有挖荠菜的身影。春风中，不时飘来稚嫩动听的童谣：

二月二，挑（挖）荠菜，挑回荠菜人人爱。

自家吃，朋友带，送给亲戚算名菜。

荠菜，在灌南又称“菱角菜”“锅铲菜”，是十字花科荠属植物。它虽貌不惊人，然其独特的风味为寻常蔬菜所不及，美食家们曾盛赞曰：“食之满齿余香，既有粗纤维的嚼劲，又有其自身滑润。啜之，越啜越有味；嚼之，越嚼越生津且有暗香涌动，丝丝的淡香在口腔和鼻孔之间环绕，久久不愿离去。”《诗经 · 邶风 · 谷风》亦云：“其甘如荠。”苏东坡赞其“天然之珍，虽小甘于五味，而有味外之美”①。《本草纲目》记载，荠菜可以明目、益胃、利五

① 转引自高世良．百菜百话［M］．天津：百花文艺出版社，2008：338.

脏，根叶烧灰治赤白痢。荠菜富含胡萝卜素，对人的眼睛有益，能缓解眼睛的干涩，对治疗夜盲症也有帮助；含有丰富的维生素C，可以防止亚硝酸盐的产生，能预防胃癌和食管癌的发生；还具有降血压、抗凝血的功效，对冠心病、肥胖症、糖尿病等亦有一定的疗效。

在中华人民共和国成立之前，人们过着十分艰苦的生活。每逢春季，许多人家只能靠乞讨和挖野菜充饥。因此，挖野菜、吃野菜既使人们对野菜有了一份挥之不去、难以忘怀的情感，也让人们铭记这份厚重的饮食历史，是对今生后世的诉说与传承。

长期以来，灌南人食用荠菜的方式经民间积累和历代厨师的不断完善与创新，变得丰富多彩、别具特色。

三鲜荠菜：它是本地脍炙人口的菜品。将荠菜焯水后切成五厘米长的段，准备火腿片、熟鸡丝、鲜菇片、海米等配菜待用。锅烧热后用熟猪油炝锅，放葱、姜末炒出香味，放入鸡汤至沸。然后放入火腿片等配料，煮约两分钟，放入荠菜段。此时，锅中荠菜和各种配料都释放出各自的香味，弥漫在农家的厨房内。接着放入盐、味精，调试口味后装盘。成菜：荠菜翠绿鲜嫩，风雅别致，清爽适口。

荠菜汤圪：荠菜和猪五花肉搭配成的“荠菜汤圪”，是灌南一带的民间名品。荠菜焯水后一部分切成末待用，将猪五花肉斩成泥状，加盐、蛋清、水淀粉顺一个方向搅上劲，再加入荠菜末搅拌均匀。另把刚刚焯过水的荠菜的剩余部分切成四厘米长的段待用。锅烧热后放入豆油，加葱、姜末煸炒出香味，加入清水，将荠菜肉泥逐一挤成直径约三厘米的圆团，放入锅内，然后用小火慢慢煮至肉圆成熟，撇去浮沫，放入盐、味精调至咸淡适宜。再将荠菜段放入锅中直至煮沸，装入汤碗中即成。成菜：汤清见底，肉圆细嫩，肉香、菜香融为一体且有嚼劲。这是每个家庭必吃的美食，也是淮扬菜在民间普及的范例。

荠菜春卷：每年野生的荠菜一上市，从农村到城市，人们都会不约而同地做这道菜。烙好春卷面皮待用。将焯水的荠菜切粗末待用。另把猪五花肉斩成泥状，加蛋清、水淀粉顺一个方向搅上劲，加入荠菜末、盐、味精，搅拌均匀成馅（也可和豆腐丁、熟鸡蛋、鸡脯肉等搭配，做成多种馅料）。将春卷面皮平铺在菜板上，放入适量的馅料卷两圈后，把两头折叠起来，然后再卷起来，最后蘸点水淀粉封口，做成十至十二厘米长、粗约二点五厘米的圆柱状的春卷生坯。按此法依次做完春卷后，锅内加入油，烧至六成热时，分批将春卷生坯炸至金黄色，捞起装盘即成。成菜：色泽金黄，外形美观，咬嚼时只觉外酥脆、内鲜香，回味悠长。

荠菜炒鸡片：这道菜源于淮扬菜中的“豆苗山鸡片”，是灌南厨师对淮扬菜的继承和创新之举，三十年来深受本地消费者的青睐。荠菜焯水切二寸①长的段待用。将仔鸡脯肉切成长约四厘米、宽约一厘米、厚约两毫米的薄片，放入大碗内加蛋清、盐、水淀粉上浆搅上劲待用。取一小碗，碗内加入少许鸡汤、食盐、味精、水淀粉，制成芡汁待用。往锅里加入清油，烧至四成热时将鸡片放入打散（不让其凝结）。待鸡片炸至微白色刚熟时捞出，锅内留少许油，放入葱、姜末煸出香味后放入荠菜段和鸡片，略翻炒几下后倒入小碗里的芡汁，再翻炒几下，淋入香油、熟猪油装盘即成。成菜：荠菜鲜香，鸡片滑嫩，翠绿与洁白的搭配凸显简朴和淡雅，荤素配合突出清新之风格。

灌南包含荠菜的菜肴品种较多，有“芙蓉荠菜”“鸡粥荠菜”“清汤荠菜”“清炒荠菜”“开洋拌荠菜”“荠菜烧卖”“荠菜锅贴”“荠菜花卷”……因荠菜含有大量的草酸，而这些草酸会影响人体钙质的吸收，又因荠菜略有苦涩之味，故须焯水（开水烫）以去除草酸和苦涩之味，以便于人体吸收营养，提升菜肴口感。

寻常春韭　壮阳补肾

头刀韭，二刀韭，吃了阳气往上走。

---

① 1寸≈3.33厘米。本书所涉及的“寸”计量单位，以尊重文稿为旨，保持原貌，不做修改。

这句民谚不仅较为准确地道出了韭菜的特殊养生价值，还说出了它在人们日常饮食中的地位。寻常看来，韭菜是那么的渺小且普通，甚至不值一提。然而《诗经·豳风·七月》中就有“献羔祭韭”的名句，《本草纲目》的“菜部”篇中就有韭菜的描述，《黄帝内经素问》中亦有“五谷为养，五果为助，五畜为益，五菜为充，气味合而服之，以补精益气”[①] 的说法。

韭菜，中医称其为“洗肠草”“壮阳草”，具有补肾壮阳之功效，味觉辛烈，熟后平和美味，能提高食欲，助消化，散瘀活血，行气导滞，补肾温阳，促进胃肠蠕动。农历三月初至九月为其生长期，以三月初的韭菜品质最佳。因韭菜根茎经过漫长的寒冬，在土壤中得以充分储存养分，所以第一次和第二次采割的韭菜质地、味道最佳，于是老饕们就有了一句俗言，叫“货吃当时”。

古代的文人雅士常把韭菜作为自己诗的主角，在不经意的吟唱中流露出对韭菜的喜爱。有诗这样形容韭菜：

绿绿青青壮壮苗，长长细细水浇浇。

尖尖动动天天钻，喜喜欢欢补补腰。

清末民初的梁启超在诗中还把韭菜和爱情做了生动比喻：

韭菜花开心一枝，花正黄时叶正肥。

愿郎摘花连叶摘，到死心头不肯离。

在灌南，韭菜可腌、可炒，可做各种面食的馅料，亦可搭配各种粥类。灌南人食韭菜有很多方法。

腌咸韭菜：将韭菜洗净，晾干切成寸段，放入陶制的泡菜坛中。把八角、香叶等炒熟，加入少许水熬出香味，再把适量的小米椒切成丝，配以适量香菜段一起放入泡菜坛中，加入盐和韭菜一起拌匀，密封坛口，约七天即可取食。成菜：既可作为早、晚餐的下饭小碟，也可作荤菜的配料，咸鲜清香，回味悠长。

韭菜炒草鸡蛋：将韭菜切成寸段，将蛋液打入碗中，放适量的盐搅匀，锅烧热后放入豆油，炒至六成熟，放入韭菜略煸，倒入蛋

---

① 佚名．黄帝内经素问［M］．北京：中医古籍出版社，1997：40.

液炒至凝结即可。成菜：简单快捷，味道鲜香，老少皆宜。

韭菜黄炒鳝丝：韭菜黄是在初春韭菜未出土之前，用三十多厘米高的圆柱形长桶将其根部罩起来，外面再用塑料薄膜封起来，不让阳光照射，待其长至二十厘米高时采割。韭菜黄，顾名思义，呈嫩黄色，质地鲜嫩，味道没有正常的韭菜辛烈。制作这道菜时，将韭菜黄洗净切三寸长的段待用，将熟的去骨鳝鱼（本地称“长鱼”）切成十厘米长的段，用鸡汤略烫待用。热锅中加入适量猪油，烧至七成热时，放入蒜泥炒出香味，放入鳝丝略炒后，加适量酱油、白糖、醋、料酒、味精炒至入味，再放入韭菜黄段煸炒，用水淀粉勾芡，淋入熟猪油、芝麻油出锅装盘，撒上胡椒粉即成。成菜：鳝丝细嫩软滑爽口，韭菜黄鲜嫩脆香，是蕴含淮扬风味的名品。

韭菜摊蛋饼：将韭菜切成粗粒，放入稀稠的小麦面糊中，放入蛋液、盐、味精搅拌均匀。将平底锅烧热，淋入豆油，烧至五成热，倒入面糊，用锅铲摊平，煎至两面金黄取出，切成适宜的块即成。成菜：酥脆可口，韭味浓郁，色泽金黄，营养丰富。

普通食材一旦被厨师准确地掌握其特性，合理的搭配和精准的烹饪便能激发菜肴的灵魂。韭菜的温热性质和螺蛳肉的寒凉特性碰撞后能中和，是“韭菜螺蛳羹”受到人们追捧的原因。

韭菜螺蛳羹：将韭菜切成粗粒，取熟螺蛳肉、鸡蛋清备用，锅烧热加猪油、葱、姜末炝锅，加适量鸡汤烧沸后，用水淀粉勾芡，再加韭菜粒、螺蛳肉、蛋清烧沸，加入盐、鸡精，然后再一次勾芡，淋上熟猪油，倒入汤碗中，撒上白胡椒粉即成。成菜：鲜、润、滑、爽融为一体，既是淮扬菜的创新佳作，又是滋补的佳品。

每年的七至八月，韭菜的叶腋间抽生出一枝翠绿粗壮的独茎，民间称其为“韭菜薹”。此时的韭菜薹口感脆嫩，适宜作多种荤素食材的配料。人们多用此配以猪里脊肉制成“韭菜薹炒肉丝”，亦是一道脍炙人口的佳肴。

韭菜薹炒肉丝：将三至四两的猪里脊肉切成细丝，加适量的精盐、水淀粉，用一个鸡蛋清搅拌上浆待用。另将二至三两的韭菜薹切成寸段待用。炒锅内放熟猪油或色拉油（约半斤）烧至四五成热时，放入肉丝快速搅拌炸至嫩熟（使其相互不粘连），用漏勺迅速捞起沥去油，再置净锅于炉上，放少许油烧至七成热时放入韭菜薹略炒，同时放入肉丝，加适量的精盐、生抽、白糖、味精、料酒，煸炒至调料均匀地附着在肉丝和韭菜薹上装盘即可。成菜：肉丝洁白细嫩，韭菜薹翠绿脆爽，鲜美可口，令人食欲大开。

八月以后，农家的菜园里，韭菜薹慢慢地变老。其顶端如期地盛开出一簇白色的花朵，每个嫩绿纤细的花梗上长有六个白色的花瓣，远远望去，白花花的一片，凸显出它的纯洁无瑕。整个菜园里弥漫着韭菜花特有的芳香，沁人心脾。老饕们将其摘下，配以猪腰炒制成“韭菜花炒腰花”，这道菜品是营养专家和中医热推的滋补美味。

韭菜花炒腰花：取三个猪腰，每个均对切成两片，再片切去臊腺，接着在腰子的切面剞切上十字刀纹，刀切的深度为五分之三，然后改切成约两厘米的条状，放入用开水和少许花椒浸泡冷却后的花椒水中，浸泡半小时，洗去腥臊味，沥干水分，放入适量的干淀粉、精盐，上浆待用。炒锅中放宽油（油多），待烧至七八成热时，投入腰片在热油中猛地一爆，腰片瞬间被强大的热量爆卷成形态美观的腰花。沥去油，置净锅于旺火上，放入少许油，投入二两韭菜花，边炒边放入腰花，同时放入适量的生抽、料酒、白糖、味精炒至调料和主配料融于一体，淋入几滴香油，装盘撒上少许白胡椒粉即可。成菜：腰花刀工整齐、形态美观、脆嫩爽滑，韭菜花清香可口，两者作为食疗和食补的配伍，相得益彰。

用韭菜制成的菜肴和点心也不胜枚举。灌南民间人人喜爱、家家会做“韭菜合子”，市面上售卖的“韭菜水煎包”“韭菜海鲜捞饭”等都是脍炙人口的美味，还有用韭菜和羊肉、猪肉、鱼肉做馅包的饺子、锅贴，也是大众喜爱的食品。

相传，古时有一位举人，在赶考前因吃鱼被鱼刺卡了喉咙，家人让其用醋顺、用馒头咽，都无济于事。举人急得满头大汗，在疼痛难忍之下，只好硬着头皮前往考场。途中路过一家药铺，便求郎中相助，郎中笑道：“此乃区区小事，不急，不难。去隔壁这家小酒馆，点一盘炒韭菜，要炒得烂糊一点，慢慢吃下，可解你的小疾。”举人及家人似信非信，按此法点了炒韭菜，刚吃几口，顿觉喉咙里的鱼刺没有了，喉咙也不疼了。举人万分感激，拿出重金相谢，郎中大笑道：“能助相公取得功名，也不枉吾等行医之积德。行医治病乃天下善举之道。恭祝相公高中黄榜，是吾等之荣耀也。”于是，分文未取。

话说，举人所考文章乃治国理政相关内容，他想起郎中略施小术，便解了自己的燃眉之急，足见中医和饮食奥妙之深。于是他灵感大发，思绪像泉水涌动，洋洋洒洒，文章一气呵成，最后得中状元。此后，状元和家人登门出重金酬谢，郎中再拒之：“你金榜题名，国家添一栋梁，实为朝廷大幸、草民之庆事。敢问状元公所写何文得中金榜？”状元说：“鲠咽在喉，实属难忍，恩公小施医术，即‘治大国，如烹小鲜’。我是受此事启发，取医道、食道和政道相融通的道理写就，于是考官视为华章。”

田头小蒜　回味悠长

小蒜，是灌南人春季喜食的时令野蔬之一。每年小蒜生长之时，家家户户便踏青而至，采挖小蒜。

早春二月，寒气渐消，微觉春意走近，忽凉忽暖的微风荡漾在阳光下的乡村田头，柳树枝条上泛起一丝绿意，走近田野，弯下腰来，仔细寻觅，便会看到麦田、埂堤、场头的地表上冒出那丝丝缕缕、嫩绿色毛丝状的植物——刚破土而出的小蒜苗儿。约十五天后，小蒜苗儿便能长至十五厘米高，此时是食用和采挖小蒜的最佳时候。

小蒜，学名“薤白”，是百合科葱属植物。夏、秋二季采挖其茎，可作为中药，其药用功效为通阳散结，行气导滞，用于治疗胸痹心痛，脘腹痞满胀痛，泻痢后重。①

小蒜，也称“野蒜”，其叶长大后形似小葱又像韭叶，味极似大蒜，故得其名。其根茎似大蒜的蒜头，和大蒜不同的是，小蒜为一个“独坨”，没有蒜瓣。

小蒜作为菜肴食材，受到众人的推崇，主要因其鲜香浓郁、气味芬芳，是本地春季不可缺少的时令野蔬。春天的闲暇之时，城乡的家家户户用小蒜做菜招待来访宾客，或为家人炒上一盘“小蒜抱鸡蛋”，打打牙祭。此时，人们都会“借题发挥”，喝上几杯当地名酒——汤沟大曲。

小蒜抱鸡蛋：这是一道家家户户爱吃会做的家常小菜。锅里加油，放入切成段的小蒜爆出香味，同时放入适量的盐，把鸡蛋整个打入并均匀地用锅铲摊在小蒜之上，以微火煎至蛋液凝固，再用小勺沿锅边淋油一圈，待发出“嗞嗞”的声响，香气四溢之时，用锅铲将其翻过来略煎，装盘即可。成菜：蛋清的白、小蒜的绿、蛋黄的黄三色相间，勾起人的食欲，令人垂涎欲滴。与其他炒鸡蛋不同的是，蛋黄、蛋清不能搅拌，必须在熟之前使蛋黄、蛋清既连成一体，又保持黄、白、绿三色相间，如此才能获得有嚼劲、“有口头”的味道，令人有回味无穷之感。该烹调方法在灌南民间能体现主妇们烹调水平的高低。

简单的做法最能体现食材的本味，灌南的农家饭菜朴实无华。一撮腌咸的小蒜，就能将炖鸡蛋的鲜味提升起来，使人欲罢不能。

小蒜炖蛋：把蛋液、咸小蒜段放入海碗中，加入四十五度的温水、适量的食盐，充分搅打均匀，撒上一小撮葱花（也可撒上一些碎馓子或海米、虾皮），滴上几滴豆油，盖上碗盖，放入土炉烹煮

① 有来医生．野蒜的功效与作用［EB/OL］．［2022-09-15］http：//www. youlai. cn/cm/food/1391455. html.

的米饭锅中。接下来是小火慢“腾”，饭好菜即成。揭开锅盖，香味顿时扑面而来。成菜：此菜鲜嫩如脂，端上桌时，蛋液虽凝结但微微颤动，蛋香、蒜香融合在一起，堪称民间极品。

小蒜的味道辛烈，最宜制作家庭风味小菜。灌南人常腌制咸小蒜。腌小蒜是本土农家菜，它不仅弥补了无小蒜季节的空缺，而且腌制能改变小蒜的味道和品质，使其形成迥异的风味。

腌小蒜：将洗净的小蒜切成三寸长的段，加入适量的盐，反复轻轻揉搓后，放进陶罐中，加入少许炒熟出香的八角、芝麻等拌匀，盖上罐盖密封约十天，即可开盖食用。既可作早、晚佐饭的小碟，也可作下酒小菜。

小蒜蒸咸鱼（咸肉）：每逢春节，家家户户都腌咸鱼、咸肉，用以招待至亲好友。在无鲜小蒜的情况下，将咸鱼或咸肉剁成块（或切成片），摆在盘中，撒上适量的咸小蒜、葱花，滴上少许豆油或菜籽油，淋上少许清水或鸡汤，放入米饭锅中，用小火慢“腾”，饭好菜即成。成菜：味美咸香，那原始的味道早已植根于脑海中，萦绕在人们的心田。

以前贫穷年代，饮食物资短缺匮乏，吃一顿好饭着实不易。而今，人们的生活水平空前提高，老土灶变成煤气灶、天然气灶、微波炉等。可很多人因工作节奏变快，厌于在家中做饭，一日三餐基本上都在饭店解决，于是怀念当年的味道。返璞归真的时尚课题，摆在了饮食行业人士的面前。

枝头椿芽　映碧盈香

香椿头，香椿头，香香的春芽满枝头，
年年春来惹人醉，醉人的故事挂心头。
香椿头，香椿头，绯红的香叶满枝头，
娇嫩的红叶似酒醉，醉了的情儿梦乡游。

香椿好吃，吃的是人情；香椿味香，香的是老家树根下涌起的乡愁。香椿好吃，不只是现在的事了，祖先们和我们一样爱吃这口，而这一吃口足足延续了三千多年。《庄子·逍遥游》中载：上古有大椿者，以八千岁为春，八千岁为秋。此大年也。《本草纲目》中记载，香椿芽治白秃，取椿、桃、楸叶心捣烂频涂之即可。《西游记》第十回渔夫和樵夫的对话中，亦有“香椿叶，黄楝芽，竹笋山茶更可夸”的表述。我国民间早有食不过量、“平衡膳食”的学说，香椿食之过量会出现亚硝酸盐中毒的现象，故应注意正确食用。

每年谷雨前后，香椿树的枝头上露出了绯红的尖尖嫩芽。人们待其长到五六厘米长时，便迫不及待地将其摘下。于是乎，各家各户便演奏起锅、碗、瓢、盆的交响曲。

灌南人吃香椿，烹调方法很多，但在亦繁亦简之中，始终保持其纯真的本味。灌南人将“炝香椿”摆上了大餐的席面。

炝香椿：将整棵的五六厘米长的香椿芽放开水锅中焯一下（约十秒），捞出放凉开水中“投凉”，再取出香椿芽放容器中，放入适量的生抽、味精、熟豆油，拌入味后，在平盘中摆放整齐即可。成菜：此菜古朴纯真，方法简单，色彩明快。

香椿拌千张：这道菜是灌南家家爱吃、人人会做的简单美食。将千张（百叶）切成细丝，放入锅中小火焯至柔软，捞出放凉开水中制冷待用。将香椿焯水“投凉”后切成粒状，把香椿和千张丝置于大碗中，放入盐、味精、熟豆油、少许凉开水拌匀装盘即可食用。此法也适用“香椿拌豆腐”。成菜：千张丝细嫩软滑，香椿脆嫩，味美可口。

香椿炒虾仁：将生香椿切成一厘米长待用，将河虾仁用鸡蛋清、水淀粉、食盐搅拌上劲，放入四成热的油锅中炸至成熟，出锅沥油。锅内加少许猪油、葱、姜末煸出香味，放入虾仁、香椿略炒，放入少许食盐、味精，淋入水淀粉勾芡，翻炒装盘。成菜：虾仁色泽洁白、晶莹剔透、嫩滑脆爽，香椿碧绿鲜香，宛若天成。此菜曾获得烹饪界人士的高度赞誉。

香椿炒草鸡蛋：将草鸡蛋打入碗中，放入香椿末、食盐、味精拌匀。倒适量油于锅中，油热后加入香椿鸡蛋液，边炒边淋入少许豆油至成熟装盘。成菜：简单快捷且味美，营养丰富。

摊香椿面饼：把面粉调成糊状，放入香椿粗末搅拌均匀，将烙饼锅烧热，擦少许油，分次倒入香椿面糊，用锅铲摊成薄饼，小火烙煎至熟，然后用锅铲翻面，略烙正面即成。吃时用刀改成大小适中的块状，入口嚼之有香椿的颗粒感。成菜：面香、椿香融为一体，相得益彰。

香椿卤：至初夏时节，香椿叶已变老且涩，不宜食用。“好”这口的老饕们，为弥补季节性空缺，会把此时的老香椿熬成香椿卤。将切成小段的老香椿放入锅中炒熟加水，与家中自制的小麦面酱熬制成卤汁，放凉后倒入密封的陶制容器中。吃面条时可用勺子舀一两勺拌食，馥郁芳香，回味无穷。也可像“梅干菜扣肉”那样，把香椿卤浇在扣肉上蒸熟，风味独特。

腌香椿：在没有冰箱的年代，“腌”香椿是延长香椿食用期的寻常手段。将香椿和盐揉搓，放入密封的陶罐内，六七天即可食用。成菜：可作为早、晚餐的佐食，也可作为下酒开胃的小菜。久放也不会变质，足可以弥补只有春季才能吃到香椿的不足。

以香椿制成的菜肴种类繁多，数不胜数。县域内的民间吃法也是千奇百怪，有“清炸香椿”“香椿山鸡片”“香椿拨鱼面”“香椿面须粥”“芙蓉香椿”“鱼丝炒香椿”等。

穷时，香椿往往作为尝鲜打牙祭的小菜。随着生活水平的提高，人们对香椿的需求量递增，房前屋后那一两棵香椿树已不能满足市场供应，香椿的价格也因此一路飙升。于是，很多农家多植此树作为家庭经济来源，有“家有香椿树，就是摇钱树”“香椿树，发财树，吃得满齿香，填得钱包鼓”之说。如今已发展为用塑料大棚种植香椿，香椿种植已成为产业化的经济项目。

五月槐花　香飘万家

农历五月，又到了槐花盛开的时节，田野上不时传来布谷鸟的声声脆鸣。初夏的微风，荡漾着槐花那幽幽的清香，沁人心脾。村里的老槐树像被罩上冬日的瑞雪，绿叶映衬着那串串粉白花瓣，四溢的芬芳引得蜂儿蝶儿绕花纷飞，嗡嗡欢唱。

槐花，是这个季节里的特色野蔬，也是人们普遍喜食的花类食材。花卉入馔，在我国已有数千年的历史。在众多的花卉食材中，槐花因多且易取，既可作为菜肴的主料，又可作为菜肴的配料，成菜后仍有花之余香，为其他可食用花卉所不能及。

“待到槐花怒放时，既尝美味又充饥。”每年槐花盛开时，人们三五成群，找来席子等铺在树下，用木叉挑、棍子敲、锄头够，噼里啪啦间槐花落满地。胆大的孩子甚至爬到树梢上去摘，不一会儿箩满筐足，收集回家鲜食或晒干，烹制成各自爱吃的美味。

食用槐花，可谓历史悠久，先贤们早已研食在册。《时病论》说：“清肠之槐花，凉血之丹皮、茅根，去寒之干姜、桂、附，利湿之米仁……皆为犯胎之品，最易误投，医者可不敬惧乎？”① 此乃孕妇不宜之品。《本草纲目》记载，槐花“炒香频嚼，治失音及喉痹，又疗吐血衄血，崩中漏下”②，可见槐花食与养的价值。

“蝉发一声时，槐花带两枝。”灌南人吃槐花的方法多种多样，槐花菜肴不仅适合民间百姓，而且又能登上高级餐厅的台面，可谓是“扎根乡间土灶，又登大雅之堂”。其中，“清蒸槐花饭团”特色鲜明。

清蒸槐花饭团：将适量的鲜槐花入开水焯约十秒钟，捞出晾干水分（也可不焯水），放入优质的熟米饭中，加适量精盐、葱花、味精、熟猪油拌匀，捏成直径三四厘米的饭团，上笼蒸约七分钟即成。成菜：槐花香而鲜嫩，米饭富有嚼劲，相得益彰。

滋补槐花粥：精于烹饪的主妇们取水发银耳、枸杞、冰糖，加水熬成稍稠的汤汁，加入适量熟糯米饭、鸡蛋清、槐花，煮至沸，装碗即可。成菜：做法简单，营养丰富，滋补开胃。

粉蒸槐花：这道菜极为简单，既好吃，又实惠。将洗净的鲜槐花放入盆中，加入适量的大米粉、黄玉米粉、精盐、花生油及少许葱花拌匀，放入小蒸笼中蒸约八分钟，连笼上桌即可。成菜：亦菜

---

① 雷丰．时病论［M］．北京：人民卫生出版社，1964：142.

② 转引自谢普．中草药鉴别与应用［M］．北京：中医古籍出版社，2017：162.

亦饭，清香扑鼻，软绵适口。

生煎槐花：这是灌南厨师发明创造的新菜品。取适量洗净的槐花、鲜虾仁、鸡蛋清、鸡脯肉糊，加入少许水淀粉、精盐、味精拌匀。平底煎锅烧热，淋入少许豆油，将槐花鸡肉糊做成小球（约二十个），再用小勺将小球摊成约七厘米大小的饼，依次放入锅中煎至熟。成菜：槐花、虾仁晶莹剔透，底层金黄，鲜脆且鲜嫩，食之唇齿留香。

槐花炒虾仁：这道菜是灌南厨师的拿手绝活。选未开的适量槐花备用，将鲜虾仁用蛋清、食盐、水淀粉上浆，把已上浆好的虾仁入温油锅炸熟捞出，锅内放少许色拉油烧热，加葱、姜末煸出香味，放入槐花、虾仁略炒，再放少许鸡汤（也可用凉开水）、盐、味精略炒，用水淀粉勾芡，淋入少许油，翻炒装盘即成。成菜：虾仁和槐花晶莹透明，滑嫩鲜爽，可用于高档筵席。

槐花炒鸡蛋：将鸡蛋打入碗中，放入适量的鲜槐花、少许盐和味精搅匀。炒锅加入油烧热，放入葱花煸香，倒入槐花蛋液，炒至松散成熟即可。此菜是民间寻常美食，美味可口，经济实惠。

槐花猪肠汤：将洗净的猪大肠放入锅中焯去腥臊味，捞出洗净，再次放入锅中，加足清水，放入葱段、姜片，把鲜槐花用纱布包起来放入锅中，大火催开，后转小火炖约九十分钟。捞出大肠，切成三厘米的段，重新放入锅中，捞出槐花纱布包，待汤又煮沸时，撒入约二百克的鲜槐花，加少许料酒、适量精盐及味精，装入汤盆即可。成菜：大肠酥烂、花香汤鲜。此菜有一定的药用价值，能清肠解毒，益阴润燥，对大便出血、痔疮、便秘、皮肤瘙痒等症有疗效。

民间以槐花为材料的菜肴还有“槐花包子”“槐花饺子”“槐花紫薯糕”“槐花八宝咸粥”“槐花蒸咸肉”“槐花拌豆腐”“槐花萝卜丝汤”等。

槐花有洋槐、国槐之分。洋槐，又称“刺槐”，其枝头带刺，由国外传入我国，花可食用；国槐，又称“土槐”“本槐”，其花不能食用，多作医用，所以要区别慎用。

马齿苋菜　野菜之珍

每年农历五月至八月是马齿苋的生长时节，农闲及劳作之时，乡里人于河畔滩头、田边场地、房前屋后顺手摘来，既可做鲜食菜肴，也可制成菜干储存起来，待过年时取出食用。

马齿苋是马齿苋科马齿苋属石竹目，一年生的草本植物，其叶肥厚且状似马的牙齿，故得其名。其茎粗壮平卧，匍匐地面向四周伸长，叶儿的反面为暗红略带淡绿色，正面呈暗绿色，光泽油亮。马齿苋，在灌南又称“长命菜”“长寿菜”，是典型的喜阳植物，将其连根拔起，连晒数日，随手扔于一隅，它又生长如初，因此，又有“不死草”“不老草”的美名。马齿苋有小花和大花之分，小花马齿苋茎叶肥厚，属食用野蔬；大花马齿苋叶细瘦，适医疗之用，且开放的花朵招人喜爱，很多家庭用花盆养殖，作为盆景花卉欣赏。

马齿苋自古以来是灌南人广泛喜食的珍贵野蔬，因其具有一定的药用价值，所以民间又称“马药菜”。

灌南人食用马齿苋的方法很多，也很讲究。夏季伏天采摘的叫“伏马菜”，品质细嫩无纤维，适合鲜食；秋季采摘的则称“秋马菜”，质老纤维多，适于制成菜干，做包子馅、饼馅等。

马齿苋小炒肉：选夏季鲜嫩的马齿苋切成段，晒至半干，入沸水锅焯水捞出，和猪里脊肉片加葱花、姜末炒，加入生抽、味精、香油炒入味即可。成菜：菜经脱水后有嚼劲，肉片鲜嫩爽口。此方法也适合与牛肉、羊肉、鸡肉同炒。由于马齿苋性寒，适当搭配少许温性原料，能达到寒温平衡的目的。

马菜螺蛳羹：将焯过水的马齿苋切成末，取适量内河产的熟螺蛳肉，锅内加猪油、葱花、姜末煸出香味，再放入鸡汤烧煮至沸，加入马齿苋末和螺蛳肉烧沸后，加精盐、味精，撒入适量的牛肉末，用水淀粉勾芡，淋入少许芝麻油即成。成菜：此菜营养丰富、温寒搭配，是夏季消暑佳肴，适于体热者食用，是经中医指导制作的营养补品。

马药菜包子：选用秋季的马齿苋焯水后晒成的菜干，经水泡发后切成末，加入猪五花肉糊、葱花、姜末、熟猪油、精盐、味精拌匀，包入酵面皮中做成包子，蒸熟即可。成菜：包子有嚼劲、美味独特，是灌南地区每到春节时家家必备、人人爱吃的标志性美食。此法也可制成水煎包，用平底锅煎制，过程中撒淋少许清水，盖上锅盖煎至上面软绵洁白，底部金黄起脆。成菜：面皮香脆、绵软，馅儿鲜香，卤汁滋润，堪称美味一绝。

由于马齿苋独有的特点，民间创造的菜肴也是精彩纷呈，如用此菜干蒸制的虎皮肉、咸肉、咸鱼等都是独具特色的佳品；或用此菜干烩制的腊八粥，也是本地名品之一。

马药菜，顶呱呱，灵丹妙药不如它；

既当吃，又治疾，吃得白发变青丝，吃得鹤发又童颜。

此民谣生动地道出了马齿苋的药用价值和食用价值。乡间人在夏秋之季如遇蚊虫叮咬、疮疥之疾等，都取马齿苋的新鲜茎叶捣烂成浓汁，外敷抹其患处，同时用其茎叶煮熬汤汁口服，每日外敷内服各三次，几日便可痊愈。马齿苋的药用价值在古书中早有记载。《本草正义》曰："最善解痈肿热毒，亦可作敷药。"[①] 亦有"治女人赤白带下，则此症多由湿热凝滞，寒滑以利导之，而湿热可泄，又兼能入血破瘀，故亦治赤带"[②] 之说。可见，马齿苋既是品质优良的绿色野蔬，又是医食同工的食疗美味。

金针黄花　忘忧疗愁

黄花菜，又称"金针菜""忘忧草""萱草"等，古时又称"母亲花"，属百合科多年生的草本植物。

我国食用黄花菜已有两千多年的历史，其食用价值、药用价值为厨师和中医所称道。黄花菜的花苞鲜嫩、肥厚，色泽金黄，香味

---

① 转引自江苏新医学院．中药大辞典：上册［M］．上海：上海科学技术出版社，1977：291.

② 江苏新医学院．中药大辞典：上册［M］．上海：上海科学技术出版社，1977：291.

浓郁，食之清香。其根茎是中医用于治疗水肿的药材，对于治疗小便不利、淋浊或带下，以及黄疸经、衄血、便血有一定的疗效。《中药大辞典》《中华本草》等众多典籍中，都对黄花菜的药物作用做了详细描述。

由于黄花菜既经济又实惠且美味，种植及管理较为粗放，只要将其根茎埋入土中，它就会生长旺盛，自古农家都在房前屋后随处种植。黄花菜的花苞未开放时，称“金针”，是最佳食用时段，农户们都赶在其花未开放时采摘，鲜食或将其晒干贮存起来，随食随取。若待到花苞开放，花蕊则既没了肉质感，又没了食用价值。

仲春时节，在前一年黄花菜生长过的地上，又冒出了一簇簇嫩绿叶尖，在不经意的四十多天里，黄花菜那细长的叶儿已长至五十多厘米高。值初夏阳光明媚时节，那一排排、一行行，密而娇嫩的叶子，被人们当作美化环境的天然绿篱。很快，花茎自叶腋间抽生出来，不出几日，便会开出朵朵鲜艳、形似百合花的六角形花朵。许多诗人称赞其为“母亲花”，唐代诗人孟郊曾借萱草抒发过对母亲的思念。

萱草生堂阶，游子行天涯。
慈亲倚堂门，不见萱草花。

元代诗人王冕也在《今朝》一诗中，将萱草与母亲联系在一起，值得我们品读。

今朝风日好，堂前萱草花。
持杯为母寿，所喜无喧哗。
东邻已藤蔓，西邻但桑麻。
侧闻义士招，我辈鬓已华。
世事既如此，不乐将奈何？

灌南人食用黄花菜的方法很多，“鸡汤清炖黄花菜”“凉拌黄花菜”“清炒金银针”等均为常见菜品。

鸡汤清炖黄花菜：将经焯水浸泡后的鲜黄花菜和泡发后的黑木耳、蘑菇放入用砂锅炖好的母鸡汤中，用小火炖约十分钟，放入少许食盐即可。此菜有养血平肝之效。

凉拌黄花菜：此菜是民间广而盛行的凉拌菜。把鲜黄花菜放入沸水中焯至断生，再放入凉开水中泡一小时，捞出沥干水分，放适量蒜泥、香油、少许生抽、味精，滴上几滴素油，拌匀即可食用。成菜：鲜嫩滑润、清淡爽口，是佐酒下饭之佳肴，对头昏、心悸、关节肿痛者有疗效。

清炒金银针：把绿豆芽掐去头尾，将鲜黄花菜焯水泡水后待用。锅内放少许豆油烧热，加少许葱花煸出香味，放入黄花菜和绿豆芽，边炒边放入食盐、味精，滴上几滴素油，淋上几滴香油装盘即可。成菜：黄白两色相配，鲜脆爽口，清淡素雅。

鲜金针炒肉丝：此菜是民间最受消费者青睐的小炒之一。把鲜黄花菜焯水处理后待用，将适量的猪五花肉切丝，锅内放少许猪油烧热，放入一半黄花菜、葱花、姜末煸出香味，放肉丝炒至断生，再放入另一半黄花菜同炒，放入食盐、味精，淋入少许猪油翻炒装盘即可。此菜荤素搭配合理，咸淡适宜。

金针炒腰丝：灌南的大小饭店里都有这道创意菜，也很味美。鲜黄花菜焯水备用，将猪腰片去臊腺，用花椒水泡去臊味，沥干水分后切成腰丝，用水淀粉、精盐上浆，锅内加宽油烧至五成热时，放入腰丝炸至断生捞出。另取一锅放油少许，加葱花、姜末煸出香味，放入黄花菜略炒，再放腰丝，边炒边放少许生抽、白糖、味精，淋几滴香油翻炒至菜、调料合二为一，装盘即可。成菜：鲜香适口、咸淡适宜，腰丝脆爽嫩滑，嚼之又有满口生津之感。

本地民间食用黄花菜的方法很多，如用其干制品烧鸡、烧肉、炖排骨、炖肉圆、炖鲫鱼、炖牛羊肉等都是脍炙人口的佳肴；也可配以多种荤素食材，烧制多种汤菜，或用鲜黄花菜炒土鸡蛋，或配以各种烧烩菜都是历代传承之吃法。

黄花菜还被称为“华佗金针”，在灌南民间有许多传说。一则传说是，三国时期，神医华佗行医至淮浦（今淮安市北）为百姓治病，忽见曹操信使来到，曰：“我家主公曹丞相头疾发作，命你速去医治。”华佗笑道：“官人莫急，你家丞相头痛病乃慢性之疾，现我手上正治急性患者，待几日后定去医治曹丞相如何？”信使哪里肯依，让几个人摁住华佗就走。华佗无奈地对正在医治的患者道：“我留六棵金针给你们治病，也算是对你们略表歉意吧。”人们为纪念神医华佗，故给黄花菜取名为“金针菜”或“华佗金针”。

关于民间谚语“黄花菜都凉了”的说法不一。在灌南，是指宴席最后一道热菜上的是黄花菜，即宴席临近结束，某客才到，众人便会笑道：“你来得太迟了，黄花菜都凉了！”

黄花菜虽是好食材，但也要正确食用，因其含有有毒成分秋水仙碱，故必须经开水焯熟断生后，再用凉开水浸泡才能食用。

青涩苜蓿　心酸泣下

苜蓿草

20世纪60年代出生且有过农村生活经历的灌南人，都记得自己曾经吃过一种所谓的“蔬菜”——苜蓿草。

在那段困苦的岁月里，家家户户经常为断粮而发愁，都是满地寻找野菜来充饥，然而野菜也是有限的，无奈之下人们便把目光投向苜蓿草。

现今，灌南人的物质生活较从前有了翻天覆地的变化，追求素食、养生成了新时尚，许多灌南人为此又有了吃苜蓿草换换口味的想法。

苜蓿草，又称“花苜蓿”“野苜蓿”“三叶草”“幸运草”等，是豆科苜蓿属多年生植物。其茎直立或铺散，复叶，有三小叶片，小叶上部边缘有细齿，托叶贴生在叶柄茎部上。花很小，黄色或紫色，成短总状或头状花序，腋生。

在灌南一带，将苜蓿草做成美食的方法很多。旧时，乡亲们用镰刀割一篮子苜蓿草，洗净后切成二至三厘米长的小段，拌以用石磨“拐”出的粗稖子面（玉米面粉），放入食盐拌匀（拌入葱花效果更佳）。此间男人们早已将老土灶的铁锅用柴火烧热，滴上几滴油在锅里，用涮锅把子擦擦，防止粘锅，然后将苜蓿草拌玉米面粉料放入锅内，用涮锅把子将其慢慢压成约五毫米厚的饼子。司厨的主妇此时会不停地向烧火的男人喊叫：“往前头拨拨，向后头拨闹拨闹（拨拨、挑挑的意思）。”意思叫男人用火叉把柴火挑动，使大铁锅四周的火烧得均匀，这样苜蓿草饼子的四周也就炕得色泽一致，锅底部也不焦煳。渐渐地，清香从锅中溢出，围在灶台四边的“小吃客们”早已饿得不行，满眼期盼。待锅盖掀起，稖子面和苜蓿草的香味便溢满低矮的房屋。一张直径约七十厘米的大饼子端上餐桌后，霎时，“咯巴咯巴”的嚼饼声，“唏哟唏哟”的喝汤声取代了喧嚣声。这道当时的农家救急饭，俗称“苜蓿草稖面压锅巴”，现在时髦地被称为“绿色食品”。

苜蓿草点渣子：“渣子”是灌南一带农户的家常饭，是用经浸泡变软的黄豆，经过石磨“拐”成稀糊浆，然后放入苜蓿草烧制的汤菜锅里。此时，随着老土灶的加热，大豆的蛋白质分解，汤汁即变成乳白色，豆渣也就溶于汤汁之中，并渐渐由稀变稠。再将玉米面或小麦面调成粉浆投入搅匀，即成菜粥。成菜：此粥既有清香适口之感，又有饭菜结合之妙，虽制作粗糙，却是低脂肪、高蛋白、粗纤维的食品，实为旧时人们填腹之宝物，亦是现时人们崇尚之美味。

苜蓿草“插和浪”（现称“面絮粥”）：将苜蓿草洗净切成段待用，将经石磨“拐”制的粗麦面粉调拌成粗絮状的“疙瘩”待用。锅内加些豆油烧热，撒入葱花爆香，加入适量的水。至水煮沸，放入切碎的苜蓿草，缓缓地将面疙瘩下入，边下边搅，顺着一个方向搅至锅内散发出面和菜的芳香。旧时灌南，每当家里做了这道菜，开饭的时间一到，大人们便成了“服务员”，给孩子们每人盛一碗后，自己刚要动嘴，只看这个孩子的碗已底朝天、那个孩子在用舌头舔碗，无奈只能再续上。大人们要么是待孩子们吃饱了自己再吃，要么就强忍着饿过这一顿。

粉蒸苜蓿草：这种既当饭又当菜的农家做法，是当时缺粮环境下的无奈之举，但也不失为一种发明创造。主妇们将苜蓿草洗净切成三厘米长的小段，加入几把玉米面，撒入些葱花、姜末、食盐、豆油拌匀，边拌边撒入少许清水，拌至玉米面和苜蓿草小段相粘连，呈絮状待用。锅里加满水，上置用草编制的蒸笼，用柴火烧至蒸汽腾腾，掀开笼盖，铺上芦苇叶，放入玉米面拌苜蓿草的菜料，盖上笼盖。待蒸笼里的蒸汽再次升腾，菜香、面香便溢满整个屋子。主妇掀开笼盖，一家人欢天喜地品尝这道菜饭结合、亦菜亦饭、一菜双味、一举两得的农家吃食。平凡的食材、简单的调料、原始的做法，透出纯真的口感和自然的清香。

关于苜蓿草的吃法还有很多，苜蓿草和大米饭可搭配成咸干饭；苜蓿草还可做饺子、包子馅的配料，各种汤菜的配料，多种烩菜、烧菜的配菜，等等。

吃苜蓿草是过去的事了，昔日记忆，让上了年纪的灌南人仍忘不了，总是念叨此品。

第二节　河中美鲜　叩问味蕾的浓淡深浅

日月周复，引东海之水接灌河潮起潮落。

淮水东去，推潮河之波连大洋水天一色。

灌河是灌南的母亲河，有“苏北黄浦江”之称。灌江口是神话传说中“二郎神杨戬”的故乡，这里一直流传着“二郎神大战灌江口”的动人故事，“虎头潮”和“大鱼拜龙王”的景象让人神往。

灌河风光（郭欣亚摄）

灌河，古称“灌江”，又称“潮河”“大潮河”“北潮河”，位于苏北沿海中北部，是天然入海的潮汐河道，承上游沂沭泗水系之水，接沂南河、柴米河、盐河、南六塘河、北六塘河注入黄海。灌河西连盐河北，经灌云县达新浦，南连淮安、扬州的运河，汇淮水达长江；在灌南一带，循五龙口，流经大三岔、大埝口、响水、双港、堆沟的黄庄抵陈家港，再折北至燕尾港入海。灌河全长七十七千米，最宽处近一千米，为运输航道。民间总结灌河潮水规律为“初三潮、十八水”。如遇强大的东北风等因素，平静的河面上会突起高约一丈①的巨浪，民间俗称“虎头潮”，排山倒海的潮水向上游推拥而来，巨浪呼啸之声传至几里之外，令人叹为观止。又时有“东海大鱼”（实为鲸鱼，伪虎鲸），长丈余，几十

① 1丈≈3.33米。本书所涉及的“丈”计量单位，以尊重文稿为旨，保持原貌，不做修改。

条、上百条不等，随潮而来，引两岸百姓争相观看，为此，民间又有“大鱼拜龙王”的传说。这真是：

潮河时有大鱼至，顺潮而上满河挨。
两岸百姓立堤看，人间奇迹自古来。

灌河美丽富饶，由于其水域辽阔，海水和淡水因潮汐作用相互交融，滋养出许多水产物种，其中盛产的四鳃鲈鱼、刀鱼、鮰鱼、鳗鱼、虾籽等都是品质上乘之食材。灌河潮起潮落，为与灌河相通的若干支流水系，供给了充沛的水源，水面鱼跃虾蹦，田埂草窠处蟹、鳖爬行，蚬、蚌、螺、蛤、蛏遍滩皆是，为两岸人民提供了丰富的食物来源。谚曰：

灌河鲈鱼长四鳃，异水两鳃不及它。
浮游生物叫虾籽，两合水处衍生此。
刀鱼鮰鱼天上味，长江此种才媲美。

灌河四鳃　誉满神州

提起灌河的特色水产，首数享誉八方的美味——“四鳃鲈鱼”。

鲈鱼何有“四鳃”之称呢？因较一般鲈鱼而言，其两侧的鳃盖上各长了一条橙色的褶皱，略向外翻，酷似两片鳃叶，故被称为“四鳃鲈鱼”。本地又称“四鳃鲈”。

四鳃鲈鱼较其他鲈鱼而言，头稍圆，向后由圆而渐侧扁，外表皮呈青灰色，腹部呈白色而泛黄，两侧的上部长有不规则的、似“玳瑁”身上黑褐色的斑点，侧线呈青黑色、伸直，背鳍极似鳜鱼的鳍，长且锋利。其主要生活于灌河中下游的咸淡水结合处。

每年的谷雨至立夏之际，为灌河四鳃鲈鱼的捕捞季节，此时的四鳃鲈鱼膘肥脂足。四鳃鲈鱼是灌河具有代表性的洄游繁殖鱼类之一。仲秋芦花盛开的时候，大大小小的鲈鱼从沿海各处成群结队地游至灌河出海口处的开山岛一带生长，于第二年谷雨、立夏时再返回灌河咸淡水（又称“阴阳水”）相融的环境产卵繁殖。因此处水质特殊，滋生出许多浮游生物和其他丰富的饵料，使得四鳃鲈鱼品质突出、别具风味。和一般的海鲈、江鲈、河鲈相比，灌河所产的四鳃鲈鱼，既有海味之鲜，又有河鲜之美，两味合一，实乃上等佳品。中医学者对四鳃鲈鱼有这样评价：常食此鱼有调理元气，延年益寿，补五脏、益筋骨、润肠胃、益肝肾、治水气、安胎、助产妇下奶、治水肿等作用。

在灌河两岸的民间，有一个令人动容的有关四鳃鲈鱼的神话传说。相传，古时灌河南岸的龙王庙旁边有一个渡口。有一年夏天的大汛期中午，一位年近八旬的卢姓老爷爷，领着八岁的孙子卢小四外出乞讨，欲乘渡船过河回家。艄公吃午饭未返，候船之余，老人便去河边用讨饭碗舀水就干粮充饥。因河滩淤泥湿滑，老人不慎滑入河中。孙子卢小四急忙去拽，无奈人小力薄，拽不上来。就在此时，河面上一条青灰带花斑、几丈长的大鱼，顺潮而来，张开血盆大口，咬住老人的两条腿往下拖。孙子见状大哭："救命啊！来人啊！"此时，艄公餐罢正返。见状，急忙用撑船的竹篙去捅那大鱼。大鱼不顾，反而更加用力地将老人往水里拖，孙子紧紧地拽住爷爷不放。艄公离他爷孙俩有十来米远，河滩的淤泥漫过膝盖，难以快速近前相救，他边用力挪动双腿，边喊叫道："孩子，快放手，快放手啊！"此时，岸上人家听到救命声，几十个人都朝岸边赶过来，远远地看到了这撕心裂肺的悲剧一幕：孩子拼命拽，大鱼用力拖，大鱼在水中翻滚，鱼尾拍打着河水，溅起丈余高的水花。顷刻间，老人连同孙子都被拖入水中……河面泛起一片殷红。岸上的喊叫顿时变成一片伤心的啼哭。

两岸的百姓同情这对爷孙，一起到二郎神庙焚香哭诉，求二郎神主持公道，严惩这条恶鱼。二郎神闻之大怒："我乃灌江口镇守之神，岂容劣畜残害良民。"他急令左右将恶鱼拿住，处以斩首。东海龙王怜惜恶鱼是自己的鱼虾水族，前来说情。二郎神难却情面，命："将其剥皮，毁其容，在两鳃后各剮一刀。"恶鱼便成了四鳃之鱼。二郎神仍不解气，命左右拿来绳索，将恶鱼紧紧捆住，用神鞭责打，越打绳勒得越紧，最后恶鱼缩成一条十斤左右重的小鱼。二郎神又命其随这对爷孙的卢氏而姓，随其孙子卢四的四而定名。从此，恶鱼便改叫“四鳃鲈鱼”。二郎神又令它每年去灌江供人捕捞食用，偿还灌江口之人情。

因东海龙王的包庇不公，两岸的百姓不再给龙王庙烧香和供奉，导致历史上位于灌河南岸的龙王庙，从此断了香火，没了供奉又无人维护，年久失修而不复存在。

四鳃鲈鱼在我国沿海分布不多，上海松江和其他地区生产的均不及灌河所产的品质。四鳃鲈鱼与黄河鲤鱼、松花江鳜鱼、兴凯湖鲌鱼，并称为我国的“四大名鱼”。

现今，灌河四鳃鲈鱼已远近闻名，但历史上，本地区地处荒芜，远离政治、经济中心，远离繁华的大都市，消息闭塞，因外来文人墨客涉足不多，又因本地宣传甚少，故灌河四鳃鲈鱼名不见经传，鲜为人知。

四鳃鲈鱼富含脂肪、蛋白质和钙、镁、锌、硒等微量元素。为减少营养的流失，采用清蒸的方法来烹制，最能保留其营养价值，体现出它的原汁原味。

清蒸四鳃鲈鱼：灌南厨师制作此菜时，为使鲈鱼肉质洁白，宰杀时会用刀在鲈鱼一侧的鳃后割一口子，将鱼尾提起，鱼头朝下约十五分钟，放尽血水。再将鱼平放于砧板上，用刀将鱼腹剖开，取出内脏，除鳃，留肝备用。然后用刀尖在鱼肛处，贴着脊骨的一侧，向鱼头的方向逆刀而行，使脊骨和内侧的肉分离，肉断皮不断。将胸骨剖断，使鳃下的两个划鳍左右分开，再在两侧划上一字刀纹，便于调味品腌渍进入体内。将鱼洗净（鱼肝先放入长腰盘中），抹上适量的精盐、味精、料酒、葱姜汁腌制入味，将鱼摆在放有鱼肝的长腰盘中。待蒸笼热气升腾时，连鱼带盘放入笼内。接下来的事交给时间与火候。约过十分钟，随着蒸笼的蒸汽喷出，厨房已四溢鱼的香味。揭开锅盖，端上餐桌，只见鱼头昂首，整体完好地趴在盘中。一丝丝的香味随着冒出的热气钻入鼻孔，舌下溢出馋涎，食欲被勾起，让人忍不住地送入口中，只觉鱼肉呈瓣状，在领略了鲜味之后，咀嚼起来，是那弹性和嚼劲的较量。鱼肉本身的水分经蒸汽的加热渗透，至各种营养素的分解转换，使溢出的汤汁浓稠粘唇，异常肥美味鲜。难怪有食客盛赞："到灌南品尝此肴，方不虚此行！"

淮扬菜的特点是追求本味，四鳃鲈鱼的品质与淮扬菜注重原汁原味的烹饪技艺尤为搭配。民间盛行的"奶汤四鳃鲈"是最能体现淮扬菜的制作水准的菜品，也是易做好吃的美味佳肴。

奶汤四鳃鲈：烹制时，将铁锅烧至滚热，滴入少许熟豆油，把宰杀洗净的整条（也可斩切成段，整条的要划上花刀便于入味）鲈鱼放入锅中略煎，边煎边沿锅四周喷洒少量凉开水，随着"扑哧扑哧"的声响，蒸气的热和鱼的冷在锅内产生激烈的碰撞，让鱼肉蛋白质、脂肪等营养快速溢出。如此方法重复两次，鱼肉里乳白的汁液外溢完成。放入葱段、姜片、料酒去腥增香，加入适量的水。此后微火慢炖，约一小时后揭开锅盖，撒入少许的白胡椒粉、适量的盐定味，装盘即成。成菜：抿一口，乳白汤汁粘齿黏唇，醇厚鲜香，回味无穷。此品尤适宜孕妇养胎安神，产后催奶。对体弱者有补气养胃、滋润五脏的功效，也是头昏目眩者的食疗首选。

四鳃鲈鱼适合炸、熘、爆、炒、炖、烧、涮、煎、贴、焗等烹饪方法。本地立夏时节，是灌河四鳃鲈鱼捕捞上市的时候，同时也是农家菜园里蒜薹最为脆嫩的时候。从前，民间的乡土菜喜用家制的小麦酱烧制"蒜薹烧四鳃鲈"，这道菜可谓人人爱吃，是招待亲朋好友的佳肴之一。

灌河四鳃鲈鱼自清朝起成为远近闻名、不可多得的上品。从前四鳃鲈鱼产量高，实属常见的食材。后来，灌河的源头建了几座节水闸，使水体流量减少、流速变缓，导致灌河洄游繁殖的鱼类产量减少，同时上游水的污染也是鱼类产量减少的重要原因，值得我们深思。

灌河刀鱼　鱼鲜极品

古往今来，灌河刀鱼一直是本地春季的特产，远近闻名，堪称极品。

相传，古时灌河两岸的渔民，每逢捕捞此鱼时，都会站立于船头，虔诚念道："得胜，得胜，得胜还朝。鸡毛靠，鸡毛靠，系得住，靠得牢。"古时，渔民出海捕鱼都会举行盛大的龙王祭祀仪式，摆上猪头，焚香祷告。同时，杀公鸡用鸡毛沾鸡血向大海的方向挥洒，口念祈语，求龙王保平安无灾。后来渔民不出海，在灌河上捕捞刀鱼时，也会宰杀公鸡，用鸡毛沾血抛洒河面算作简单的祷告。"得胜"寓意为捕得多，"鸡毛靠"寓意为鸡毛沾血祈求神灵保佑之举，也寓为靠得住、有把握、捕得多。久而久之，民间习惯地把刀鱼称作"得胜"或"鸡毛靠"。

关于刀鱼，世人大概只知长江有此品种，殊不知灌河也是刀鱼生长繁殖的"天堂"。

刀鱼，学名"长颌鲚"，又称"刀鲚"，其体狭长似尖刀，故称"刀鱼"。灌南人称"毛刀""靠鱼""得胜"等。刀鱼鱼体银白闪亮泛黄，肉质细腻鲜美，是典型的洄游繁殖鱼类。每年正月过后，刀鱼便成群溯水而上，到灌河、长江等通海河流的咸淡水结合处产卵繁殖。清明节前两个多月在咸淡水的环境中生长，由于食咸淡水中丰富的浮游生物，刀鱼被养得背宽体肥，脂肪含量极高。又因淡水的作用，其体内原本的海水涩味减淡，肉质较在海里时发生了根本性的变化。因此，灌河所产的刀鱼既有淡水河鲜的味道，又承海味的衬托，肉质变得无比鲜嫩，极其美味，尤以清明节前 15 天内捕捞出水的刀鱼品质最佳。

我国食用刀鱼的历史可以追溯到先秦。《山海经》晋郭璞注曰："鮆鱼狭薄而长头，大者尺余，太湖中今饶之，一名刀鱼。"①

大诗人、美食家苏东坡在诗中点到的鮆鱼，即为刀鲚、刀鱼。

---

① 郭璞. 山海经笺疏［M］. 北京：中国致公出版社，2016：22.

可见刀鱼在宋朝之前已为风靡之物，见诸经传。

溶溶晴港漾春晖，芦笋生时柳絮飞。
还有江南风物否，桃花流水鲨鱼肥。

“拔刺银刀刚出水，落花香里鲨鱼肥。”清代诗人叶承桂在《太湖竹枝词》里写下的这两句，把刀鱼的样子、捕捞时间、特征都表达得完美生动。

灌河是苏北唯一一条没有在主干流上建闸的天然入海潮汐河道。既然水利专家赋予其“苏北黄浦江”之称，就必有与黄浦江相似的生态价值。它不仅盛产刀鱼，而且盛产品质和长江物产类同的其他鱼类。

从前，灌南及周边地区人民生活水平低下，交通不畅，消息闭塞。本地美味食材虽品质上乘，然不及经济发达地区的老饕们对美食的嗜求与追捧。由于本地人对刀鱼的认知较浅，对其烹调方法掌握不足，民间多用自制面酱红烧大的刀鱼，小的刀鱼则用面糊拌而油炸。如此简单的菜品，也不是人人都吃得起的。如遇自然灾害等，逢春季刀鱼上市之时，恰是贫穷人家青黄不接、断粮断炊之时，每天早晨待鱼贩的挑担吆喝声到来，有点粮食的人家则会用山芋干、玉米、黄豆等粮食换而食之。

随着国家改革开放的政策落实，以及发展国民经济方针的推进，民众的生活水平有了显著的提高，吃刀鱼和烹制刀鱼的技法也有了明显的进步。此时，江苏境内的长江两岸吃刀鱼已蔚然成风，刀鱼价格一路飙升，几近“天价”。时人说笑道：“都快把长江刀鱼吃绝种了。”于是，外地鱼贩和本地鱼贩便把目光聚焦到灌河刀鱼的身上，因灌河所产的刀鱼和长江出产的品质接近，渔民捕捞出网时，个头大的就被高价收购，以长江刀鱼的价格卖出。现在，长江两岸吃的刀鱼很多是灌河所产的。剩下小的，才是灌南人的佐酒下饭之肴。

我国的刀鱼主要分为江海洄游型和湖泊定居型两个生态类群。在江苏的北部还有骆马湖刀鱼、洪泽湖刀鱼等，又称“湖刀”。其实湖泊里原本没有刀鱼，是因潮水和特大洪水漫溢到湖泊，待潮水和洪水退却后，部分刀鱼因受堤坝的阻隔，再也回不到原来的地方，从此只能在湖泊里“定居”。

清明节前是灌河刀鱼捕捞上市的时节，此时其品质最佳，鱼刺细而软，肉质也最嫩。刀鱼虽好吃，但还要会吃、会做。以前的灌南农家主妇，人人会用自制的小麦大酱来烧刀鱼，称为“大酱烧刀鱼”。

大酱烧刀鱼：先将刀鱼剖腹，取出内脏，洗净晾干。用盐水擦抹外表，为的是在煎制时，鱼皮不会开裂。给刀鱼拍上干面粉待用，在烧热的锅内淋上少许猪油或豆油，将刀鱼放入，煎至两面微黄取出。将锅洗净，大火烧热，放葱花、姜煸出香味，放适量的清水、面酱（无须放味精），待汤汁煮至微滚，放入煎好的刀鱼，将鱼头顺一个方向整齐地码入锅内。此时，转小火烧十几分钟，汤汁渐渐变得浓稠起来。随着时间推移，锅里的沸腾之声也随之传出，此时刀鱼特有的鲜味渐渐随着锅内冒出的热气扩散开来，鱼鲜、酱香得以完美结合。这道菜在灌南基本上是家家会做、人人爱吃。有的人特别会吃，吃的技巧让人佩服，不由得竖起拇指。只见他们右手捏起鱼头，把脸向右上方倾斜，张开大口，将鱼头顺着左嘴角捋入，用双唇立即将鱼抿住，快慢急缓掌握有度。待右手从嘴里拽出鱼头时，竟是不带鱼肉的完整的鱼骨。

清蒸刀鱼：此菜选料很讲究，太小的鱼，肉太少，因此，须选长约二十五厘米的刀鱼。将刀鱼去内脏洗净，手指蘸点精盐抹于鱼体上，防止鱼肉遇热开裂。将鱼顺一个方向整齐排放于盘中，把适量的葱段、姜片、火腿片、猪肥膘片、干红椒丝码放在鱼上，接着均匀地在鱼上浇入用盐、料酒、鸡汤调制的卤汁。蒸笼上蒸汽腾腾之时，是该品入笼的最佳时机。蒸约五分钟，即可出笼。成菜：观之，鱼体的颜色基本未变，鲜艳夺目。鱼皮不开不裂间暗透出那活嫩的丰腴之感，似觉有汁液从表皮溢出。尝一口，鱼味浓郁，味蕾顿时像炸开了花；嚼一口，肉的细嫩中饱含汁液，润满口腔。此菜最能保持刀鱼原味，让人禁不住感叹这河鲜和海鲜混合的天然之味。

淮扬菜系的厨师尤擅烹制刀鱼菜肴，这和盐商及淮扬地区的文化有密切关系。

明、清两朝，徽商因盐而兴，富可敌国，为满足其奢侈的生活，厨师必须不断创新。“名品”刀鱼自然成了创新首选。“清蒸双皮刀鱼”通过工匠之手、文人之韵，被摆上了当时顶级吃客们的餐桌。

清蒸双皮刀鱼：选用特大刀鱼。用特制的似筷子宽的锋利刀具，从鳃的一侧开一个一厘米宽的小口，接下来从刀口中取出脊骨、鱼刺和内脏，要求是骨不带肉、脊骨和腹刺完整。再将河虾仁斩成糊（此种糊扬州人称“蓉”），配入少许猪肥膘丁，粗斩后加葱姜汁、料酒、盐、蛋清搅拌成馅料，从刀口填入鱼腹。用盐抹擦鱼体外表，以防开裂。将鱼码入玉盘中，覆盖火腿片、香菇片、玉兰片。蒸法同“清蒸刀鱼”。待笼盖掀起，呈现在众人面前时，众人皆不解，惊奇道：“此鱼腹未剖开，内脏未去，如何吃得?”主家便跷起大拇指道：“此乃家中神厨，烹得神品，请各位品尝、点评。”遂用筷子拨开鱼腹，不见内脏，反而是洁白如玉、晶莹剔透的馅心填塞其内。又有人道：“刀口定在下面。”于是将鱼翻转过来，还不见刀口，众人百思不得其解，待彻悟后，都啧啧称赞。

蟹黄刀鱼圆：将刀鱼去掉皮、骨、刺，通过精湛的刀工刮得细如泥浆，加蛋清、盐、水淀粉制成鱼缔（糊状），再挤成一个个小鱼圆。将蟹黄和河虾仁馅拌匀，再加入猪皮熬成的浓汤，待冷却成固体的馅料后，将皮冻馅料切成小丁挤在鱼圆内，放入用微火烧的水锅中煮熟，捞出放入鸡清汤中烩制调味即成。成菜：用嘴咬开洁白如玉的鱼圆，内含金黄蟹之馅，汁液外溢，鲜嫩无比。

灌河鮰鱼　味满人间

春季来临鮰鱼回，膘肥脂足时最美。

灌河古来有此种，可与长江相媲美。

灌河，自古盛产鮰鱼，每年春季，是鮰鱼的捕捞季节，此时的鮰鱼膘足、脂肥、肉嫩，融河豚、鲫鱼之美味于一身，是我国著名的淡水鱼之一。

鮰鱼，学名“长吻鮠”，体态似鲇鱼，吻肥厚，上颌突出于下颌，属鲿科鮠属，本地人称“回汪子”。鮰鱼没有鲇鱼头大，背部青灰色，似河鳗鱼背的颜色，有斑点，背上前面有一个大鳍，后面有一个小鳍（鲇鱼只有一个鳍），肚皮白色，俗称“琥珀背，白肚皮”。腹部膨隆，尾呈侧扁，有分叉（鲇鱼没有分叉）。鮰鱼只有主干脊骨，无小刺，为脊索动物鱼类。灌河由于有丰富的饵料和浮游生物，因此，成为鮰鱼生长的优良场所。其腹内的鱼鳔特别肥厚，干制后为名贵的鱼肚，鳔层厚，味醇正，色半透明，实属食中之珍品。背鳍和胸鳍的刺有毒腺，人体被刺后会立即感到剧痛，灼热，伤口甚至撕裂、出血，局部肿胀，还会引起发烧、疼痛带痒，半小时至一小时方止。

灌河鮰鱼和长江鮰鱼的区别在于，长江鮰鱼肚皮有的微红带白，有的通体呈肉红色。

宋代诗人、美食家苏轼在《戏作鮰鱼一绝》中，对石首市所产鮰鱼做了形象的比喻。

粉红石首仍无骨，雪白河豚不药人。

寄语天公与河伯，何妨乞与水精鳞。

鮰鱼的营养价值极高，富含丰富的无机盐、镁、铁等元素，有利于增强人体的免疫力，维护血管和预防脑血管疾病，具有养肝补血之效，能有效预防和治疗缺铁性贫血，增强人的体质，有助于产妇催奶。为此，灌南民间常以“砂锅炖鮰鱼”来滋补家人，增强体质。

砂锅炖鮰鱼：将鲜活鮰鱼去腮和内脏（留鳔待用），斩成约三厘米厚的段，放入沸水中略烫一下，再入冷水中洗去黏液，放进锅中，加豆油翻炒，同时加葱花、姜末、料酒、醋、鱼鳔，待到鱼肉紧缩香味透出时，放入少许清水转而慢炒，再滴入些许豆油，将鱼肉轻轻炒至汤汁变白。此时，内含的蛋白质、脂肪溢出。再次加入些许清水烧煮至沸，倒入砂锅之中，接着加足水，置于炉上用大火催开，转微火慢炖。待香味四溢，放入适量精盐，使之鲜咸适度，待鱼肉酥烂时，撒少许白胡椒粉装盘即成。成菜：乳汁洁白醇厚，肥、鲜、香的滋味汇集于一体，是中老年人的滋补佳品。

灌南的厨师尤擅烹制“清蒸鮰鱼”，既可展示其高超的烹调技术，又能满足消费者花钱吃得一条整鱼的心理。

清蒸鮰鱼：鲜活的鮰鱼，在去其内脏、鳃的同时，洗净鱼膘待用。剖开胸骨，顺手用刀在鱼的两侧剞上深约五毫米的刀纹，入开水锅中略焯一下，洗净黏液。用精盐、料酒将其腌制入味。由于其胸骨被剖断，因此，可以将其头向上趴于盘中，口中塞入一截胡萝卜。置蒸笼于明火之上，待热气蒸腾时放入鱼，蒸十二分钟取出，弃胡萝卜不用，在鱼身上放一把极细的葱丝，烧少许热油，待油冒小烟时分两次浇在鱼身上。随着“扑哧扑哧”两声，鱼香和葱香被热油激发出来，香味四溢，令人垂涎欲滴。观之，鱼嘴张开，鱼头上昂，整条鱼趴卧在大长盘中。成菜：入口鲜嫩无比，嚼之有筋道，鱼汁盈口润喉、丰腴细腻，是淮扬菜系中的佳作。

灌南也有将鮰鱼红烧的做法；另有切薄片入火锅中，像北京涮羊肉一样，涮而食之的，风味独特；还有切厚片腌入味后用“煎”或“塌”等方法烹制的，均为经典淮扬名菜。

鮰鱼是众人口中的美味，灌河所产远远满足不了人们餐桌上的需求。20 世纪 90 年代之前，渔民还捕有所获，市场上也时有见到，之后由于无休止地狂捕滥捞和环境变化等因素的影响，鮰鱼资源迅速匮乏。

灌河虾籽 鲜香独特

立冬时节捞虾籽，家家户户忙烹之。
雪菜白菜巧妙配，独特食材味道美。
阴阳之水衍生之，尝鲜解馋打牙祭。

初冬已至，寒气来袭，视灌河两岸，桅杆林立，白帆点点，叶叶小舟，穿行碧波。何事引众人乐此不疲？凑近观之，仔细打听：他们是在捕捞河中特有之物——虾籽。

何谓“虾籽”？灌河上接淮水入东海，下连海水潮汐来。两水交合，咸淡之水相融于一体，孕育出微小的水域精灵“虾籽”。放入盆钵之中，用放大镜观之，见其于水中来回穿梭，上下翻腾，体虽微，生命却很顽强。寒冬之季，是虾籽最为鲜美之时，两岸先民自古喜爱吃这一口，且吃出了习惯与传承，于是世世代代相传，爱吃不止。

虾籽是灌河咸淡水中的浮游生物，富含氨基酸和多种对人体有益的营养成分，虽貌不惊人，却造福于民，是既经济实惠又有营养美味的食材。

捕捞虾籽，由两条小船协同作业，其中一条固定停泊在离河边约三十米处，用绳索和岸上相连。取一根绳索连串起多个用纱布做的长布袋子（尾部有口，用绳子将口扎起来），张网以待，这又称“张虾籽”。待河水退潮时，顺潮而下的虾籽，随潮水流进纱布袋网中。待布袋网内的虾籽量渐多，驶出另一条小船，将布袋网尾部用钩子勾起，解开绳索，倒出虾籽，再将网底部的口子用绳扎起来。如此连续不断的捕捞作业，持续到河水完全退潮（民间称“平潮”）时结束。将刚捞出的虾籽捧在手掌上，仔细观看，觉其似青灰色的豆渣状，嗅闻即有浓浓海鲜、淡淡河鲜的融合之味。

“小小虾籽不值钱，家家户户都爱吃。”冬至到春节前后，人们从市场上买回虾籽，于家中招待外地来的亲朋好友，其中，“雪里蕻烧虾籽”最具灌南的民间特色。

雪里蕻烧虾籽：热锅内加猪油烧热，将虾籽分次倒入，用锅铲将其平摊于锅内反复地煎，过程中不时往锅的四周淋入少许油，使其不粘锅，待其透出香味，“抄”入盘中待用。将雪里蕻切成粒状入沸水中焯一下，捞出投入冷水中泡去涩味，沥干水分待用。再将锅烧热放入猪油、葱花、姜末、干辣椒丝煸出香味，放入焯熟的雪里蕻煸炒，再放入煎好的虾籽同炒，使虾籽呈松散状，加入精盐、味精，滴入少许醋，加适量的水。期间火候的大小是菜品成败的关键。待汤汁变稠，再滴入几滴香油，撒入白胡椒粉出锅。成菜：雪里蕻和虾籽的鲜美滋味相互渗透，“咸斩斩”“辣抽抽”的，是佐酒、下饭的美味。

灌南民间做虾籽菜肴，有用大白菜心和其相配的，也有用其他咸菜和其相配的，均可。煎虾籽时，也有的人家在虾籽内打入几个鸡蛋，使其烧至成熟后呈块状，但这种烧法减少了鲜味，掩盖了虾籽的本味。

饭店和民间制作虾籽菜肴的品种不少，也独具特色，在灌南比较受青睐的有以下几种。

炸虾籽圆子：在虾籽内加入猪膘肥丁、鸡蛋清、水淀粉、胡椒粉、盐、葱花、姜末，搅至上劲，挤成圆子放入油锅中，炸至金黄色即成。成菜：色泽金黄、外脆里嫩、鲜美适口，嚼时卤汁外溢。

锅贴虾籽：这道菜是本地专业烹饪大师的创新之作。先把鸡脯肉糊、猪肥膘丁、马蹄丁和虾籽搅上劲，加入盐、味精、胡椒粉等，继而搅匀平摊在多个切好成片的咸面包上，点缀香菜叶子于其上，放在平底锅中煎熟（只煎其一面）。成菜：食之底面香脆，上面软糯鲜香而细嫩。由于其做成的菜肴风味特色鲜明，近年来市场价格也随之上涨。

出正月之后，随着天气转暖，虾籽的品质慢慢地降低，灌河里不再有人捕捞，民间也不再食用。此时，虾籽成了水域里鱼、蟹、鳖们最好的食料。

灌河鳗鱼　别具特质

农历的九月至十一月，是灌河鳗鱼的捕捞时节。

人称“灌河鳗鱼世上一绝”，初觉有夸大之嫌，静思起来，这个美名不是空穴来风。灌河鳗鱼之所以独具特色，是因为其所处的生长水域有得天独厚的优势，鳗鱼的品质自然优于其他河流、湖泊出产的鳗鱼。

由于灌河是天然的接上游来水的入海水道，海洋的潮汐作用使灌河水随之潮起潮落。咸淡水的相融，衍生了丰富的天然饵料和浮游生物，使得这里的鳗鱼生就出特殊肉质，体大粗壮，膘肥脂凝。做成的菜品鲜香馥郁，口感丰腴。

鳗鱼，又称“鳗鲡”，是鳗鲡科长条蛇形鱼类。本地称“河鳗”，体型似蛇，无鳞，一般产于沿海河道咸淡水的交界处，品质优于内地河、湖、沟、汊所产的鳗鱼（内地产的为“湖泊定居型”）。鳗鱼在地球上存活了上千万年，其性别受环境因子的影响，当种群密度高、食物不足时，鳗鱼就会由雌性变成雄性。

沿海地区是鳗鱼的产卵场所。灌河鳗鱼性凶猛，贪食、好动，昼伏夜出，喜流动之水，好温暖环境，趋光性强。渔民们一般于夜间用灯照射，引鱼群集聚，张网捕之。

宋代诗人李觏于《和育王十二题·灵鳗井》中提到时人将鳗鱼当作龙来祈祷：

田苗自枯槁，井鳗人所祷。
若教龙有灵，此鱼何足道。

《说文解字》中指出：“鳗，鱼名。从鱼，曼声。”《本草纲目》记载：用鳗鲡淡煮，饱食三五次，主治体内有虫。鳗鲡二斤，治净，加酒二碗煮熟，加盐、醋吃下，主治骨蒸劳瘦、肠风下虫。

现代中医也对食用鳗鱼的功效做过精辟论述，如鳗鱼具有补虚养血、美容养颜、强筋壮肾、祛湿之功效，还具有补钙、延缓衰老、保护视力、护肝等的作用，也是夜盲症患者的最佳食品。

鳗鱼历来是社会各界公认的食中珍品，不论是专业的厨师，还是烹煮一日三餐的家庭主妇，都把“红烧鳗鱼”作为拿手好菜。

红烧鳗鱼：选料是成败的关键。灌南厨师一般取粗壮的鲜活鳗鱼，宰杀后除去内脏，剁成约四厘米长的段，放入开水锅里烫一下，再于冷水中洗去黏液，鱼皮便透出闪亮的光泽。将锅置于旺火上，放入熟猪油烧至五成热，加葱段、姜末爆出香味，加入鱼段，转中火煎炒出鱼本身的鲜味，加入上好的老抽（红汤酱油）、醋、白糖、料酒、蚝油，炒至鱼段呈红色，再放清水（要一次性加足），盖上锅盖，转旺火烧开，继而转微火煨烧。此后，火候维持着锅内原料和调料之间的分解与转换，加热产生的高温压力使它们相互渗透。经验老到的厨师，根据鳗鱼的粗细大小，从鱼进锅时，便知出锅为几时。待揭开锅盖，小火收稠汤汁浇在鱼肉上，撒上白胡椒粉，表示着整个过程结束。成菜：鱼段完整光亮，鱼皮不开不裂，口感软糯肥美、肥而不腻，汤汁浓稠。

灌河鳗鱼是灌河里自然生长的鱼类，千古岁月里的民间烟火使其闻名遐迩，特别是从明代起，灌河鳗鱼更是声名鹊起。由于盐河、大运河的漕运作用，从淮扬菜发源地流传出的一些烹调方法，辗转进入这片热土，并得以传承与发展。“清蒸河鳗”当数本地历史悠久的名品之一。

清蒸河鳗：选用肥硕的鳗鱼，宰杀、去腮、去内脏、烫去黏液是必经的程序。接着将其切成约三厘米长的段，加精盐、味精、料酒、醋、葱段、姜汁拌腌十五分钟，使其入味。把鱼段断面朝上，整齐地码入盘中，将腌鱼时的葱段摆在鱼段上，浇少许鸡清汤。锅置于旺火上，蒸笼放于锅上，待蒸笼的蒸汽升腾时，将鱼连盘放入。随后炉火加旺，厨房热气腾腾。成菜：掀开笼盖的一瞬间，只见那洁白的鱼肉微微隆起，吃到嘴里肉嫩无比，鱼汁四溢润喉，鲜、香、肥、糯，嚼口有筋道，咽下似有滑进食道之快感，妙不可言。

中国的烹饪，是文化和原料灵魂撞击的体现。“生烤河鳗”这道菜品就展示了灌南厨师烹调技艺和本地饮食文化的碰撞。

生烤河鳗：将大河鳗宰杀，去鳃和内脏。平放于砧板上，用刀将鱼的脊骨和腹刺剔去，开水烫去黏液，将鱼整齐划一地切成约二十厘米长的段，用香叶、胡椒粉、生抽、蚝油、味精、精盐腌入味。把整葱排码在烤盘内，接着再把鱼段整齐地排码在葱上，推进烤箱，烤约三十分钟，取出，弃葱不用，将烤鱼排入盘中。整个烹调工艺一气呵成。成菜：鱼肉色泽金黄，葱香、鱼香直冲鼻孔。急不可耐地送入口中，顾不上烫唇热舌，焦香、酥脆，伴随着内含的汁液混合于口腔，回味悠长，让人久久不能忘怀。

鳗鱼在淮扬菜系中，菜品较多，名馔名肴数不胜数，如“锅焗河鳗”“清炒河鳗”“河鳗蟹黄狮子头”等都属上乘之作。

灌河白鱼　名冠江淮

浪里白条闪银光，逐浪跳跃性鲁莽。

芦花絮飞时正鲜，灌河有之美名扬。

灌河，风景秀丽，四季如画。农历十月，萧瑟的秋风吹皱河面，泛起层层波浪。岸边苇荡的芦花随风摇曳，漫天飞舞的花絮像冬日的瑞雪飘飘洒洒。河面上渔夫泛舟，鸥鹭逐浪翻飞，引颈欢唱。此时，正是灌河白鱼的捕捞季节。

白鱼，学名“翘嘴红鲌”，本地称“大白条”“白鱼”“噘嘴参子”，外地人称“翘嘴鱼”，是硬骨鱼纲鲤形目鲤科红鲌属的翘嘴红鲌种。因其下颌骨比上颌长，又急剧地上翘，故得其名。

灌河白鱼，眼大而圆，体长而侧扁，呈柳叶形。头背较平直，往后又突地高高隆起，两侧上部为浅棕色泛微绿，中间侧线条明显，腹部为银白色，鳞小，背鳍强壮，大而光滑。白鱼嘴大贪食，以水中饵料、浮游生物、水生昆虫、小鱼、小虾等为食，游弋于水域的上层，能跃出水面一米多高。其反应灵敏，游动迅速，遇有情况，“砰”的一下好似离弦之箭，“弹射”出几米远，有时会跃出水面捕食贴近水面飞行的昆虫，是性情凶猛的肉食性鱼类。

四大名著《水浒传》中，水泊梁山好汉张顺，人长得标致，皮肤雪白，有一身非常了得的水上功夫。据传，能潜入水中几天几夜，穿梭于水面快速无比，像一条“白条鱼”一样一闪而过。跳至浮在水面的小木板上，如蜻蜓点水，忽而又“蹭”的一下，向上“窜”起丈余，故人称“浪里白条张顺”。此比喻无意间道明了北宋期间白条鱼已为百姓所熟知。

我国食用和药用白鱼历史悠久，历代中医都对此有专门的研究。《食疗本草》中记载：“助脾气，能消食，理十二经络，舒展不相及气。”① 《滇南本草》中记载：“治痈疽疮疥，同大蒜食之。”②《随息居饮食谱》中记载：“行水助脾，发痘排脓。”③

---

① 孟诜.《食疗本草》校注［M］. 张鼎，增补. 付笑萍，马鸿祥，校注. 郑州：河南科学技术出版社，2015：81.

② 转引自江苏新医学院. 中药大辞典：上册［M］. 上海：上海科学技术出版社，1977：686.

③ 转引自江苏新医学院. 中药大辞典：上册［M］. 上海：上海科学技术出版社，1977：686.

灌河白鱼是营养丰富的经济鱼类，灌南人吃食此鱼可谓“费尽心机”。旧时，用海盐腌，解决了没有冰箱时代储藏的难题，也突出了咸白鱼特殊的风味。

咸白鱼：把十斤重的白鱼去鳃，在其鱼背中间顺上剖开，使左右两片鱼肉相连，两片肉上各带脊骨的一半（这极其考验技术和刀工），然后取出内脏（留鱼膘、鱼子做家庭小餐）。鱼肉无需用水泡洗，只需用洁布将其擦干，如此可减少鱼肉本味的损失。接着，取海盐一斤，将三两花椒放入锅中炒出香味，拌上葱姜汁涂抹在鱼体上，放入大盆中腌制五天。腌制过程中要几次反复搓擦鱼肉，使其入味均匀。待到第六天取出，在冬日的寒风中再晾十五天左右，腌制过程即结束，这也预示着红烧咸白鱼的美味即将开始上演。

红烧咸白鱼：制作时，按家里人口多少，取适量鱼肉切成长条块，放入清水中泡去多余的咸味。晾干水分，裹上面粉（为防止煎鱼时粘锅），将鱼块入锅逐块煎至微黄。锅中放入葱段、姜块煸出香味，续将鱼块放入略炒，再加入适量的酱油、醋、味精，轻轻炒几下，放入清水适量，盖上锅盖，待汤汁至沸转小火。时间一到，美味出锅，轻启双唇，让舌尖验证红烧咸白鱼肉的弹爽筋道，咸鲜肥美，糯而带硬。

身处水乡的灌南人，食用咸白鱼是寻常之举，这也是乡土文化的传承和延续。虽说家常小菜看似貌不惊人，然其中却深深地凝聚着祖辈们的生活印迹。“米饭锅炖咸白鱼”“手撕咸白鱼”“油炸咸白鱼”都体现出那不加渲染、原汁原味农家土菜的朴实无华。

米饭锅炖咸白鱼：旧时，用灌南农家的柴火老土灶做出的米饭，那种口感是现今电饭煲蒸出的米饭所无法比拟的。待锅中米饭将要收汁，将装有咸白鱼块的小碗，用力压入米饭中约五分之四处，撒入葱花、姜末、咸小蒜、咸香椿和几块咸猪肉，淋入少许生豆油，盖上锅盖，饭好菜即成。成菜：食之鱼肉板实，嚼之有咸味之感，然越咸越香，是家常就饭佐酒的传统小菜。

手撕咸白鱼：将咸白鱼切大块装盘放入蒸笼，撒上葱花、姜块，淋几滴油，倒入少许鸡汤使之滋润，蒸十分钟，稍凉后用手撕扯成粗丝或条，浇上剩余的汤汁，淋几滴辣油即好。成菜：滑而鲜香，肉呈蒜瓣状，是家常小酌常配备的冷盘。

油炸咸白鱼：把咸白鱼切成长条状，清水浸泡去部分咸味，入油锅小火轻炸至微黄，撒些香菜末。成菜：食之干香，有嚼劲，为居家日常之美味。

咸和鲜是菜肴的灵魂，自古人们对咸与鲜产生的味觉结构，是几千年来对“五味调和百味香”的不断追求的体现。鲜咸的味觉享受，早就超越了吃饱不饿的基本生活需求。灌河边的人们将刚捕捞出网活蹦乱跳的大白鱼抢购回家，用清蒸的方法体验灌河带给他们的恩泽与美味。

清蒸白鱼：将鲜活的白鱼刮鳞去鳃、去内脏，洗净后剞上柳叶花刀，便于调味品浸入。放入开水锅烫约五秒钟，用精盐、醋、白酒、味精调成料汁，均匀地擦于鱼身内外，放入盘中摆上葱段、姜片。火大、水足、时间短是清蒸白鱼的秘诀。蒸七八分钟后取出，弃葱、姜不用，重新撒上一把香葱细丝，浇淋一勺热油，鱼的鲜味、葱的香味瞬间被激发出来。成菜：鲜嫩如凝脂，内含丰富的汁液，肥美滑爽，鲜嫩无比，实为灌南美味。

灌河特色水产，味美绝伦，早已闻名遐迩。其中，“生熏白鱼”“酒糟白鱼”“双味白鱼”等都是淮扬菜系中的精品，它们既丰富了灌南餐饮业的美食品种，也使本地的饮食文化绚丽多彩，如灌河之水浪起潮涌、奔流不息。

白鱼全国均有分布，江淮流域所产的也较闻名，无奈江淮地区距黄海甚远，无海水、淡水交合之自然环境。灌河虽不是很长，但和黄海相邻，共历潮起潮落，集咸淡水于一体，尤适于白鱼的生长，加之有浮游生物作为丰富饵料，因而较江淮流域所产的白鱼而言，灌河白鱼品质上略胜一筹。

第三节 渔港海鲜 品尝家乡的春夏秋冬

灌南县在堆沟港镇有几里的海岸线，站在海堤上放眼望去，眼前是一望无际的黄海，洁白的海鸥在水天一色的蔚蓝中翱翔，此刻，心潮逐浪而神往，驰骋无尽的遐想。

堆沟港镇位于灌南县东部，濒临黄海，与日本、韩国隔海相望，南与响水县的陈家港镇隔河相望，北与下游燕尾港镇紧连，不仅是海河联运的重要港口，还是灌南人捕捞海鲜的欢乐渔场。

灌南的海产品资源丰富，品种甚多。其中，鱼类有小黄鱼、带鱼、鲳鱼、马鲛鱼、鳓鱼、沙光鱼、鲐鱼、黄姑鱼等数十种，虾类、蟹类、贝类各十余种，还有金乌贼、八爪鱼等海洋生物。

东方对虾 名贵佳肴

连云港的海岸线虽不算很长，但这片海域孕育出了种类繁多的海鲜水产。灌南的堆沟海域和海州湾一衣带水，唇齿相依，这里盛产的海州湾对虾，被人们叫作“中国对虾”“东方对虾”“明虾”“海虾”。

对虾是节肢动物门软甲纲十足目对虾科对虾属的虾类。南美出产的白对虾和连云港出产的东方对虾，在品质、口感方面风味迥异。

海州湾和堆沟海域所产的对虾以个头大、体肥、壳薄、肉嫩、味鲜，名闻遐迩。提尾仰头，凑近细看，其肉色晶莹剔透。

此虾为何称“对虾”呢？据考，这并不是因为它们成双结对。其实，此虾在平时生长的情况下并不结对，雌雄两性除了短暂的繁殖产卵外，基本上是各自觅食生长。灌南民间有这样的说法：古时，海边的渔民贮存鱼虾水产，只有两种方法，一是用盐腌，二是靠阳光晒成虾干。而虾类在遇热和阳光的暴晒下，其身躯会卷曲成U形。渔民们在售卖虾干时，因其体大量重，一斤称不了几只，出于想多卖一些的心理，随手将两个虾干头尾相反地插起来，说道："要买就买成双成对的，图个吉利。"如买者提出要上秤，卖者便麻利地逐个数一数"几对"或"多少对"，反正不会出现单数，如有单数卖者便说此寓为落单了，不吉利。有时也直接按对计价。对虾是黄海产的特殊虾类，雌虾色偏青，雄虾色偏黄。有的雌虾可长到二十多厘米长，半斤多重。民间也有一斤两个，即为"一对"之说。久而久之，"对虾"这个称呼在民间约定俗成地流传开来。

近几十年来，黄海天然的野生对虾资源越来越少，为满足食客们的需求，连云港市的水产部门不仅建立海州湾中国对虾国家级水产种质资源保护区，而且审时度势地将一批批人工养殖的对虾苗投放到海里，并在海滩上开挖一片片养殖对虾的水塘，以应对生态链的断层。

对虾是灌南民间非常喜爱的美味食材之一。任何一种食材被广泛地喜爱和食用，都是其自身价值的体现。东方对虾以其独特的品质"艳压群芳"，跃然坐上"虾类之冠"的宝座。其富含碳水化合物和钙、磷、铁、钾、碘、镁、维生素A等微量元素，是高蛋白、低脂肪的营养食品，也是餐桌上不可缺少的主菜。

灌南人烹制对虾时，炸、熘、爆、炒、煨、焖、煮、炖，"十八般武艺"信手拈来，"炸网油大虾""熘虾段""油爆大虾""白灼大虾""清汤虾滑"等众多品种不胜枚举。民间最为简单易行的做法当数"盐水对虾"。

盐水对虾：做这道菜时，锅内放清水、葱、姜、料酒、精盐，投入对虾，将水烧沸，断火"养"两三分钟即可。吃时用手剥掉虾皮，直接送入口中的，越嚼越鲜，具有浓郁的渔乡风情。

虾黄白玉豆腐羹：这是流传于灌南一带的特色菜肴，和连云港墟沟一带的“虾脑白玉皇”做法相似。从前堆沟海边都是滩涂盐碱之地，乡民们多以熬盐、捕鱼为生。盐夫们的生活极为艰苦，缺粮少菜是常有之事。为充饥饱腹，他们从渔民那里捡来剥虾仁后弃而不用的对虾头壳，放入锅中烧煮，弄来几斤豆腐搭配。为使每人都能吃得平均，防止有个别人“嘴快”而多吃，掌厨的“不敢”将豆腐切成片，直接将豆腐放在盆中“捣烂”，投入锅中和虾头壳同煮，边煮边用漏勺捞去浮起的虾壳。撒一把葱花，撒一把盐，不经意间，金黄色的汤汁中浮起一团团、一缕缕洁白似棉花的絮状豆腐凝结物，忽上忽下地随着微滚的金色汤汁在铁锅中起舞。把铁锅端起放在地上，盐夫们围蹲四周，端碗吃饭时用大勺将似汤非汤、似菜非菜的美味豆腐羹舀入各自的碗中，吃得酣畅淋漓。这道菜偶然间被饭店厨师知晓，如法炮制，从此，虾黄白玉豆腐羹在民间得到消费者的青睐。

如今灌南的饭店酒楼里，都有各自的对虾招牌菜肴，如“水晶虾仁”“虾肉馄饨”“锅贴虾饺”等都是脍炙人口的美味。其中，灌南厨师的得意之作、赋有诗意的“云雾虾仁”，成为连云港的特色名菜。

云雾虾仁：以云台山出产的云雾茶的嫩芽作配料，将小对虾仁用上等云雾茶泡出的茶汁、盐、水淀粉、鸡蛋清上浆过油炸熟后，再和茶叶的嫩芽清炒。观之，虾仁晶莹如玉，茶芽碧如翡翠；食之，齿间茶香芬芳，虾仁滑爽细嫩。洁白与翠绿之间蕴藏的茶文化意境，令人诗兴油然而生。

云雾茶香入美馔，白玉翡翠配相宜。
超凡脱俗巧得遇，天上仙味亦枉然。

好的食材，必有好的做法；好的美味，必有好的故事。相传，灌南地区有一个姓金的人家娶新娘。新郎叫金龙，新娘叫白玉。饭店老板深谙烹饪之道，于是指导厨师制作了一道“金龙喜白玉”的菜肴。此菜一上桌，顿时惊艳四座，人人称奇。

只见白色的大平圆盘四周，摆放着十个经油炸而变得金黄的龙形对虾，中间装有数量相适的清炒虾仁，寓意新郎和新娘情投意合、幸福美满。此菜为客人津津乐道，如今已是灌南的特色名菜。

有关对虾的俗语，民间有“烧虾等不得虾红”一说，是形容虾类食材遇热即变红，比喻做事未经思考，过于急躁，没有忍耐性。

四月鳓鱼　天上之味

在灌南堆沟沿海，盛产一种特殊的海产，它就是人们非常喜爱的美味——鳓鱼。

为什么这种鱼被称为“鳓”？相传，古时这种鱼没有名字，个头不大，相貌一般，因偷吃东海龙宫里龙王的御膳，长得体达丈余。此鱼到处炫耀自己是吃了好东西才长得如此标致。龙宫密探将此事报与龙王，于是龙王令左右前往捉拿。此鱼经不住严刑拷打，说出真相。龙王大怒：“御膳乃龙宫神品，若个个都偷吃，岂不乱了朝纲。”遂令用勒命绳索将其从头到尾捆起，口念勒命咒语。随着勒命绳越勒越紧，鱼的身体也越来越小，它疼得翻腾打滚，浑身的筋骨都散了架，鱼刺变得细如毛发，牙齿脱落滑入腹内。眼看此鱼性命不保，龙后求情道：“大王息怒，此孽畜虽犯朝纲，但还望大王念惜鱼虾水族的繁荣乃东海之根本、龙宫强盛发达之源，留他小命一条，流放浅水近海，如何？”龙王允而令之：“就按龙后之意，流放近海的开山岛附近海域，永世不得再返龙域圣地。”从此，此鱼便被称为“鳓鱼”。

鳓鱼，又称“白鳞鱼”“火鳞鱼”“克鳓鱼”等。鳓鱼，古称“鲞鱼”，盛产于我国的东海、黄海、南海海域，其中，以黄海的品质最好、产量最多。鳓鱼眼大，凸起而明亮，下颌比上颌稍长且向上翘，牙齿极为细小、密而多，体形侧扁，银白色，鳞薄而小，腹部有锯齿状的棱鳞，尾似燕尾，为近海洄游鱼类。春季集群游至沿海的河口产卵，形成“鱼汛”。遇大风或打雷时，鳓鱼则沉入海底。成鱼以头足类、甲壳类、小型鱼虾为食，幼鱼以浮游生物为食。在我国的渔业史上，鳓鱼是最早被捕捞起的鱼种之一，已有五千多年的历史。在山东胶州三里河新石器时代遗址的墓葬中，曾多次发现鳓鱼骨，且在废坑里发掘出成堆的鳓鱼鳞。

鳓鱼味鲜，肉质细嫩，富含蛋白质、脂肪、钙、钾等营养元素，还含有不饱和脂肪酸，具有降低胆固醇、防止血管硬化之功效。

医典中对鳓鱼的记载较为详细。《随息居饮食谱》载有：鳓有补虚之功效。《本草纲目》载有：“鳓鱼，出东南海中。以四月至，渔人设网候之，听水中有声则鱼至矣。有一次、二次、三次乃止。状如鲥鱼，小首细鳞，腹下有硬刺，如鲥腹之刺。头上有骨，合之如鹤喙形。干者谓之勒鲞，吴人嗜之。”①

海边渔民对鳓鱼钟爱有加。“鳓鱼味美又不贵，可与鲥鱼来媲美。贵客登门烧一条，买不起肉脸面有。”流传于堆沟一带的这几句顺口溜，形象地描述了从前贫困时候，人们因吃不起猪肉，为招待客人“弄”来价廉物美的鳓鱼，以缓解尴尬的情形。

没有冰箱的年代，堆沟渔民们都是在鳓鱼刚出网时，就用大盐将鳓鱼腌起来，因此，形成了春夏时节吃咸鳓鱼的习俗。用盐来贮存和延长食物的食用时间实属祖先们的探索和创造。用盐腌浸的咸鳓鱼尤适“红烧”之法，也宜煎、烤，是灌南堆沟一带渔乡人家舌尖上的味道。

红烧咸鳓鱼：将咸鳓鱼用清水泡去部分咸味，沥干水分，放入热油锅中煎至两面微黄。将葱段、姜片、蒜瓣拍松入锅煸出香味，再把煎好的鱼放入锅中，加入适量的清水，用农家自制面酱调和滋味，待鱼肉内的鲜美溢出，又使调料的味道渗入鱼肉之中，一进一

---

① 转引自欧瑞木. 潮海水族大观［M］. 汕头：汕头大学出版社，2016：256.

出地转换。火候已足，菜肴已好，撒入胡椒粉是最后一道程序。成菜：吃进嘴中，咸味是此菜的主要味道，鲜味是汤汁的灵魂，咸与鲜的结合使人的味蕾感到一种满足，板实又鲜嫩的蒜瓣状质感，是老饕们舌尖上永远的记忆。

煎咸鲫鱼：将咸鲫鱼置清水中泡去多余的咸味，放入油锅中煎至两面焦黄，烹入料酒，撒入葱花和些许黑胡椒粉。体大的鱼须改刀成块，较小的鱼则是每人一条。成菜：那殷实的肉质、鲜咸的美味、焦香的嚼口，为人称道。

烤咸鲫鱼：先将鱼置清水中泡去多余的咸味，沥去水分，去腮及内脏，晾干后涂上用葱、姜、料酒调成的料汁，再一次晾干，用刀剞上一字刀纹，便于入味和成熟。烤时，方法一是用柴火或炭火烤，即“明火烤”。置火于石槽，待烟灭火旺，用特制的铁叉将鱼穿叉固定，放于火上旋转烤制，中途刷上少许豆油，待鱼外表呈焦黄，香气四溢，表明菜品已成。方法二是将鱼放入烤盘中，摆上香葱，放入烤箱中烤熟，弃葱不用，切条块装盘。成菜：硬香、焦香、咸香、鲜香，四香到位，是具有代表性的民间经典传统菜肴。

灌南厨师对于食材，可谓是穷尽创造力和想象力。如何使鲜活的鲫鱼最大限度地保留原有的味道，体现细嫩鲜美的质感，激活内在的美味？“清蒸鲜鲫鱼”是最佳选择，它最能体现食材和烹调相搭配的美妙。

清蒸鲜鲫鱼：鲫鱼的新鲜与否决定此菜的成败。渔民们取刚出网的鲜活鲫鱼，刮鳞、去腮、去内脏，两侧剞上刀纹，用刀将葱、姜拍松，用精盐、几滴高度白酒腌浸入味，放入水多、气足的蒸笼中，旺火足气蒸七八分钟，弃葱、姜不用，撒上白胡椒粉。整个烹调过程只需十五分钟左右。成菜：品之肉嫩如豆腐，汤汁润口，说其为“天上美味”，也不为过。清蒸鲜鲫鱼也可不去鳞，因鲫鱼鳞中含有丰富的脂肪，蒸时鱼鳞的脂肪鲜味能渗入肉内。吃时用筷子将其拨去，不妨碍食用。

民间食用鲫鱼的方法很多，除了以上的吃法之外，还可晾成鱼干食用，常吃能健脾开胃、养心安神。

鳓鱼，不仅味美，吃者还能吃出精美的装饰品。灌南民间上了年纪的人大多记得，小时候吃鳓鱼时，吃剩的鱼头骨能拼出一只精美的形似鸽子的小鸟。其方法是将酷似鸟躯干的完整的鳓鱼头骨剔去肉，洗净晾干，然后把两根鳃骨插入鱼眼睛内做成鸟翅，这样，一只活灵活现的鸟便做成了。如再用一根鱼刺插在头上部，再用红色的樱桃或枸杞籽装饰，一个形如丹顶鹤的鱼骨骼便呈现在人们面前。将此装饰品悬挂于房梁上，极具观赏性。

五月黄鱼　肉嫩异常

春来油菜花又黄，蜂蝶闻香嗡嗡唱。
眺目千里翻金浪，黄花鱼肥时正当。

四月的堆沟港，油菜花开。海岸、田野、村庄，处处都掩映在金灿灿的花海里。这个时节是这片海域黄花鱼的鱼汛期，成群的小黄鱼于近海嬉戏，似金涛翻滚，喧嚣激浪。岸上和海里呈现一片金黄，真恰似“菜花流水，黄花鱼肥”。

黄鱼，又称“黄花鱼”“桂花鱼”等，可分为小黄鱼和大黄鱼两种。小黄鱼体长一般不超过二十厘米，俗称“小鲜”；大黄鱼一般体长三十厘米以上，俗称“大鲜”。小黄鱼头内有两颗坚硬的石头，形似棋子。此鱼盛产于湖北荆州石首市，因此，又称“石首黄鱼”。

大黄鱼和小黄鱼体形极为相似，身体扁，尾狭窄，头大眼小，鳞极为细小，侧线下有分泌黄色物的腺体，肚黄，背呈银灰色。黄鱼腹内的鱼鳔晒干可作鱼胶（也称“鱼肚”），可烹制“黄鱼胶”，这是一道名菜。

黄鱼广泛分布于东海、黄海、台湾海峡和南海的雷州半岛，栖息于水深六十米以内的近海中下层，属暖温性集群洄游鱼类，一般于春秋时节洄游至近海处产卵繁殖。三至六月是黄鱼最肥美的时节。由于深受消费者的青睐，过度捕捞导致大黄鱼的生态链遭到严重的破坏，目前市场供应短缺。

海洋中的小黄鱼头内有“石子”，而石首的长江淡水中的黄鱼头内也有“石子”。为什么海里和江里的黄鱼有惊人的相似之处呢?它们是不是像长江刀鱼那样每年洄游到海里呢?假如不是，它们是不是同宗同种呢?目前尚无定论。

古籍中曾记载，常吃黄鱼，有清热功效，又能润肠健脾，适于脾胃虚弱者。由此可见，黄鱼不仅味美，而且能起保健的作用。

我国食用黄鱼的历史悠久，据传，从隋唐起黄鱼就风靡大江南北。祖先传承下来的是居家常吃的红烧和白烧之法。

灌南人吃黄鱼，一般选择清蒸，此法最能体现黄鱼的鲜美。蒸好的黄鱼肉嫩似豆腐，馥郁鲜香。另小黄鱼尤适红烧，人们往往都是给收拾干净的鱼拍上面粉，煎至微黄后加葱、姜和适量的大蒜瓣，放入面酱或酱油，烧至入味，收浓汤汁。成菜:集酱香、鱼香、蒜香于一体。如在烧制过程中沿锅边贴入玉米面饼，更是妙不可言。不管家里人口多少，每人总是能吃得两三尾，最后将饼子揪成小块，沾着鱼汤，饼香、汤美，吃得全家人眉开眼笑。白烧的方法和红烧的方法相似，只是不放酱油或面酱等有色调味品。

灌南人食黄鱼还有其他很多种方法。如将购得的小黄鱼用炭火烤得焦黄透香、酥脆异常，连骨带刺，都能一起嚼咽。街头巷尾的小摊、烧烤店普遍都有这道菜。

民间常熬煮鱼汤对产妇进行滋补。把小黄鱼熬出乳白的汤汁，不仅能使产妇迅速恢复体质和元气，而且能催乳，使母乳增多，借此促进婴儿的生长发育，可谓是一举多得。

沿海人家的吃法也很多，有的将小黄鱼制净，晒干后贮存起来，吃时稍蒸一下，然后用手撕着吃。小孩们甚至拿这当零食，装进口袋或书包，饿时随手就吃。还有的放入大碗中，撒点葱花、酱油，滴几滴豆油，放少许咸菜，放入米饭锅中炖熟。这些都是民间就酒下饭的特色小菜。

民间的传统吃法返璞归真，自然易被传承和普及。专业的烹饪大师在传统风味的基础上，创造出很多新的菜品，为中国的烹饪注入了新的活力。如将大黄鱼做成像苏州名菜“松鼠鳜鱼”一样的菜式，深得消费者青睐。再有“奶汤黄鱼圆”“大烤黄鱼”“鸡油黄鱼肚”“赛螃蟹”等名品数不胜数。还有风味小吃，如“黄鱼汤面”“黄鱼馄饨”都是上乘的名吃。

目前，小黄鱼的产量还能应对供给，但大黄鱼已所剩无几。在南方沿海若捕得七八斤以上的野生大黄鱼，售价会非常高昂，可谓是“一口黄鱼一口金”“一口黄鱼值千金”。

六月马鲛　肥美香奇

无论是奢侈的山珍海味，还是家常的一日三餐，食材是永远的主题。常吃的食物，往往显得乏味，易被忽略其价值。马鲛鱼这种灌南人人都吃却又道不出所以然的海味，竟有着两千多年的食用历史，这自然有它的优势。

说起马鲛鱼，它是产于我国东海、黄海、渤海的喜温水性近海洄游鱼类，属脊索动物门的动物鱼类。灌南民间称其为“鲭鱼”“串乌”“竹鲛”等。其体形狭长呈纺锤形，尾柄细，像燕子的尾羽。头的长度大于体高，嘴大稍倾斜，牙齿尖而锋利，底色为银白色，头部和背部为蓝黑色，两侧上部都有数列蓝黑色圆斑点，腹部白色，背鳍与臀鳍之后有刺角，冬春季以小鱼、小虾等水生动物为食，故长得浑身肥美，膘足肉多，秋季集群远程洄游。六月以后是捕捞马鲛鱼的旺季，也是食用马鲛鱼的黄金时节。

民间自古就用“鲳鱼嘴，马鲛尾”来形容这两种特殊食材，又有“山食鹧鸪獐，海食马鲛鲳”的赞誉。汉代《西京杂记》中有“尉陀献高祖鲛鱼”的记载，可推想，汉代时马鲛鱼已为人们所食用和认知。

马鲛鱼刺少肉多，富含氨基酸、蛋白质、钙、铁等，胆固醇含量低，肉厚坚实，呈蒜瓣状，肉色发红，味道鲜香，是老少皆宜的美食。经常食用马鲛鱼，能滋补养生、补血养气。

此鱼为什么姓马呢？灌南民间为此有一个传说。

古时候，堆沟港海边上住着一户姓乔的人家，老汉因病去世得早，其他两个孩子也都因生病无钱医治而夭折，留下老太和九岁的女儿娇娇相依为命，靠乞讨和赶海捡拾海滩淤泥中的小蚬、小贝、小螺等为生。一年的寒冬之日，母女俩在海边遇见一个已昏迷的小男孩，顿生怜爱之心，抱回家精心照顾。男孩醒来后说自己姓马，没有名字，人称“小马子”，未记事时父母已双亡，靠吃“百家饭”活到十岁，自己无依无靠，到处流浪，靠乞讨为生。如此凄惨的身世，听得母女俩泪流满面、泣不成声，因为同是乞讨之命，怎不感同身受呢？于是乔老太将其收养为义子。

小马子乖巧能干，帮着家里忙里忙外。慢慢长大后，懂得感恩的小马子视老太太为亲妈，百般孝顺，引得十里八村人人夸奖。转眼间，小马子已有十七八岁，才貌出众，力气过人，又练就一身好水性，成为家里的顶梁柱。老人做主，将女儿娇娇许配于小马子。从此，小两口风里来，雨里去，于海上捕捞作业，在家中赡养老人。几年后小孙子的出生，更让这个家庭充满欢乐和幸福。人人都说乔老太是积德所至。

一年夏天，连逢几十天的大雨，乔老太突发疾病，小马子到处问医抓药、煎汤熬药，侍候于病榻前，可乔老太仍不见好转。乔老太病危之时想喝口鱼汤。此时，外面瓢泼大雨，风高浪急，怎么办？小马子不顾媳妇和乡亲们的阻拦，凭着一身好水性，顶风冒雨，从海里抓来一条不知名的大鱼。待回到家中，乔老太已咽气离世，小两口抱着老人的遗体失声痛哭。后来，每逢祭日，小马子便从海里捉来此鱼熬成鱼汤泼于坟前祭奠，感动得四邻都为之动容。时间一长，邻里都说此鱼是小马子和娇娇对老人家的孝顺之物，就叫“马娇鱼”吧。后来，因为方言的缘故，演变成了“马鲛鱼”。

马鲛鱼肥美肉多，产量又高，自然成为百姓餐桌上的美味。以前，灌南堆沟捕捞海鲜主要使用用自然风力的帆船，这种船没有机械动力，又没有冷藏的冰库，更没有通信设备，捕获的马鲛鱼只能立即用刀从背部剖成两片（大马鲛鱼重达十几斤，特大的重达二十多斤），码入船舱，再用粗如玉米粒般的海盐撒在上面以方便保存。往往码一层鱼，就得用大铁锨撒上一层粗盐。一次航程捕捞多少，一是看其船舱是否已满，二是看所剩淡水还有多少，三是看天气的好坏，以这三者为返程的依据。当时，咸马鲛鱼为初夏时节的时令佳肴。此时，灌南农家菜园子里的蒜薹已从叶间抽出，脆嫩无比，和咸马鲛鱼最为搭配。

蒜薹烧马鲛：烹制时，首先将咸马鲛鱼切成块，清水泡去部分咸味，沥干水分，拍上面粉，逐块煎至金黄。另起锅，待锅内油热，放葱段、姜片爆出香味，加入适量清水、鱼块，再加自制大酱，盖上锅盖。待火候已足，把切成段的蒜薹，放入锅中，用锅铲轻轻翻动，使蒜薹融到鱼块之间，再进行短暂的烧煮。片刻间，美味出锅，那入口咸而板实的鱼肉富有一定的嚼劲，油脂多而滑爽，咸鲜、肥润之感是给予食者的最原始的味道。感觉咸，但咸得过瘾，越嚼越咸且越鲜，满口“油急急”。吃到来劲时，连手指粗的鱼脊骨都放进嘴里嚼，直到能嚼出油来，大有嚼不出油不罢休之感。

马鲛鱼还有很多烹调方法，如“马鲛鱼饺子”“生煎马鲛鱼”“清蒸马鲛鱼”“饭锅炖马鲛鱼”等，都是灌南脍炙人口的美味佳肴。

马鲛鱼饺子：将鲜马鲛鱼肉去皮、去骨、去刺，剁碎加入几根葱、几片姜，取适量的猪五花肉，改刀成小条，和已剁碎的鱼肉一起剁至极细，加精盐、生抽、蛋清、白胡椒粉、少许香油搅拌上劲，搅拌中途分两次加入适量清水，使饺馅儿鲜嫩。将馅儿包入饺子皮中，入锅煮熟即可。成菜：馅料饱含的汁液鲜味四溢，馅料嚼之韧而嫩滑，妙不可言。

生煎马鲛鱼：制作时，先将鲜马鲛鱼尾部的肉横切成两厘米厚的大片（尾部是全身最好吃的肉），分量根据就餐人数来定，一般是一人一片。再将鱼肉用生抽、蚝油、味精、料酒、葱姜汁腌制入味，放入煎锅内用猪油煎至两面金黄。成菜：外微脆，肉鲜嫩，肉呈蒜瓣状，风格独具。

清蒸马鲛鱼：烹制时，因马鲛鱼体型较大，整条清蒸量偏多，需将尾部鱼肉横切成四厘米厚的片，一般每盘五至七片，用精盐、味精、料酒、葱段、姜块（用刀拍松）腌入味，待蒸笼旺火足气时，将鱼肉上笼蒸约八分钟。出笼后，撒些许白胡椒粉，摆入盘中，浇少许鸡汤。成菜：肉质似蒜瓣状，鲜嫩爽口，肥润味美，回味无穷。

饭锅炖马鲛：将咸马鲛切成小块，置于碗内，撒上雪里蕻咸菜末、咸香椿末、葱花、姜末，淋少许生豆油，准备好后放入老土灶的米饭锅中，慢火“腾”之，饭好菜即好。吃口农家自种的大米香而筋道，米饭锅巴更是香脆，佐以板实、咸鲜、油润的咸马鲛，几杯汤沟佳酿下肚，两腮红得像桃花绽放，是何等的惬意。

马鲛鱼吃法很多，如“猪五花肉烧咸马鲛”“马鲛鱼圆”“椒盐马鲛鱼”等，都是盛行于民间的美味。

马鲛鱼的肝油含有毒，须切片浸泡后食用。隔夜的生马鲛鱼不宜食用，如吃不完可用冰箱速冻贮存。

金鲳鱼肴　宴上珍品

在灌河出海口的开山岛水域，盛产一种既美味又极具观赏性的鱼类——金鲳鱼。

金鲳鱼，学名“卵形鲳鲹”，又称“黄腊鲳”。金鲳鱼体呈梭形，丰腴饱满，体高而侧扁，腹白色，体中部向上呈淡黄色，泛金属般的光泽，背鳍、腹鳍、尾鳍呈纯金黄色。背鳍和腹鳍向后弯曲成镰刀形，尾柄短细，似燕子的尾翼。鱼头颌较短，鱼嘴像松鼠的嘴巴，眼睛靠前，十分精神。

金鲳鱼喜在暖水海域的中上层生长，结小群洄游，生活于远海，春季由远海洄游至近海产卵繁殖，初冬又游回远海。如此轮回，年复一年。

金鲳鱼一般重二斤至十斤，肉质洁白细嫩，味鲜美，为名贵的食用鱼类。现在得益于海水养殖的成功，此类金鲳鱼市场供应的价格不高。

自然界孕育了世间的“万种风情”，这里面也包括给予人们“风情”动力的食物。金鲳鱼这个“水中精灵”，每年在春潮涌动的时节，从远海回到开山岛这片近海水域，渔民们也如期而至。每年三月至四月是金鲳鱼的鱼汛期，此时海面上总会呈现出一派繁忙的捕捞景象。

灌南人食用金鲳鱼一般以清蒸为主，蘸点姜、醋，肉质鲜香细嫩，似有螃蟹之味。金鲳鱼腹部脂多丰腴，味鲜肥美。还有一种吃法是红烧，灌南人家都会做。

红烧金鲳鱼：在制净的鱼体两侧剞上间距约两厘米的十字花刀，入锅用素油煎至表皮起皱时，放入葱、姜、蒜、老抽、料酒等烧至入味。成菜：尝之唇齿留香，质嫩软糯，回味悠长。

鲳鱼粥：将金鲳鱼肉用盐腌浸入味，上笼蒸熟，去刺骨，用手撕碎。锅内加粳米和水，煮至米粒半熟，加葱、姜、豆油、熟鱼肉、精盐，再熬煮至黏稠即可。这道菜能养胃、增进食欲，是气血不足者的补品。

再如将金鲳鱼用盐、葱、姜、料酒浸入味后，入烤箱烤至两面金黄，成菜外脆内嫩，是宴席上的美味，令人大快朵颐。也有将小金鲳鱼制净晒成鱼干，随吃随取的，吃时用豆油或菜籽油炸得酥脆。还有将金鲳鱼用盐腌得透咸的，吃时用清水泡去部分咸味，和花生仁或炒熟的黄豆烧制成家常小菜。这些都是农家餐桌上的美味，也是海边渔民的家常小菜。

松鼠金鲳鱼：灌南酒店的大厨们，制作金鲳鱼菜肴，可谓是独具匠心。将两条稍大一点的金鲳鱼，切下鱼头，用刀由前向后劈去脊骨和腹刺，保证两片鱼肉和鱼尾相连，继而在鱼肉上斜切十字刀纹，刀纹间距约一厘米，肉断皮不断。用精盐、葱姜汁、料酒等腌浸入味。沾上鸡蛋液，然后均匀地拍上干淀粉，将两片鱼肉翻转，鱼尾竖起，放入六七成热的花生油锅中炸至微黄定型。将另一条鱼如法炮制。待油温升至八成热时，复炸两次，至鱼肉色泽金黄，捞起装入盘中。再将鱼头炸至金黄捞起，将两个鱼头相对竖着摆放于盘中，鱼肉分别摆放在两个鱼头的后面，形成一对“松鼠”形状。然后在鱼肉上浇上用白糖和醋熬成的糖醋汁，再在两个鱼头中间摆上一小串葡萄，于是一盘立体的“松鼠戏葡萄”便呈现在食客的面前。此菜似两只蠢蠢欲动的松鼠在争吃盘中的葡萄，鱼头上昂似鼠头，鱼尾翘起似鼠尾，中间带有十字刀纹的鱼肉似松鼠的身段。成菜：鱼肉外脆里嫩、酸甜适口，是佐酒开胃的名馔臻味，是集色、香、味、形于一身的上乘之作。

金鲳鱼富含丰富的不饱和脂肪酸和微量元素硒、镁，有降低胆固醇的作用，是非常适合高血脂、高胆固醇人群的美味食品。《岭表录异》中曾盛赞：“鲳鱼……肉甚厚。肉白如凝脂，止有一脊骨。治之以姜葱，缶之粳米，其骨自软。”①

八月蛤蜊　美味传奇

去年曾赋蛤蜊篇，旅馆霜高月正圆。
旧舍朋从今好在，新时节物故依然。
栖身未厌泥沙稳，爽口还充鼎俎鲜。
适意四方无不可，若思鲈脍未应贤。

这是宋代诗人孔武仲所作的咏蛤蜊诗，道出了宋代人们对蛤蜊美味的赞赏。

堆沟沿海滩涂盛产多种贝类海产，引得许多赶海人纷至沓来。蛤蜊在众多的贝类中，应是屈指可数的美味食材，也是深受人们喜爱的海鲜之一。

蛤蜊，在我国有白蛤、青蛤、花蛤、文蛤、油蛤、血蛤、老头蛤等品种，属于双壳纲软体动物。

古代称蛤蜊为“蜃”。《史记·天官书》中载：海旁蜃气象楼

① 刘恂．岭表录异［M］．鲁迅，校勘．广州：广东人民出版社，1983：28.

台。《本草纲目》中记载：“（蜃）能呼气成楼台城郭之状，将雨即见，名蜃楼，亦曰海市。”① 这里表明古人当时无法理解“海市蜃楼”的奇异自然现象，认为“蜃楼”是蜃呼出之气变幻而成。因此，古人把这个古今人人爱吃的小“精灵”神话到了极致。这些故事粗看近似笑谈，但能深刻地揭示出中国饮食文化的多元性，也让我们知道各个历史阶段祖先们的思想、文化走向。

蛤蜊不仅味道鲜美，而且营养全面，含有丰富的蛋白质、碳水化合物，以及铁、钙、磷、维生素、氨基酸、牛磺酸等，是一种低热能、高蛋白的食物，能防治中老年人慢性病。蛤蜊不仅是古人的最爱，也是现代人的最爱。

食用蛤蜊，必须将其内含的泥沙去尽。去除泥沙的方法是先洗净蛤蜊表面的泥沙，再将蛤蜊放置于水盆之中，放满清水，滴几滴菜籽油，来回搅拌几下。约一个小时后，蛤蜊便会吐出体内污物，再淘洗干净，便可烹调食用。

蛤蜊肉雪白如玉，形如古代兵器中的月斧，故亦有“月斧”之称。其肉质鲜嫩的程度，远超人们的想象，从古到今，被民间和餐饮界誉为“天下第一鲜”，因此，做蛤蜊菜肴时不需再放味精。

灌南人烹制蛤蜊的方法和连云港其他地方的烹制方法相似。“盐水煮蛤蜊”“芙蓉蛤蜊”等都是常见的菜品。

盐水煮蛤蜊：取适量的冷水放入锅中，在水中加些许葱、姜，滴几滴醋，将洗净的蛤蜊放入其中，将水煮沸，待蛤蜊嘴张开，即关火“养”之。成菜：食时蘸姜、醋即可。

芙蓉蛤蜊：这是灌南特色菜肴的代表之一，其制作方法也极为简单。取鸡蛋十二枚，打入碗中（只用蛋清，蛋黄留着他用），加四两清水、盐、葱姜汁、黄酒、少许水淀粉搅匀。把十只带壳的蛤蜊放入平底碗内，浇上调好味的蛋清，置蒸笼，中火慢蒸约十分钟即可。成菜：蛤蜊嘴全部张开，鲜味渗入洁白如豆腐的蛋清中，两

① 转引自西北师范学院中文系《汉语成语词典》编写组．汉语成语词典［M］．上海：上海教育出版社，1986：244.

味合一。蛤肉的脆嫩和蛋清的嫩滑细腻是绝妙的搭配。

韭菜炒蛤蜊：清代袁枚在《随园食单》中提及：“剥蛤蜊肉，加韭菜炒之，佳。或为汤，亦可。起迟便枯。”① 近年来，大厨们按此法试制此菜，深受消费者的称赞。取春季刚割的第一茬或第二茬韭菜，切成约三厘米长的段待用。将鲜蛤蜊肉入七成热的油锅一“触”，锁住其水分，即捞出。接下来取净锅，放入少许猪油至微冒烟，推入韭菜快速翻炒几下，投入蛤蜊肉翻炒，同时放适量的盐，再翻炒几下即可。成菜：碧绿和洁白的搭配令人食欲大开，海鲜和韭菜在口中形成绝妙的奇香，韭菜馥郁芬芳，蛤蜊肉鲜嫩异常，令人回味良久。

时下，灌南县的餐饮业快速发展。餐饮行业为丰富菜肴的品种，满足食客的需求，推出许多蛤蜊菜肴的花色品种，如“清炒蛤蜊”“烤蛤蜊”“蛤蜊鱼羹”“蛤蜊丝瓜汤”“荠菜蛤蜊汤”“鲜菇炒蛤蜊”等。

十月沙光　赛过羊汤

正月沙光熬鲜汤，二月沙光软丢当。
三月沙光撩满墙，四月沙光干柴狼。
五月脱胎六还阳，十月沙光赛羊汤。

流传于堆沟港一带的这首民谣，生动形象地道出了沙光鱼的生活规律、兴衰转换，以及脱胎还阳的生长过程。

沙光鱼

每年的十月，是沙光鱼最为肥美的季节。灌河下游的堆沟港东边的海岸，处处桅杆林立、渔帆点点，呈现出一派繁忙的捕捞景象。

沙光鱼，本地又称“虾逛子”，外地称“推浪鱼”“地龙鱼”“天浪鱼”等，学名“矛尾复虾虎鱼”，属

① 袁枚. 随园食单［M］. 哈尔滨：北方文艺出版社，2018：224.

鲈形目虾虎鱼科复虾虎鱼属，是一年生暖温性近海底层鱼类。其头大、嘴大、体长，形似鼓棒捶，牙齿细小，遍体细鳞，尾鳍为尖矛形，外表为浅棕黄色，泛微青黑色，布有不规则黑斑。在我国沿海分布较广，生长于河流入海口的咸淡水混合水体中的称“河沙光”，生长于远海的称“海沙光”。“河沙光”中，以堆沟港至连云港北部沿海的品质最佳。

关于“沙光鱼”的身世名由，灌南境内流传着一个神话故事。古时，哪吒于东海边打死龙王三太子敖丙，并抽掉了龙筋，消息传来，身怀六甲的龙后即昏了过去，因动了胎气，早产下龙不像龙、鱼不像鱼的“怪胎”。龙王见其奇丑，心犯嘀咕。又因擅长在背后说坏话和挑拨离间的丑虾婆说：“可能是‘外遇’所致。”风言风语传至龙王敖广耳边，于是他醋意大发，顿生恨意。

转眼间“怪胎”已懂事，且长得很快，呆头呆脑，傻傻乎乎，老是吵着叫父亲给他起个名字，龙王瞧都没瞧他，低头心烦，喃喃地随口说了句：“傻咣当。”身边的侍从未听清，误传道：“龙王有令，赐名叫‘沙光鱼’。”龙王明知是以误传误，也无所谓，懒得去解释。这“怪胎”不知其含义，窜上窜下，万分高兴地欢呼：“我叫沙光鱼哟！我有名字了。”

沙光鱼从五月份早产出生到立冬，足足长了尺余。水族们讲：“老龙王太不公平，同为一娘所生，其他的都封为太子、公主，唯这个什么名分也没有，反而把龙种说成鱼种。”沙光鱼听后，自言自语道：“我叫他不公，我出生才五个月，就长至尺余，如此算来，一年能长近三尺，十年就能超过老龙王，我叫他瞧不起我，到时我来当龙王。”龙宫密探将这番言论报于龙王，龙王闻之心想：“这孽子和我有怨，任其长大必力大势壮，定会和我作对。”遂令左右将其拿下，处以斩首。龙后赶至龙宫朝堂，以死相拼道：“我儿因早产，生得怪异，你不明是非，听信谗言，孩子尚小又不懂事，你不顾父子之情分，要死，我和我儿一起死在你面前。”说罢一头朝殿柱上撞去，幸被大臣及时拦住。龙王无奈之下宣旨：“我乃东海龙王，定遵循龙宫章律，本应将你处斩，看在龙后的情面上，饶你不死，然死罪可恕，活罪难饶，罚你一年一脱胎，体不过尺余，逐出龙宫，流放于边远浅海，永不得回到龙宫。”多嘴多舌的丑虾婆于帐后听得挤眉弄眼，故弄玄虚地：“喔！一年一脱胎，十年还是小乖乖。”因此，沙光鱼只能活到每年的三四月份，之后便消瘦而亡。

堆沟以北是南方温湿气流与北方寒冷气流的交汇地。沙光鱼喜温惧寒怕热，既不能承受北方的严寒，又不能忍耐南方的高温。而灌南堆沟一带海域气候适中，加之又有入海河道的咸淡水环境，尤适此鱼生长。这里出产的沙光鱼皮薄而肉嫩，鲜肥异常。每年十月为沙光鱼生长得最肥美的时节，也是捕捞的旺季。深秋以后，沙光鱼受孕后潜入浅海淤泥产卵避寒，虽然藏于淤泥之下，仍然抵挡不住冬季严寒带给它们的厄运。成鱼无一生还，只有在厚厚卵囊保护中的鱼卵，经过冬眠得以存活，待来年春末脱胎还阳，开始新一年的繁殖，如此循环往复。又至十月，新一轮的沙光鱼捕捞如期而至。

灌南人吃沙光鱼历史悠久，民间的长期积累和不断创新，使沙光鱼的菜肴品种丰富多彩。“奶汤沙光鱼”即为“十月沙光赛羊汤”的经典之作。

十月的沙光鱼膘足肥美，此时，制作一道白如乳汁、鲜若羊汤之品，款待宾朋，滋补家口，常令灌南主妇们引以为豪。

奶汤沙光鱼：选用大沙光鱼，除鳞、去鳃及内脏，切成两段，锅里浇少量热猪油，放葱段、姜片爆出香味，接着放入鱼段煎炒，边炒边加入少许料酒，待鱼皮起皱变色，淋少许清水至鱼肉内溢出白汁，然后一次性加足适量的清水，大火烧开转微火煨煮，待鱼香四溢，揭去锅盖放入适量的精盐，装入汤碗，撒上香菜末、胡椒粉

即可。切忌先放盐，否则煮出的汤汁不白，色如清水。此品尤适产妇催奶。

清蒸沙光鱼：选用鲜活的大沙光鱼，以清蒸烹之，方法同“清蒸白鱼”。也是一道具有特色风味的菜品。

油炸小沙光：将鲜活的小沙光鱼用葱、姜末、盐、料酒腌入味，晾干水分，入油锅小火慢炸，这也是佐酒下饭的美味。

手撕咸沙光：海边人家，家家户户平时都腌制沙光鱼。制作时，将咸沙光鱼过温油锅或上笼蒸均可。吃时用手撕整条，这是海边人家的家常吃法，也体现了渔乡的豪放之感。

沙光鱼圆：取沙光鱼肉斩成鱼糊，调入盐、蛋清、水淀粉，顺一个方向搅上劲，挤成鸡蛋黄大小的圆子，入水锅慢火氽熟。可做“奶汤鱼圆”，也可做“椒盐鱼圆”或“烩鱼圆”。

厨师们制作的“松鼠沙光鱼”“脆熘沙光鱼”“滑炒沙光鱼”等都是上乘的创新之作，其中，“沙光鱼狮子头”被列入“连云港名菜谱”。另外，“红烧沙光鱼”“葱烤沙光鱼”等也是老饕们的青睐之品。

沙光鱼富含钙、磷、维生素 A 及蛋白质等，有润肤抗老、美容养颜、补血养气、调节内分泌、调理脾胃、开胃消食，以及提高人体免疫力之功效。因此，沙光鱼是健康、美味的优良食材。

虾婆貌丑　别具一味

在堆沟的海域里有不计其数的海洋生物，它们形态奇异，色彩绚丽。有光头秃顶、“张牙舞爪”的八爪鱼，有形体奇异的各种贝类、螺类，还有那形似刺猬的海胆，除此之外，还有许多令人生畏的动物，虾婆当数其中之一。

虾婆，又称“琵琶虾”“虾婆婆”“虾爬子”“濑尿虾”等，属于节肢动物门的甲壳动物。其外貌丑陋无比，全身披满了像铠甲一样的硬壳，头部有上颚和下颚，两只眼睛似火柴头伸到脑壳之外，有两个恐吓敌害的黑斑，尾部长有突起的硬刺，躯体像蜈蚣，腹部两侧长有像毛刷一样的附肢。当遇强大的敌人攻击或被抓时，腹部会喷射出无色液体，故人称“濑尿虾”。这种动物虽不起眼，来历却很久远。它起源于侏罗纪时代，与恐龙一样算是地球上的“老资格”了。

虾婆外貌虽丑，在灌南，关于它的故事却引人入胜。

相传，虾婆在东海龙宫里既遭人嫌，又惹不起。她生性刁钻，诡计多端，一般的虾兵蟹将都怯她三分。此外，她还擅长弹奏琵琶，是龙宫仙乐班中弹奏琵琶的高手，且巧舌如簧、能说会道，常用花言巧语取悦龙王和近臣。如被人欺负，便使出濑尿打滚之长，继而躬屈卷身跃起撞向众人。“你们欺负一个老太婆，算什么本事，连龙王都夸我有才华，还惧尔等不成。”因此，鱼虾水族们个个都避而远之。

一日，逢东海龙王敖广大寿，南、西、北三海的龙王都携龙后前来祝寿。一时，美味佳肴、琼浆玉液伴随龙宫仙乐使四位龙王昏昏欲醉，四位龙后餐罢便去后宫拉家常。仙乐奏罢，虾婆入后帐卸妆喝茶，西海龙王酒醉性起，入后帐，见虽丑但有韵味的虾婆便动手动脚。虾婆趁机献媚道：“大王，您身份高贵，丑女身卑贴近不得，岂敢有非分之想?”西海龙王听之，道：“有何不可！你我同是水族，何分贵贱，你解开上襟待我用手指将你点化，以我宫中缺少琵琶乐手为名，向东海龙王求你入我西海可否?”虾婆闻之，喜形于色，立即解开上襟，西海龙王用手指在其胸上写了个“王”字。此间，早有内侍女官告知后宫的四位龙后，于是西海龙后赶了过来，命人取来铠甲，穿于虾婆之身，令其永世不得脱之。从此，人们挑吃虾婆时，只要看到胸前有一个“王”字的，便知是母的。

虾婆最肥的时节在春节至清明前后，此时的虾婆多含卵膏，无膏的也比其他时段的要鲜美。繁殖季节，其卵子（俗称“黄子”）的鲜香超过对虾。刚出网时，虾婆即被渔民按雌雄分开论价。雄的肉少无卵黄，价格便宜；雌的肉多有卵黄，价格要比雄的贵几倍。

鉴别虾婆品质好坏最为简单的方法是：一看胸前有“王”形字样，便是雌的；二用手指捏按，如坚实有弹性，壳色碧绿带青，有光泽，便是膘足卵多之品。快要死的虾婆外壳发灰，无光泽、无弹性。

我国食用虾婆历史悠久。灌南人烹制虾婆的方法很多，可煮，可盐焗，可椒盐炒，讲究原汁原味。一般有以下几种方法。

盐水虾婆：锅内加清水，加适量精盐、葱段、姜片烧沸，放入虾婆煮熟，剥壳取肉，蘸以姜末、醋食用。因虾婆性寒，用热性的姜、醋搭配，能除腥气、避寒凉。吃时，先拔掉尾部的两只小腿，把筷子插入尾部，筷子贴着虾婆壳直插到虾婆头，用一只手固定住虾婆尾底部，再把筷子向上掀起，即可轻轻松松得到一大块美味的虾婆肉。

炒虾婆肉：将活虾婆剪去头尾，平放于案板上，用擀面杖从虾尾向虾头用力滚擀，擀出肉后，配以韭菜茎部清炒。因虾婆肉性寒，韭菜性温热，两者搭配相得益彰，鲜香适口，开胃理气。

虾婆肉烧豆腐：将用擀面杖擀取出的虾婆肉同嫩豆腐白烧，是海边百姓家爱吃的家常菜肴。

虾婆肉饼：用擀面杖擀取出鲜虾婆肉，将筷子粗的小鱼捣成肉泥，连同虾婆肉、水淀粉、葱花、精盐等搅上劲，挤成一个个小圆子放在锅内，用锅铲稍将其压扁，煎至两面微黄，置于箩匾中晒干贮存。待海鲜短缺时，拿出虾婆肉饼配以烧菜，或将虾婆肉饼入蒸笼蒸熟食用，这些都是流行于堆沟海边的美味。

海滩泥螺　席登大雅

大海，总是无私地馈赠人类，它也是人类获取海鲜美味的天然场所。若说波涛壮阔、碧波万顷之域是鱼类水族、虾兵蟹将游弋之处，那么海边滩涂便是那些小“精灵”们的栖息场所。

春天桃花盛开的时候，是泥螺最肥美的时节。海边滩涂上爬满密密麻麻的泥螺，像撒上了一层黑豆。赶海之人拾回家去，一则是为了打牙祭解馋，二则是去集上卖了换点零花钱，补贴家用，人称“海滩黑豆粒，囊中零花钱”。

泥螺是壳薄而肉嫩、色如灰豆、润滑透明、体带黏液的软贝壳小动物，体壳上分布着螺旋状的环纹，灌南民间又称“吐铁”。泥螺不仅美味，还含有丰富的蛋白质，且含钙、磷、铁及多种维生素，属寒凉食物。

《辞海》中载“吐铁”，是一种腹足贝类，体似小蚕豆，肉体伸展出来，也不过四十毫米。海边人摸索出其规律，涨潮时，如遇和煦的西南风，风小浪静，此时的泥螺不含泥沙；如刮的是东南风，风起浪涌，此时海水浑浊，泥螺体内就含有泥沙。

《本草纲目拾遗》中记载，吐铁“又能润喉燥生津，予庚申岁二月，每患燥火，入夜喉咽干燥，舌枯欲裂，服花粉生津药，多不验，一日市吐铁食之，甘，至夜咽亦愈，可知生津液养脾阴之力大也。”① 可见，小小的泥螺虽不起眼，却有着非常重要的食用价值和药用价值。

吃食泥螺，为什么许多地方都用酒醉的方法呢？这里有一个神话传说。

古时，哪吒在海边见龙王三太子敖丙酒醉后坑害百姓，致两个小孩身亡。哪吒与之论理，谁知敖丙杀气正盛，使兵器照哪吒头部打来，哪吒强忍怒火道：“三太子，不得无礼，你已无故伤害两条人命，再敢撒野，我将你碎尸万段。”敖丙冷笑道：“小小毛孩，竟敢小视我龙宫三太子，拿命来。”他又抡起兵器朝哪吒打来，哪吒终被激怒，赤手空拳和三太子打成一团，直打得天昏地暗、狂风大作，海面海浪涌起。三太子哪是哪吒的对手，被打得龙鳞飞舞，龙甲飘遍海滩，昏死过去，哪吒抽掉其龙筋，把尸体抛入东海。由于龙鳞、龙甲都有仙气，遂化作泥螺。从此，海边滩涂多了这个小物种。因龙王三太子的死跟酒醉有直接关系，因而民间都以酒醉的方法吃食泥螺。

① 赵学敏. 本草纲目拾遗［M］. 刘从明，校注. 北京：中医古籍出版社，2017：433.

醉泥螺：将泥螺放入清水盆中，滴入少许素食油让其吐尽泥沙。再换清水待其伸出舌时，悄悄撒盐，使之麻木，舌肉不能回缩。一般按泥螺的分量放入十分之一的盐、十分之二的啤酒，适量高度白酒、蒜泥、姜汁拌匀，放入密封的容器中，置冰箱冷藏。吃时取适量，加入胡椒粉、蒜泥、酱油拌匀，放入烧热的辣油拌匀即可食用。

吃泥螺也有小窍门，不然会闹出笑话。将泥螺紧紧地抿于双唇之间，再用牙齿抵住螺壳，嘴内肌肉互相配合，用力“嘬”一下，便把肉吸入嘴里。没有吃过泥螺的人，第一次吃泥螺往往会连壳嚼进肚里。

灌南本地多有吃泥螺的高手，席间划拳助兴，输的人一分钟内须吃三十个泥螺。于是高手们双手快速捏住泥螺，接连不断地送入嘴里，嘴巴活像鼓了风的皮囊，不停地来回鼓动，螺壳一个个地飞落碟中，人戏称“脱粒机”。

梭子蟹鲜　味甲群芳

未游沧海早知名，有骨还从肉上生。

莫道无心畏雷电，海龙王处也横行。

这是晚唐诗人皮日休赞美梭子蟹的诗句。唐代诗人白居易对梭子蟹的美味，曾赞誉“陆珍熊掌烂，海味蟹螯咸”，他将梭子蟹与熊掌的美味相提并论。清代诗人、戏剧家、文学家李渔，在品尝了梭子蟹之后，写下了“蟹之鲜而肥，甘而腻，白似玉而黄似金，已造色香味三者之至极，更无一物可以上之”① 的感慨。蟹类外貌虽丑，内在的滋味却十分鲜美。曹雪芹曾在《红楼梦》中作诗赞曰：“螯封嫩玉双双满，壳凸红脂块块香。”

蟹类在我国有六百多种，其中包括梭子蟹、青蟹、蛙蟹、关公蟹等。在蟹类大家族中，梭子蟹被公认为海洋中蟹类的佼佼者。

---

① 李渔．闲情偶寄［M］．郁娇，校注．南京：江苏凤凰文艺出版社，2019：233.

黄海盛产的梭子蟹历史悠久，此中有一个美丽的传说。古时，玉皇大帝的七个女儿中有一个叫“梭子”，她厌倦了天宫的寂寞生活，向往人间的繁荣与淳朴，常悄悄地下凡去黄海边看人世间男耕女织、撒网捕鱼、郎读妻伴的动人情景。王母娘娘知晓后，恐玉帝责怪，又有之前七仙女下凡配董永一事，为免后宫担上疏忽失察之责，情急之下，将自己发髻中形似织网用的梭子样饰品，抛入黄海，化作一道金光，让她女儿断了思凡的念头。不料，海中即刻生出无数像梭子形状的螃蟹。

每年农历八月至春节后是梭子蟹肥美的时节。这个时候的梭子蟹膘肥体壮，膏凝肉鲜。因蒸熟后，通体红彤彤的，故又称“彤蟹”。

春季是梭子蟹的繁殖季节。区别梭子蟹雌雄的方法是：雄蟹的腹脐为三角形，而雌性的腹脐呈圆形或椭圆形。通过壳体可以清楚看到有“油”的是雄蟹，有“黄”的是雌蟹。雄雌两蟹一旦排精产卵后，蟹壳内便是空空如也，瘦得连爪子里也无肉，故灌南流传有“春瘦到爪子，秋肥到爪子”的谚语。春季的梭子蟹只剩一肚子水，虽价格低廉，却少有人问津，故称“水蟹”。此后是梭子蟹的生长期，经过仲春至初秋的休养生息，初秋后的梭子蟹逐渐肥壮起来。

灌南人吃梭子蟹一般有一人一只的习惯。按招待客人的档次，决定上多大个头的、公的还是母的、“半黄”还是“全黄”的梭子蟹。一般的，上每只三四两的；讲究的，上每只七八两的；更为讲究的，上每只一斤多的。蒸熟后的一盘红彤彤的大蟹，上桌时透出诱人的鲜味。灌南人吃蟹也有讲究，认真专注地剥壳，去蟹胃，剔螯肉，然后剔出蟹黄、蟹肉。以上每个部位逐一蘸姜末、香醋食之。吃蟹腿肉，讲究且斯文一点的吃法是将蟹腿拽下，用剪刀将腿关节两头剪去，用筷子从一端插入，用力一顶，完整的腿肉便被顶出。海边人的吃法更为传神，直接用牙齿咬掉关节，用手指捏住一端，放入口中，用力向外拉的同时上下牙齿互相配合连续地嚼动，使腿肉退入口中。海边人的这种直接吃法对内陆人来说，无疑是一个挑战，也会因此不小心闹出笑话。

蟹之鲜味，历来被誉为“鲜中王者”。梭子蟹肉质细嫩，膏似凝脂，极为鲜美。自古有“四味”的说法：大腿肉丝短纤细，味同干贝；小腿肉丝长细嫩，美如银鱼；蟹身肉洁白晶莹，胜似白鱼；蟹黄膏凝，肥美流油。金秋时节，把蟹酌酒，吟诗赏菊，不亦快哉！俗话说，“一盘蟹，顶桌菜”，毫不为过。

梭子蟹，除了清蒸之外，还有多种吃法，灌南人通过迎合不同的需求，激发出它的特有鲜味，创造出风格各异的特色菜肴。

焐梭子蟹：将梭子蟹铺于平底锅中（不得互相重叠），加入少量清水，放入适量葱段、姜片去腥，放少许白糖提味。盖上锅盖，小火焐熟。吃法似清蒸。

炒梭子蟹：将那些蟹黄不多的小梭子蟹，剥去壳，从中间切成两段，放葱、姜末、料酒、精盐、蚝油、少许清水，炒至汤汁变稠即可。成菜：滋味鲜美，适合朋友小聚小酌。

清烧软皮蟹：梭子蟹脱壳时，新生壳尚未钙化，海边人称之为“软皮蟹”。将蟹斩成块状，放葱花、姜片和蟹块煸出香味，加适量生抽和水，小火慢烧至汤汁变稠即好，食用时佐以姜、醋。

梭子蟹有较高的营养价值，富含蛋白质和不饱和脂肪酸，可降血脂、补钙、补磷，提高人体的免疫力。

小小海蛏　人人尽爱

海蛏，又叫“蛏子”，学名“缢蛏”，古称“沙蜻”，海边人也称“长刀蛏”，属双壳纲竹蛏科。蛏子生活在浅海泥沙中，有左右对称的两个贝壳，壳质脆薄，呈长方形，体长多在五厘米以上，表面常生长一层浅绿色的薄皮。自壳至腹缘，有一道斜行的凹沟，状如缢痕。两扇贝壳关闭时，前后两端均有开口。肉体前头有两个可伸出体外的“水管”，海边人赶海时，看到靠在一起的两个小孔，用钩子钓一下，如有海水喷出，便断定里面有蛏子。这两个能喷出水来的小孔，即蛏子伸出泥沙的两条“水管”，根据两个小孔之间的距离，有经验的人一眼就能估计出蛏子体形的大小。

堆沟沿海滩涂盛产海蛏，其肉嫩而鲜美、清甜可口，可鲜食，亦可晒成干制品，是馈赠亲朋的佳品。

相传，海蛏原来长得很漂亮，个也很高，肤白丰腴，是东海龙宫仙乐班舞蹈队的领舞，深得龙王宠爱。遇有重要场合，海蛏便张开那两扇优美而色彩斑斓的扇形“披肩”，翩翩起舞，两只美丽的大眼睛多情又传神。舞到动情之处，忽而窜起丈余，在高处来回盘旋，猛地一下又直落于地上；忽又原地不动地连续做几十个三百六十度的急速旋转，犹如龙卷风一般；突然又“蹭蹭”地向上窜去，继而又像蝴蝶一样时快时慢，轻盈扇动“披肩”，飘拂于观者周围。众龙子看得眼睛发直，个个心生爱慕，都亲切地叫她“蛏子”。

一日，一龙子趁无他者在旁，与海蛏亲热，卿卿我我之间，海蛏便怀上龙种。此事终被龙后察觉，“我儿乃龙宫正统，岂能和尔等异类相配”。于是将海蛏打入死牢。由于受到严重的打击和折磨，海蛏坏了胎气，生出不伦不类的怪体，只见身形像长盒状，鼻子像水管伸出体外。海蛏产下小蛏后不久死于牢中，龙后命虾兵蟹将把小蛏送到边远滩涂，永不相见。从此，这小东西常年扎根于沿海滩涂，深居简出，遇到一点动静，便“号哭”起来，两个小孔喷出“泪水”，仿佛能预感灾难又将来临一般。

蛏子肉白皙而丰腴，民间美称为“美人腿”“美人蛏”。古代有诗赞曰：

沙蜻四寸尾掉黄，风味由来压邵洋。
麦穗花开三月半，美人种子市蛏秧。

因蛏子体小且娇嫩，灌南厨师选择简而易做的烹调方法来保证它的营养和味道。

盐水煮蛏子：这是长期以来最普遍的做法。在锅中加入适量的冷水，放葱段、姜片、适量的盐，放入蛏子，然后用大火烧沸，滴入几滴食油，撇去浮沫，关火，“养”几分钟，待蛏口都张开，肉色微变时装入盘中，蘸姜、醋食用。

莴笋炒蛏子：灌南一带有将活蛏子的壳掰开，取蛏肉，配以莴笋或其他蔬菜炒食的。先将蛏肉用开水焯至断生待用，接着将切得比蛏肉稍小的莴笋等配料炒至将熟，投入蛏肉煸炒，放入盐、料酒，翻炒几下装盘。成菜：清淡爽口，鲜嫩滋润，白绿搭配，清新悦目，诱人食欲。

烹调蛏子时，掌握火候的关键是保证蛏肉熟后，内含的水分不向外渗溢。饭店厨师一般将蛏肉于热油锅中过油，这样能有效地锁住水分，而使肉体不老不“柴”。

香煎蛏子：在活蛏肉中拌入葱花、姜末、料酒、蛋液、米粉、面粉、味精等，放入平底煎锅中，摊成约一点五厘米厚的小饼，煎至底面深金黄时，取出小饼切成适宜的小块，撒上白胡椒粉，装入盘中。成菜：底部香脆，上面蛏肉洁白丰满，肥润不脱水。蛋黄、蛋清两色不混不抢，葱花翠绿点缀其间，融香脆、鲜嫩于一体，食之满齿留香，回味持久，妙不可言。

鲜蛏炒饭：将鲜蛏肉过油待用，往用优质大米做成的饭里加猪油、葱花、精盐、味精炒干，然后投入蛏肉同炒，放入酱油、少许糖、洋葱末续炒，即可出锅。成菜：饭菜结合，一菜双味，既可当饭，又可作菜。

金裹银：近年来，灌南以蛏子做的菜肴又有创新。将市场上扒小龙虾肉时弃而不用的头壳取回，将头壳里的虾黄和活蛏肉同炒，撒入嫩葱花，用水淀粉勾芡，撒上白胡椒粉，淋入香油即成。成菜：金黄汁浓的虾黄包裹着洁白蛏肉，虾黄的鲜味与蛏肉的鲜嫩形成高配，乃神来之笔。此菜受到省内外餐饮专家的高度赞誉。

第四节　草里虫鲜　感觉别样的稀奇怪诞

豆丹、蝗虫、蝉蛹、蝎子、蜈蚣、春蚕等，这些草里穿梭的虫子你一定见过，但你吃过吗？你敢吃吗？尽管它们形态各异，但经过厨师们的烹调后，竟成为一道道上等的菜肴，令人感到别样稀奇怪诞。尤其是豆丹，近几年在“两灌”地区（灌南、灌云）已被打造成品牌菜肴，深受食客的喜爱。

豆丹佳肴　传自厨祖

豆丹这道美味佳肴，自古就是灌南人的最爱。上至大型饭店的高档宴席，下到普通百姓的寻常餐桌，处处都少不了这道祖先传承下来的美食。

豆丹菜肴

豆丹，学名“豆天蛾”，本地又称“豆虎”“豆虫”，雅称“土参”“豆参”。其状若巨蚕，形似海参，一般长六七厘米，大的长约十厘米，手指般粗，性喜食豆类植物之叶，于立秋前入土越冬，春成蛹，夏变蛾，蛾将卵产于黄豆叶背面，并逐渐长成幼虫、成虫。豆丹是黄豆的天敌，是破坏庄稼的害虫。

提起豆丹，在灌南民间流传着一个传说，令人津津乐道。

相传，古时灌南有个村庄，河荡较多，每逢夏季田里黄豆长势旺盛之时，豆叶的背面上就会长有很多丑陋怪异的虫子，吃得豆叶儿像开了天窗，有的只剩下清晰的叶脉，有的只剩下光秃秃的叶柄。那个时代无农药可治，于是全家出动去捉拿怪虫，当作猪、鸡、鸭、鹅的饲料。无奈捉拿速度赶不上此虫的繁殖、生长速度，第一次捉拿后，不出几日，豆叶上那细如针尖的幼虫又长到手指般粗，害得黄豆几近颗粒无收。穷苦的庄稼人苦不堪言，只能望天兴叹。

有一年，又值黄豆茎叶茂盛时节，虫儿又来作祟。此地有一老人卧病在床，几日未进汤水，病情危急，全家无暇顾及田间虫害，听说此地北边二三十里的山上，来了一位善施医术的外地高人，煎汤熬药，救死扶伤，造福百姓，深得那一带百姓的尊敬和爱戴。于是，家人叫病人的孙子前往，邀请高人来家中为老人治病。

小伙子年轻腿快，小半日便至北边山中，寻问高人住于何处。路人相告："此人乃奇人，能煎百草为民治病，不取分文。"小伙寻得其住处，见一草屋茅舍门前端坐着一位鹤发童颜、仙风道骨、精神矍铄的老者，正问切把脉。小伙子不顾众人都在看病，忙将家里老太爷病重不能前来之事告诉高人，恳请高人亲临前往。白发老者略一思索道："诸位均为慢性之疾，改日再治无妨。他家老太爷病重危急，耽搁不得，我快去早回，望诸谅之。"

白发老者到来后，随即把脉问诊，退至外室道："你家老太爷体虚且寒湿之气太甚，又因胃寒阻于食欲，风湿已至关节，至阴阳两亏，不日命将休矣，需以汤药调理疏导稳定，十日后再清补、食补，引得食欲后，再以名贵之品重补。"因家里贫穷，哪买得起药和昂贵补品，为难之际，忽听邻居于门外说："你家几日未去田里，黄豆几乎要被那些害虫啃光了。"白发老者于屋里听得，哈哈一笑："不用钱买，药已有了，你家有补品，又有药。"老人家属面面相觑，疑惑不解。白发老者见状道："把你家田里的豆虫儿挑大而肥的，捉些来。"众人大惑不解，但还是听从老者的话，捉来了许多。白发老者叫人取来擀面杖，将虫儿从头至尾擀出胖乎乎、既黄又白且带青的虫肉，边擀边说笑道："你吃豆儿，他吃你。豆儿的好处全在虫肚里，虫肚里。治病养人全靠你，全靠你。"

白发老者教其家人将虫肉煮烩至汤浓，加点盐，每日服三次，五日后每顿逐量增加，再将虫皮焙干研末，每日三次吞服，二十日便有效。临行，病者家人问“奇人”尊姓大名，白发老者笑语：“吾乃一隐士也，不说也罢。”又问此虫叫什么虫。老者道：“此虫本无名，可比灵丹妙药，就叫‘豆丹’吧！”按嘱，病者二十余天后果真奇迹般地痊愈了。

从此，豆丹的美名由灌南北陈集的这个村庄流传开来。后来，人们得知这位奇人是当朝的帝师——宰相伊尹。人们为纪念他的美德，便称此地为“尹荡”。北边的山上是他隐居之处，被称为“大伊山”“小伊山”“伊芦山”。又有“北伊山，南尹荡”之说。谚曰：

北伊山，南尹荡，灌南豆丹把名扬。
既好吃，又养胃，美食药用为所长。
缘古传，得其法，灌河两岸是故乡。

豆丹虽模样古怪难看，肚里却不是一肚子“坏水”。其肉蓉富含蛋白质、海藻糖、甘油、氨基酸、维生素等多种对人体有益的成分，烹制成菜肴，味美、鲜香异常，闻之既有豆香，又有虫鲜。如今，人们再也不怕它泛滥而伤害庄稼。近几十年来，随着人们生活水平的不断提高，吃豆丹已成为一种时尚，市场供应短缺，豆丹的价格一路飙升。由于其受大众喜爱和推崇，中央电视台的《田间示范秀》栏目曾对其做专题报道。

吃虫的习俗自古有之，蒲松龄于《农蚕经》中曰：“豆虫大，捉之可净，又可熬油。法以虫掐头，掐尽绿水，入釜少投水，烧之炸之，久则清油浮出。每虫一升，可得油四两，皮焦亦可食。”①

灌南豆丹吃法最为普及的有两种，也是沿袭古法而来。

丝瓜烩鲜豆丹：又称“烩豆丹果子”。将鲜活的豆丹用擀面杖擀取净肉，取嫩丝瓜刨去老皮，留一层翠绿色的嫩皮，切成约五厘米

① 转引自孟昭连. 中国虫文化［M］. 天津：天津人民出版社，1993：106.

长的条。锅置旺火上，放入用土法榨的豆油，将葱花、姜末、稍多的蒜泥、干辣椒丝爆香，放入豆丹肉煸出香味，加适量的清水，烧煮至沸，加入丝瓜条，再放适量的盐。烧至汤汁发稠，装盘食用即可。因夏季活擀的豆丹肉烩熟后口感有弹性，肉呈颗粒状，形如筷子粗、约三厘米长的果子状，故称“豆丹果子”。成菜：肉质紧实，汤汁乳黄，清爽可口，清香扑鼻，堪称当地具有代表性的名菜。

立秋时节，豆丹钻入土壤中越冬休眠（灌南人称“入土豆丹”）。古时，自从吃豆丹开始，人们不仅夏季吃它，在秋天耕田犁地时，偶见它藏于土中，怀着恨它伤害庄稼的心情，农民们都从田里捡起回家，放入土灶膛火中烧熟给孩子吃。

白菜烧入土豆丹：将入土豆丹放入水锅中小火“紧熟”（用小火慢慢将其肉“养”熟，也就是焖）。不能用大火，火大则肉质松散，因为此时豆丹的肉质和夏季相比，较为软糯，只能用小火“养”熟。擀法及烧法同“丝瓜烩鲜豆丹”，只是把丝瓜换成白菜心而已。口感不同的是，入土豆丹肉质香糯，鲜美中透出经泥土掩埋后的特有芳香。

春季豆丹成蛹，挖出捡回家用油炒熟，撒点葱花和盐即成。此菜是佐酒的好菜。豆丹蛹也可直接油炸食用。

中华民族对美味的追求从来就没有放慢脚步。随着灌南厨师们的不断创造，新的品种受到广大消费者的青睐，如“酥炸豆丹圆”“锅贴豆丹”“三鲜锅巴烹豆丹（此菜被老饕们誉为‘平地一声雷’）”，都是色、香、味、形俱佳的美味菜肴。更有用夏季的豆丹果和虾仁做成的“清炖豆丹狮子头”，此菜是精品中的精品。其形大如馒头，状如螺蛳的豆丹果包孕其中，外露果头，活似石狮头上卷曲的毛团。其汤清澈见底，狮子头入口即化，最大程度地凸显了豆丹的原汁原味，提升了豆丹的营养价值。

时下，灌南、灌云两地的豆丹菜肴已成品牌，被老饕们誉为“国内少有，苏北仅有，两灌特有”。聪明的经营者为弥补季节的短缺，将其制成罐头或进行真空包装，作为馈赠之礼品，远销各地。有的将活豆丹储于泥土池内，随取随做随卖。

捕食蝗虫　承古袭今

灌南一带自古就有吃蝗虫的习俗。这些食俗的形成，源于蝗虫是危害庄稼的“罪魁祸首”。有民谣道：“你吃我庄稼，我就来吃你。”蝗虫营养丰富，做成菜肴，既饱了口福，又消灭了庄稼害虫，可谓是一举两得。

蝗虫，又称“蚂蚱”“蚱蜢”“草蜢”。额头有斑纹像“王”字，古人戏称是虫中的“皇帝”，故称之为“蝗虫”。蝗虫，一般长约五厘米，大者长约七厘米，有青、褐两色，头方肚大，两条后腿长而善跳，两翼大而透明，善于飞行，极为贪食。

中华人民共和国成立前，灌南一带经常闹蝗灾，一旦蝗虫祸起，遮天蔽日，飞拥而至。庄稼人急忙拿盆摸碟奔向田间，敲击出响声来恐吓驱逐，但无济于事。霎时，成片的田禾茎叶被啃得精光。那个年代，因无农药防治，人们只能祈求神灵保佑，于是焚香祷告之风盛行。有的地方甚至“盖”起了“蚂蚱庙”，供上了“蚂蚱老爷”之位，祭拜起这个“惹不起”的小害虫，令现代人啼笑皆非。可见缺乏科学知识是多么可怕的事情。

蚂蚱为何叫“蝗虫”呢？灌南人认为，这与唐太宗李世民“吞蝗”一事有关。据载，唐贞观二年（628年），长安一带遭受严重的旱灾和蝗灾。一日，太宗外出视察灾情，见庄稼被虫儿吃得精光，为显示爱民之心，他拿起几只蝗虫，狠狠地说道：“庄稼是我民的命根子，你们把它吃光了，坑害了他们。百姓们有什么过错？如果有，都由我一人承担，你们如有神灵，就来啃我的心吧！不要再来伤害百姓了！”说完就要生吞蝗虫，侍臣们急忙拦住：“不能这样吃，会吃出病来的。”太宗道：“我这么做，是希望苍天把灾祸转于我身，还惧生病吗？”说完一口将蝗虫吞下。唐太宗既然已做示范，灌南人熟食蝗虫便更没有什么不妥了。

在灌南，美食的特色总是在不经意间形成的。人们对蝗虫这个害虫可谓恨之入骨，恨不得斩草除根。遇到蝗虫较少的年份，为防其产卵祸及来年，灌南人把蝗虫捉来投喂家禽，或用线系起来让小孩戏耍，偶然间将其放在老土灶的灶膛内明火熄灭后的灰烬中焐熟，发现其味酥脆鲜美，嚼着满齿留香。从此，这种害虫成了人们餐桌上的重要成员。

在灌南农村，农历正月初五、十五、二十五，以及二月初二的晚上，有炒蝗虫的习俗。天一黑，家家户户便不约而同地点燃备好的“十八喊”（即为一串十八响小鞭炮），口中念道：“炸得蝗虫全死光，五谷丰登堆满仓。”此举叫“炸虫”。接下来的是“炒虫”，表达对蝗虫的憎恨。由于此时无蝗虫可捉，灌南人便以炒黄豆、炒“棒花子”（玉米粒）或炒花生、炒葵花籽代替。主妇们于老土灶台上边炒边哼唱：“初二炉火红彤彤，炒‘死’你这个‘死蝗虫’，各块地里都炒遍，叫你死无葬身地，吃到我们肚子里，明年一个都不见。”灌南地区还流传着诸如“秋后蚂蚱长不了”“你这个蚂蚱‘冲子’”等歇后语，诸如此类不胜枚举，体现出了浓浓的民风乡情。

油炸蝗虫：这是灌南人吃蝗虫最常见的一种方法。中秋时节，蝗虫膘水正足，摘去翅和腿，入豆油锅小火炸至微黄，拌入酱油、香油、葱花、蒜泥等调料即可。食之酥脆喷香，是极好的下酒菜。

蒸蝗虫：将蝗虫去腿翅入油锅略炸，放入海碗中，撒少许的腌咸菜和韭菜薹，切几片腌咸的猪五花肉摆于其上，撒入葱花、姜末，滴入黄豆油或菜籽油少许，放入老土灶的米饭锅中与米饭同蒸，待饭好，菜即成。咸菜和咸肉的滋味渗入虫肉，奇鲜、味香，几味集于一碗，令人唇齿留香，回味悠长，几两汤沟老窖佐之更是绝配。

还有的做法是将蝗虫去除翅和腿，入开水锅氽熟，拌以小茴香段、大面酱、干辣椒装入密封的坛罐中，腌入味，随时取食，这也是民间的特色。

蝗虫虽属害虫，但其营养价值较高，蛋白质的含量甚至超过牛奶和鸡蛋，现已成为灌南人口中的美味。

食蝉之好　历史久远

夏日，灌南乡间的院落，掩映在绿树浓荫之中。秀丽的村庄回荡着动听悦耳的声声蝉鸣。一群嬉笑的顽童手持竹竿，闻声寻捕蝉儿，一派悠然恬静的场景，恍若是世外桃源。

人们通常称蝉为“知了”，灌南俗称“剪牛”，并将蝉蛹俗称“知了猴”“剪牛狗子”。据有经验的人讲，每年八月上旬，蝉产卵后便潜入土壤中，一年左右后长成蝉蛹，几年后于夏日的傍晚钻出土来，紧紧“扒”住树干，慢慢地蜕壳，其过程是在夜晚露水中进行的，日出后太阳会把露水晒干，蝉壳变硬就脱不了壳了。蝉蜕壳后约一小时，它们的翅膀变硬即能飞翔，天亮后即会鸣唱。

夏天的傍晚，“知了猴”悄悄地将地表扒开一个小孔，养精蓄锐，准备于几小时后出来蜕壳。此间，也是挖取“知了猴”的好时候。只要看到地面上有一个圆圆的小孔，用手指轻轻一扣，便能把“知了猴”轻松取出。夜晚，乡村的大人和小孩纷纷出动，提马灯、打手电筒，在树干和地面上寻寻觅觅，捡拾正在蜕壳的“知了猴”。而白天捕蝉的方法是循声寻找，在细长的竹竿顶端裹上“面筋”（粘知了用的面团），先慢慢瞄准凑近，然后猛地一下将其粘住，那时它再嘶叫和剧烈的挣扎已无济于事了。

我国古代便已食蝉成风。《礼记·内则》中记载，当时君王食用的三十一个品种中就有蝉之美味。《庄子·外篇·达生》中还有一则叫“佝偻承蜩”的故事，也是讲捕蝉的事。相传，一天孔子于林中遇一驼背老者，专以粘蝉为生计，动作娴熟，一粘一个准，好似于地面捡拾一样容易。孔子惊叹问，有何诀窍？驼背老者道：“我当然有门道，经过五六个月的反复总结，在竿头裹两团‘面筋’不掉，粘十次可能失手两三次；若裹三团‘面筋’不掉，失手的机会可能只有十分之一；要是裹五团‘面筋’都不掉，那么粘蝉犹如拾蝉一样，轻松自如。”

捕蝉的方法不仅靠粘取，还有一种是利用蝉的趋光性，在夜晚以火光或灯光来诱捕。相传古时，潮河南岸有一看守瓜园的老汉，一天逢先人祭日，便于夜间焚烧“纸钱”，祭拜亡灵。火光诱来飞蝉无数，噼里啪啦地掉入火中，烧得蝉儿嗞嗞作响，两翼瞬间燃尽，火堆里飘出虫儿的肉香。老汉掰开一尝，美味无比。后人效仿，流传开来。

司马迁视蝉为清高的圣物，他在《屈原列传》中赞曰：“蝉蜕于浊秽，以浮游尘埃之外。”

三国时期的曹植在《蝉赋》中曰：“委厥体于庖夫，炽炎炭而就燔。”描述的便是烤食蝉儿的趣事。

唐朝名臣虞世南亦作了一首咏蝉诗：

垂緌饮清露，流响出疏桐。

居高声自远，非是藉秋风。

灌南人夏季捕蝉、吃蝉的历史久远，是秉古俗之韵、先人之传。灌南人吃蝉一则是因蝉味美，营养丰富；二则是历史传承的缘故。

油炸香蝉：这道菜灌南人家家会做。将活蝉放入水锅中加适量的精盐、姜片、葱段煮熟，捞出摘去两翼和腿，放入热油锅中炸至酥香。吃时蘸以姜、醋调成的味汁。成菜：外皮酥脆，内软香，具有虫类肉质的特有香味。

干焙香蝉：将蝉摘去腿和两翼洗净，放入用盐、姜、葱汁调拌好的味汁中浸泡半小时，捞出晾干水分，轻轻地将其压扁。将锅壁用豆油擦匀，把浸泡后的蝉放入锅中，用微火连烘带焙约四十分钟即成。从前做这道菜都是在农村老土灶中进行的，烧几把草停一下，待灰烬余火将灭，又续一把火，如此连续不断。因铁锅较大，这完全靠均衡的热量将蝉焙干、焙熟、焙酥、焙香。成菜：口感似酥脆的点心，两齿咀嚼中，不仅口腔内溢满香味，连鼻孔都有香味冲出，令老饕们食指大动。

干煸蝉蛹：较成蝉来讲，蝉蛹的壳薄肉嫩。把洗净的蝉蛹放入开水中，加盐、料酒氽熟捞出，沥干水分。将葱花、姜末、干辣椒丝等爆出香味，投入蝉蛹，小火干煸至微黄，加入少许的韭菜花、生抽、几滴香醋，煸干外表的水汽，干煸蝉蛹就出锅了。成菜：口感鲜香、微脆、微辣，物虽普通，却为珍馐。

一清二白自在鸣：这是灌南厨师创作的一道颇有诗情画意的菜品。将活成蝉洗净，保留两翼和脚，用淡盐水、葱姜汁腌制约三十分钟，放入烤箱中烤二十分钟待用。接着将二十棵手指粗的整棵小青菜，加盐、味精炒至翠绿，根朝外，叶朝里，整齐地围排于白色大平盘中间。将河虾仁和白蘑菇加精盐、黄酒、香油清炒，装入盘中的青菜中间。接着把担任主角的蝉儿请出来，头朝里，尾朝外，整齐地围摆在青菜四周，操作过程即宣告结束。成菜：观之，一群蝉儿跃于盘中，围在色如翡翠的青菜周围，似欲飞鸣唱。晶莹剔透的虾仁和白若凝脂的小蘑菇，堆放于翠绿的青菜上，相映生辉，令人不忍下箸。品之，蝉肉酥香浓郁，菜心清淡爽口，虾仁滑嫩脆润，蘑菇味鲜无穷。

继承传统是餐饮人的情怀和职责，餐饮人的创新从来没有停留在一成不变的菜谱上，他们对于食材的反复不停地研磨，最终为人们奉献了舌头愉悦的全新感受。

吃食蝎子　藏妙纳趣

《西游记》第五十五回“色邪淫戏唐三藏，性正修持不坏身”，描写唐僧师徒去西天取经，行至西梁国。女儿国国王欲与其婚配，唐三藏不允，此情景被躲在阴暗处的蝎子精看见，于是她施了阵旋风，将唐三藏卷入琵琶洞，妩媚风情，百般诱惑，欲成夫妻美事。悟空、八戒前去相救，蝎子精施放倒马毒柱，使出三股钢叉，喷出毒气烟雾，致使悟空、八戒受伤不能取胜。经观世音菩萨指点，孙行者请来蝎子精的克星昴日星官（真身是威武雄壮的双冠大公鸡），对着蝎子精大吼一声，蝎子精立即软瘫在地，被八戒赶上用钉耙乱捣成一团烂酱。

蝎子，是非常古老的生物。据动物考古专家对海洋化石的考证，其进化史可追溯到四亿三千万年前，当时的巨型蝎子生活在海洋之中，体长近两米，进入陆地以后逐步进化成目前的样子。现今的蝎子仍然保持原来海洋时的特征。

蝎子，又称“山虾”“钳蝎”，长有毒腺，会蜇人，形似海里的大虾，体形瘦长，有螯，弯曲分段，翘起的尾巴尖似三齿钢叉，攻击对方时会喷出毒液。蝎子怕阳光，一般栖息于阴暗潮湿之处，昼伏夜出，以捕食小型昆虫为食。为了生存，蝎子进化出了匪夷所思的生理结构。蝎子有八只眼睛，但是由于长期生存在阴暗环境里，导致其眼睛感觉不到光线。而它身上的毛具有强大的触觉功能，能感觉到极其微小的空气流动和外界振动，以此来捕食昆虫。蝎壳有感光功能，因此，它可以通过外壳来收集光线。蝎子反应十分灵敏，行走轻盈迅速，窜走之性极强。蝎子好斗，攻击的动作迅猛果断，当有其他蝎子进入领地时，即发生争斗，甚至吃掉对方，给人们留下了负面形象，诸如“蛇蝎心肠”“蛇头蝎尾”这样的成语，就是人们对蝎子厌恶之情的表述。

蝎子虽然相貌怪异丑陋，却含有多种人体必需的氨基酸及铁、镁等多种微量元素，是入药的药材。《本草纲目》记载：全蝎主治小儿惊风、抽搐痉挛、皮肤病、心脑血管病、炎症、乙肝、肿瘤等病。

蝎子是上好的美味食材，我国古代就已食之。用其烹制成的菜品，是集食、疗、养于一体的佳肴。

灌南人吃蝎子做成的菜肴时，不报菜名，往往都会开玩笑地说：“谁先吃谁起菜名。”比如，“蝎子炒辣椒”，嘴快的人先吃上，然后说道：“又毒又辣。”再如，“野蜂蝎子”，头脑反应快的便脱口而出：“一个比一个毒。”还有像“油炸蝎子蜈蚣”，有的抢着说：“毒上加毒。”有的饭店厨师别出心裁，把蝎子、蝗虫、蜈蚣、野蜂、蛇肉全部用油炸入盘，盘中装有形似雪山的炸干粉丝，接着把炸好的五种食材巧妙地放在粉丝上。上桌时服务员说：“这道菜叫‘雪山飞狐’。”客人当中便有人笑道：“这个菜名不行，应该叫‘东邪西毒’。”又有人道：“这个名字也不行，应该叫‘五毒齐全'。"众人大笑："管它什么毒，吃到肚里就没有毒了。"期间会有善言巧语者，看到有人正吃在嘴里，摆出神秘诡异的神态说："阴沟里的蝎子，暗伤人啰。"众人一时无言，他便故弄玄虚又说："你们是哑巴吃蝎子——痛不可言。"把一桌人笑得前仰后翻。

中国的饮食文化就是这样，化平庸为神奇，融万物万事于内心，总能找到其平衡点，这种博爱与包容，也恰是儒家文化的体现。

吃食蝎子，自然讲究吃法，一般是先将蝎子入沸水汆熟，使毒素化解，再用炸、烧、烤等方法来烹调。也有直接用酒泡的；经汆水晒干的蝎子在中药典籍里称"金蝎"，把金蝎研成末，能治脓肿性跌打损伤。

蝎子为寒凉食材，民间用温暖性食材与之搭配，可以达到寒温平衡，如"羊肉炖蝎子""牛鞭炖蝎子"等都是搭配合理的菜肴。

目前，本地因农药的应用和闲荒之地越来越少，蝎子也随着生存环境的变化而产出不足。市场供应的基本上是外地批发零售的罐装制品，其鲜味不足。值得注意的是，有的地区生长的蝎子是不能食用的，无法去除毒素，食客要慎重对待。

烹食蜈蚣　闻奇听传

"二月二，龙抬头，蝎子、蜈蚣都露头。"春季是捕捉蜈蚣和蝎子的时节。

以前，灌南农村一些"半截高"的男孩们，经常会随爷爷、爸爸用铁锹撬开房前屋后的碎瓦残砖、朽木烂草，犄角旮旯处不时会窜出那形态怪异、令人毛骨悚然的"毛毛虫"，当地人称"蜈蚣"。胆大的男孩们立即用烧火的火叉将其按住，用炭夹夹住，放入带盖的容器中；看热闹的小丫头们，则吓得哇哇直叫，离得远远的，看个稀奇。在她们看来，这简直是英雄和怪兽的对决。

孩子们将捉到的蜈蚣用开水烫死，然后用和蜈蚣体宽一致的极薄的小竹片，从蜈蚣的下颌处穿至尾部，放在太阳下晒干，带到县城去卖，用所得之钱买文具盒、铅笔和橡皮。

蜈蚣，体呈扁平长条形，长九至十七厘米，宽零点五至一厘米，身体由许多体节组成，每一节上均长有步足，为多足生物。蜈蚣，又称作“天龙”“百脚”“吴公”“蝍蛆”等，是一种有毒腺、掠食性的陆生节肢动物，通常居于阴暗潮湿的环境。常见的蜈蚣有红头、青头、黑头三种，以红头最佳。蜈蚣捕食时尤喜一口将对方咬住，然后立即用细长的身躯将“食物”紧紧箍卷，不让“食物”逃走，接着一口一口地将“食物”吃掉。

《本草纲目》载：“蜈蚣西南处处有之。春出冬蛰，节节有足，双须岐尾。”①《本草衍义》中称蜈蚣“背光，黑绿色，足赤，腹下黄”②。民间把蜈蚣、蛇、蝎、壁虎、蟾蜍并称为“五毒”。人被蜈蚣咬伤后，会出现头痛、恶心、眩晕等症状。

蜈蚣还可作为中医药材，其性温、味辛、有毒，具有通络止痛、息风镇痉、攻毒散结等功效。

在灌南农村，人人都知道公鸡是蜈蚣和蝎子的天敌，哪怕是圈养长大的公鸡，第一次见到蜈蚣或蝎子时都会不顾一切地扑上去，不断地啄蜈蚣或蝎子的眼和头，啄死后一口将蜈蚣或蝎子吞下。

在灌南民间，流传着这样一个神话故事。相传，公鸡昴日星君是二十八星宿之一，居住在天上的光明宫，身高六七尺，神职是“司晨啼晓”，其母是毗蓝婆菩萨。土地神向玉帝奏曰：“人间百姓不计其时，常会因此耽误了田间耕作、养蚕抽丝之事。”玉帝沉思片刻，为世间百姓之振兴、四海共盛之安乐，令昴日星君派其儿子金鸡下至凡间，专为黎民百姓打鸣报时，凌晨后一个时辰报鸣一次，报至午时方可歇息。于是，昴日星君的儿子金鸡带侍从吴公和歇子下到凡间，按玉帝旨意准时打鸣报晓，民间称“金鸡报晓”，又有“一唱雄鸡天下白”之说。

---

① 转引自陈企望. 神农本草经注：下［M］. 北京：中医古籍出版社，2018：1442.

② 寇宗奭. 本草衍义［M］. 梁茂新，范颖，点评. 北京：中国医药科技出版社，2018：192.

金鸡的两个侍从在凡间懒惰成性，晚上不睡觉，专在白天睡大觉，一点都不肯为金鸡提醒，金鸡心中实是烦恼，可念及多年跟随之情，未有发落。不想这两个劣畜越发堕落，还偷偷地练起阴毒之招，他们的身体因此变得奇形怪状，丑陋不堪，而且他们还经常爬到百姓家里伤害人口，致使百姓怨声载道。玉帝知晓后，大怒道："令金鸡速将其除去。"金鸡得令后即欲捉拿，不料二畜闻之躲藏起来。从此，只要公鸡一见到蜈蚣和蝎子便毫不留情地将它们吃掉，以解心头之恨。

百姓们为表达对蜈蚣和蝎子的愤恨，便将"吴公"改称"毒蜈蚣"，将"歇子"改称"毒蝎子"。

清炸蜈蚣：蜈蚣不仅具有较高的药用价值和经济价值，同时，也是滋补营养之食材。灌南一带的吃法是较为简单的"清炸蜈蚣"。将鲜活大蜈蚣洗净放入淡盐水中浸约三小时，使其排尽体内污浊之物，捞出放入葱、姜汁、黄酒、生抽、味精浸入味，接着起锅，放花生油至六成热，放入蜈蚣炸至微酥脆时即好。成菜：食时撒花椒盐，蘸醋，酥脆可口。

乌鸡斗蜈蚣：灌南的饭店里常见这道菜。将一只经宰杀制净的乌骨鸡连同其肝、肫、心放入水锅中焯水，捞出洗净，放入大砂锅内，一次性加足清水，放入葱段、姜片、黄酒，用大火催开，再转微火慢炖至八成熟时，放入六个洗净的蜈蚣干，炖至鸡肉酥烂时，放适量的精盐即可。成菜：鸡体完整，酥烂脱骨不失其形；汤清见底，鲜香可口；与蜈蚣的成分相融，食材的性质一温一寒，互相平衡，相得益彰，不仅达到美味之效，而且得药用之补。

灌南民间有很多人用蜈蚣来泡酒。将十斤六十度优质白酒倒入大玻璃瓶中，放入蜈蚣干四十根、优质枸杞一斤、鹿茸半斤、虫草二两、党参四两，盖上瓶盖三十天后即可饮用。据说此酒具有解毒散结的作用。很多地区的蜈蚣和蝎子一样都有剧毒，而且毒素很难祛除，食客须谨慎食用。

脆香蚕蛹　味美品高

我国远古时代就种桑养蚕。据文献记载，殷代甲骨文中不仅有蚕、桑、丝帛等字样，还有祭礼蚕种的记载，当时人们为了养好蚕，用牛、羊等丰厚的祭品祭祀蚕神。蚕又有“天虫”之说，只因将两字合一即为“蚕”。

战国时期的《管子·山权数》中记载：“民之通于蚕桑，使蚕不疾病者，皆置之黄金一斤，直食八石。谨听其言而藏之官，使师旅之事无所与。”① 西汉时，张骞出使西域，开辟通向世界的丝绸之路，使中国的丝织品“绫罗绸缎”成为各国王公贵族的奢侈品，成为世界了解中华文化的第一窗口，是中国古代历史中的伟大壮举。

蚕是鳞翅目的昆虫，体长五六厘米，筷子粗细，通体洁白，以桑树叶为食，吐出的丝将自己缠裹起来，做成手指粗的长圆形茧，把自己居于茧内，约四天，变成蚕蛹。

蚕蛹体像一个纺织用的锤子，分头、胸、腹三个体段，头部尖细，长有复眼和触角；胸部长有胸足和翅；鼓鼓的腹部分为九个可以活动的体节，通体呈咖啡色，十二至十五天蜕出蛹壳，化作飞蛾，蚕蛾长成后产卵于桑叶之上，卵逐渐长大成蚕。蚕就是这样，乐此不疲，一生中都在为吐丝之事而劳作。

蚕不仅吐丝，其蛹还是十分美味的食材，含有粗蛋白质、油脂、大量的不饱和脂肪酸和饱和脂肪酸、维生素 A、维生素 B、维生素 D 及铁、锌、硒等微量元素，以及人体所需的氨基酸等，是“作为普通食品管理的食品新资源名单”中唯一的昆虫类食品。自古以来，蚕蛹一直被作为滋补强身的营养品，做成菜肴，是集营养和美味于一身的佳品。

灌南地区自古就有种桑养蚕之业，吃食蚕蛹可谓是蔚然成风。20 世纪 60 年代后，为响应政府发展经济的号召，全县各地大面积种

---

① 管仲. 管子［M］. 房玄龄，注. 刘绩，补注. 上海：上海古籍出版社，2015：433.

桑养蚕。吃蚕蛹成为寻常之事，各家各户都把蚕蛹放在灰烬中烧着吃。民间的普遍食用和专业厨师的参与，丰富了蚕蛹菜肴的花色品种。

油炸蚕蛹：这是灌南一带烹制蚕蛹时最为常见的也是世代相传的一道菜。其做法是先将蚕蛹洗净，拌入盐、黄酒腌入味，入沸水锅中氽熟捞出，用剪刀将蛹体剪开，去除黑肠，放到七成热的花生油中炸至表皮微脆时即可装盘。成菜：吃一口有纯朴的香味，外皮"蹦"脆，肉和黄软糯、味鲜，且内含的液汁润口滋喉，越嚼越香。蚕蛹肉多皮薄，内含汁液较多，不宜放太多的调味品，凸显它的自然本味为上策。

宋代诗人陆游在《书叹》中对蚕进行了描绘："人生如春蚕，作茧自缠裹。一朝眉羽成，钻破亦在我。"大厨们根据此诗意，创作了一道叫"酥春蚕"的菜品，深受消费者的好评。

酥春蚕：将活蚕蛹去黑肠，用盐、料酒腌制入味，放入油锅内炸脆。把鸡蛋清放在大碗内，用筷子顺着一个方向，不间断地搅打，至鸡蛋清呈雪花状，且插筷不倒，拌入适量的干淀粉搅匀，厨界称这个过程为"发蛋糊"。接下来，把炸脆的蚕蛹逐个均匀地粘满"蛋糊"，放入四成热的色拉油中，炸至乳白色，捞出装盘。成菜：因"蛋糊"的作用，每一个蚕蛹形态丰满，色泽白中透出微黄，饱满间似春蚕卧于茧中，皮壳酥脆，蚕蛹微脆，有两层脆感，故有春蚕"一朝眉羽成，钻破亦在我"的诗意体会。

干煸春蚕：灌南民间的吃法是将蚕蛹入油锅中炸熟，捞出剪开，取出内脏，锅内放少许油，加葱花、姜末、干辣椒丝、蒜片爆香，投入蚕蛹煸炒，再放少许韭菜花提味，滴入少许生抽、香醋翻炒出锅。成菜：有嚼劲，干香鲜美，别有风味。

除上述菜品外，还有诸如"油浸蚕蛹""盐水蚕蛹""生煎蚕蛹""雪花蚕蛹""炸蚕蛹圆子"等，都是可口的美味。

蚕全身是宝，连蚕粪都是不可弃之的好东西。据中医介绍：蚕粪，又称"蚕沙"。古代时把蚕沙炒熟装入纱布袋中，趁着热气敷患处，对治疗关节疼痛、半身不遂有奇效。还有将蚕沙炒熟作枕头芯的填充之物，具有清肝明目之效。

第三章

乡间土灶　映射世情冷暖

一垛垛垒起的干柴、一台台怀抱铁锅的土灶、一缕缕飘在空中的炊烟，勾画出恬静的乡村画卷。在20世纪90年代前的灌南农村，家家户户都有一台土灶，一日三餐都由土灶烹饪而成。可以说，土灶是乡村人的餐饮之魂。

如今，土灶已被液化气灶和天然气灶及电器所替代，土灶的身影渐渐淡出人们的视野，成为一种美好的回忆。

曾经在农村生活的那一代人，会常常怀念土灶。那烹饪出的美味、烧火的滋味无不让人回味久远，累并快乐着是那一代人的终身体验。那熟悉的袅袅炊烟，温暖着一代又一代人的心，无论时间如何推移，乡村的土灶，是永远难以忘却的乡愁。

第一节　土灶演变　溯灶起源

人类自从保存并利用了火种，渐渐地用火熟食，从此告别了“茹毛饮血”的生活方式。在迈向文明的征程中，如何把食物做得更好吃，是激励人们创造美食的关键，也是华夏民族追求完美饮食的开始。

《孟子·告子上》中曰：“食色，性也。”意思是说：喜好美食和美色，是人的本性。又谓“民以食为天”，而这个“天”，没有灶的产生是难以促成的。《释名·释宫室》中载：灶，造也，创造食物也。从《说文解字》中得解，火、土并用为“灶”。

据考，人们起初挖穴垒土支起架子炙烤食物，灶即产生。后来制陶技术的产生及陶釜的运用，帮助人们丰富了食物的品种，同时，以陶为器制作食物，使得食材的营养价值便于被人体吸收，以至于后来产生了水煮、蒸、炖等烹调方法。

铜的冶炼，标志着青铜器时代的开始。先是最高统治者“支鼎烹羹”，后逐渐普及于民间。青铜器时代，铜釜的运用使当时的烹调方式接近现代烹饪工艺。再后来铁的冶炼和铁锅的运用，更有力地推动了烹饪水平的提高。铜较铁而言，传热慢，使用寿命不长，加热易转为氧化铜，容易使人中毒。铁锅经久耐用，食物在铁锅内加热时，还会分解出人体合成血红蛋白所需的铁元素。

灶的形成和锅的产生应用，是人类生存活动中最伟大、最具有创造性的壮举之一，使人类吃得健康。因此，饮食活动被世界誉为人类最大的、最为普及的系统工程。不论哪个行业、何等身份，都无法逃离“人无食则亡”的法则，这也深刻揭示出饮食文化的厚重与深邃。

在灌南一带，家家垒土灶，俗称“老土灶”。老土灶分为倒拔囱、隔山灶、闷灶锅三种，其中，隔山灶最为普及。隔山灶是一个人在灶台后添柴烧火，另一个人在灶台前做饭或做菜，两不耽误。倒拔囱添柴烧火、做饭烧菜都在同一侧，两人同时干活会受到干扰。闷灶锅是用泥坯做一个圆桶，在里面中层的位置，置一用于漏灰的铁制炉底，把铁锅置于泥桶之上，没有烟囱，烧饭时满屋浓烟滚滚，熏得人睁不开眼睛，一般人家都不用。

砌建土灶时，灌南很多人家都要请懂风水的先生察看一番，选定位置，挖一小坑，放几枚硬币，以示吉祥。同时请有建灶经验的师傅指导，使火旺不倒烟。第一顿饭称“开火”，又称“开锅”。无论家境多么窘迫，都要想方设法弄点荤腥之菜来润润锅，以表达将来“天天有肉，顿顿有鱼”的美好心愿。

第二节　土灶特色　谈做“冷冷”

土灶、石磨是灌南父老乡亲吃饭的工具。经石磨碾制出的杂粮粗面，虽粗糙，然能保留属于谷类自身的纯真味道，再加上土灶草锅的原始做法，是最具原始风格特点的组合。产生于灌南民间的时令名吃——“冷冷”，充分显示出谷物本味的自然朴实。

“冷冷”不是菜，也非点心，是一种乡间的时令风味小吃。夏日的麦季，农家割取田间未收浆的麦穗，此时的麦粒用手指甲去掐，感觉还较嫩，将麦穗用手掌一搓，麦壳与麦粒即分离，簸去麦壳，放入土灶的草编蒸笼里蒸熟。蒸时火候要把握好，由于麦粒鲜嫩，蒸久了会失去麦粒的清香。

蒸好的麦粒，稍稍晾去水汽后，便交给石磨让其实现“变身”。只见一人握着系在房梁上的“磨单子”，将石磨推转（石磨的下盘是固定不动的，上盘是转动的），另一个人则随石磨的转动，将麦粒用右手抓入磨“眼”。石磨转一圈，则加一把麦粒，随之麦粒变成形似蚕蛹、粗细如红豆、长约两厘米的“小东西”，从连续转动的上下磨盘的磨齿之间，洋洋洒洒飞落到周围的磨槽之中。于是，“冷冷”的制作宣告完成。

接下来，用以高粱穗扎成的刷锅把子，将其扫入藤匾中。早已围在藤匾边的丫头、小子们，迫不及待地狼吞虎咽起来，吃到打嗝方才罢休。

“冷冷”嚼之有筋道，唇齿之间一股新鲜麦子的清香沁人心脾，舌尖上的味蕾随着这丝丝清香绽放开来。

“冷冷”为何有此称谓？无考。可能是冷食的缘故吧，有熟后适宜冷食的意思，也有“不要着急，冷冷再吃”的意思。“冷冷”可直接食用，也可在爆出葱花香味的锅里放调料炒着吃。一般贮存一两个月没有问题，如果放入冰箱则可以贮存更长的时间。

现时，随着社会经济的发展，生活水平和科学技术的不断提高，煤气灶和天然气灶担任起老土灶交给它们的光荣任务，继续为人们烹制一日三餐的美食。然而人们对老土灶的这份情感岂是一朝一夕就能忘却的。每当穿梭于大小城市之间，常会见到饭店的招牌上“××老土灶”，“乡情、乡味、乡愁，原汁原味、返璞归真”的赞美广告词语，道出了人们念念不忘、无法忘却的那个名字——乡间“老土灶”。

第三节　土灶绝活　叙“勺”粉丝

粉丝俗称“粉条”，是祖先们在老土灶上发明创造的食品，几乎是家家离不开、人人都喜爱。外地人大多以绿豆、豌豆、蚕豆取粉制作，缺点是不易久煮、易碎。而灌南民间制作的山芋粉丝，因其具有久煮不烂不碎，口感脆而爽滑、连绵有筋的特点，远近闻名。在诸多的粉丝品类中，可谓是独树一帜。

灌南人制作山芋粉丝功夫独到，技艺高超。粉条制作的手法是从原始的石磨、石臼、石碾、土灶上传承下来的老手艺。

深秋，是收获山芋和磨山芋粉的时节。乡村人家，家家都要做些粉丝、贮存一些干山芋粉作为随取随用的食材。制作山芋粉需多人合作。人口少、缺乏劳力的人家，要请邻居及亲友前来帮忙，这期间要买些酒肉犒劳帮忙之人。老土灶为这些人烹出可口饭菜的同时，山芋粉的制作也拉开序幕。

第一道工序是将山芋磨碎提浆。几个大木桶内的山芋，早已被专用的长杆铲子铲得细如米粒。铲碎的山芋粒被抬至石磨旁，石磨上一前一后的两个人配合默契，一边磨，一边适当添水，将山芋粒磨成厚粥状的细糊。这边石磨飞旋，那边的木桶里锋利的铲子还上下地铲个不停。门口大树丫下系一个“晃浆子”，“晃浆子”的骨架是三根用铁环相连起来的鸡蛋粗的木棍，木棍下置用白纱布做成的方形布兜。一个人把持“晃浆子”，另一人将兑了水的山芋糊浆用水瓢舀入晃浆内，随着晃浆人的左晃右提、右晃左提、前起后下、前下后起的动作连续不断地交替进行，洁白的汁液从纱布里缓缓流入底下的大盆中。几个人铲山芋，两个人拐石磨，两个人晃浆汁，号称“三位一体”。年长的负责添水，随叫随到；最有体力的年轻人负责挑水，一挑接一挑，保证水的充足供应。将晃浆晃出的山芋浆水倒进大陶缸中沉淀，一天之后便可取粉。

大陶缸内，用水瓢舀去渍水（制粉丝过程中产生的一种卤水），俗称“提浆”。舀去清水便露出黄灿灿、粉油油的粉，此时的粉质地差一点。质地差的粉是制作“山芋粉馒头”的原料。铲去质地差一点的粉后，加入清水将余下的粉搅匀、沉淀，进行第二次提浆。经两次提浆后，洁白如雪的质地好的山芋粉便呈现在人们眼前，这是制作山芋粉丝的原料。将经过两次提浆后的粉铲出，一块块地放在芦席上晾晒，晒干后的粉称为“干山芋粉”。接下来在老土灶上上演更为出彩的节目，也是山芋粉脱胎转身成为色如银丝的粉丝的重要制作过程。

制作粉丝，最好选择冬日零下三至四度且晴空无云的天气。当晚，好酒好菜招待“勺”（制粉丝过程中的一环，漏的过程）粉丝的几个师傅，这是老土灶的第一任务。待用餐完毕，制作粉丝的第一道工序，灌南人叫“打乎”，即将开始。请来“勺条”的师傅早已将粉块压碎为细粉，用适量的开水烫粉，调以明矾起劲，这便是“打乎”。随后将“打乎”好的粉团放在撇口的大陶盆里，盖上棉被“醒”约半小时。烧火技术过硬者选用硬柴，将土灶上的一大锅水烧沸，即进行第二道工序“勺条”。“勺条”之人在铝制带柄的小斗勺（底面有若干分布均匀的小孔的漏勺）内装入适量已醒好的粉团，左手持勺于锅上方，右手握拳，用力有度，均匀且有节奏地敲击勺边，细如发丝的生粉丝如瀑布般地落入雾气缭绕的沸水中。待粉丝下入锅内，烧火之人立即将火由大火转为中火。据师傅们介绍，粉丝下入锅后，每根都长约一点五米。约莫成熟，锅边的另一位师傅用准备好的竹条于沸水中慢慢顺一个方向，将粉丝捋顺，再用竹条从粉丝中间部挑起，另一人双手接住竹条两端，将竹条两头挂于事先准备好的绳索上。如此往来重复，至深夜收工。待天亮后，第三道工序——晒条即将上演。

天亮，零下的温度早已把昨夜的“佳作”冻凝得晶莹透明。初升的太阳霞光万丈，照耀着粉丝冻体，明亮又刺眼，丝丝分明。上午十时左右，气温回升，粉丝上的结冰开始融化，用木棍轻轻敲去冻絮，将粉丝连同竹条一起取下，放在苇席上晾晒。两三天即可晒干。

用粉丝烹制的菜肴可谓脍炙人口，如“猪肉炖粉丝”“羊肉炖粉丝”“牛肉炖粉丝”“鱼锅炖粉丝”“粉末韭菜炒粉丝”等。

将粉丝切成碎段配以各种蔬菜、多种肉类，可拌成主食及包子的馅料，亦可成为鱼、鸡、鸭、鹅、兔肉等菜肴的配料，还可用来制作各类汤菜的主料或配料，可谓是百搭百配的无公害、无污染的优质食材。

用山芋粉“油”制作的“山芋粉包子”也是民间一绝。将适量的山芋粉“油”用开水烫至半熟，揉至起劲起光，摘成“剂子”。用擀面杖擀成薄皮子，包入用豆腐、肉类、蔬菜等做成的馅，放进老土灶的草笼中蒸约十五分钟即可食用。观之，色如浅酱色的琥珀，晶莹光亮；食之，筋而有劲，且有微甜之感，满口有余香。加之馅料汤汁的滋润，让人欲罢不能，实是人间佳味，宛若天成。

山芋粉“油”还可以放入碗中，冲以开水，做成稠而有劲的粥状，拌入红糖，此是乡里人在招待客人开餐之前“打打尖”的补品。

第四节　土灶乡味　品老香酱

每年六月麦子收获后，灌南乡间便挨家挨户地忙碌起来，做人人爱吃、家家必备的小麦面酱。

酱，是乡里土灶台上做出的味中之味。它既是菜肴的调料，又是独立蘸食的美味，在盐的纯咸基础上，形成了咸鲜醇美、馥郁浓香的复合味觉体验，同时还能丰富菜肴的色彩。

制作小麦面酱，秉承的是古老的发酵方法和制作工艺。将淘洗干净的小麦放入锅中煮熟，捞出沥去水分，平摊于芦席上晒至半干，收集起来，摊放在空气不流通的室内芦席上，用新鲜的向日葵叶或芦苇叶将其覆盖，让其生菌发酵。

温暖潮湿的环境是带有水分的熟麦粒滋生真菌的良好条件。此外，时间也是真菌滋生的要素。经过六至七天的等待，揭去覆盖的植物叶子，映入眼帘的是一团团、一缕缕、“毛茸茸”、既黄又绿的菌体包裹着的麦粒，这菌体就是“曲霉菌”。这是熟麦粒发酵变酱的第一步。

酱的华丽色彩是在复杂的酿造工艺中循序渐进地演变所得。接下来将发酵生菌的麦粒置于阳光下暴晒，然后在石磨上将其磨成细粉（称“酱面”）。这是制酱的第二步。

从麦粒成熟到发酵生菌制成酱面，麦粒中的粗蛋白、纤维、碳水化合物、脂肪发生了质变，霉菌特有的香味使酱面的味道变得厚重起来。聪明的人们为了使它的味道更加馥郁，再一次将它发酵，民间俗称“回霉”，又称“上二黄”。

“上二黄”的方法是在酱面中撒入适量的清水，拌成松散的絮状，放进笼中稍蒸。将蒸过的酱面置于室内的芦席上，覆盖芦叶或向日葵叶，再次发酵六至七天。当黄中泛绿的菌体再一次长起，把酱面移至阳光下晒干。此为制酱的第三步。

第四步是成酱的配制、发酵及酿晒。

东汉应劭撰写的《风俗通义》中载："酱成于盐而咸于盐，夫物之变，有时而重。"① 酱因盐产生胜于盐的味道，因此，制酱的过程应视酱的分量投放盐的分量。

灌南民间制作面酱的比例是把十斤酱面放入陶制的酱缸，将一点五斤左右的盐和十斤开水勾兑成盐水，待盐水冷却后拌入酱面中，用双手揣至均匀，置阳光下（罩上细纱网，防止蚊蝇之类污染）暴晒，夏日的阳光尤适本地"晒酱"。每隔两至三天充分搅拌一次，同时须谨防雨水渗入。一个月左右即可食用。观之，酱体由初时的淡黄渐渐变为"酱黄"，油光发亮，肥润稠浓，用筷子挑上粘连起丝；尝之，鲜咸馥郁，满齿留香。此酱虽为人工所制，实为天工开物，尤其是浮在上面的一层透明的酱油更是调味佳品，滴几滴于饭食之中，那味鲜得直叫人赞不绝口。

灌南人还擅长做黄豆冬瓜酱，方法是把黄豆淘洗煮熟，放入蒲草编织的蒲包中，覆盖棉被，让其发酵至黏丝丝的状态，再放入陶制的酱缸中。将冬瓜切成手指头大小的丁，按十斤豆、二斤盐、四斤冬瓜的比例，撒入炒熟的香叶、蒜末、五香粉、八角搅拌均匀，置阳光下暴晒，晒法同面酱，十天左右即可食用。成菜：奇鲜清香，回味悠长。

灌南民间乡风淳朴，对带乡土风味的美食可谓情有独钟，妇女们尤擅制作那令人叫绝的"臭豆酱"。把黄豆淘洗浸泡四五个小时，煮熟捞出，沥去水分，趁热装入密封的容器中，用棉被将其裹住，让其充分发酵七至十天，闻之有"臭"味时，用筷子挑起，见扯丝粘筷时，即发酵成功。接下来把事先备好的适量姜片、花椒粒、桂皮、茴香、干辣椒丝炒香，放水熬成料汁，按十斤豆、一斤半盐的比例放在一起搅拌，装入密封的容器中，十天左右即可食用。吃时有臭豆腐的味道，闻起来臭，嚼起来香，粘连扯丝，风味独特，令人食欲大开，欲罢不能。

---

① 转引自徐海荣. 中国饮食史：卷 3［M］. 杭州：杭州出版社，2014：448.

臭豆酱还可以被晒成“臭豆酱干子”，贮存家中长达几个月甚至一年不坏，随食随取。吃时抓来几把置于碗中，放入适量的清水，臭豆酱就吸水回软，滴入少许豆油，撒入一小撮葱花，如再有几片咸鱼或咸肉则更佳，放入老灶台上正在蒸制的大米饭锅中，同“炖鸡蛋”一起炖熟。“大米干饭炖臭豆酱”和“大米干饭炖鸡蛋”是绝配，是本地乡亲们舌尖上的回忆。

酱不仅是早前灌南乡间以老土灶制作的乡土菜肴的主要调料之一，也是现在和将来的特殊调料。它充满生机，永远存在。小烧、小炒之类它无所不配，抹瓜蘸葱是它的“即兴表达”，烧鱼焖肉更是它的“长项”。

据传，我国掌握和利用食物发酵技术，始自上古时代的“醢”。“醢”是古代先人对酱类的总称，谓之“以豆面合而为之”。如“成汤作醢”可信的话，酱的历史可以追溯至商代。从商代起人们就把豆和麦发酵加盐，形成“中国酱”的制作工艺。孔子在《论语》中论及合理的饮食话题时曾说：“不得其酱，不食。”因此，酱不仅造福于华夏民族，它甚至还影响整个世界。

美文小链接

土灶美味　侃一锅烩

乡间土灶（吴洪祥画）

三尺灶台，伴着时光，陪你长大。热腾腾的饭菜，是家的温度，哪怕是简便之食，也是家的所在。不管你走出多远，情系着你的是母亲的三尺灶台。

晌午，后庄的小宝家，表叔从外地来。小宝家的生活向来窘迫，又没有招待亲戚的像样吃食。已近午时，小宝的母亲悄悄地“溜”了出去，这家借几个鸡蛋，那家借几碗米。小宝的媳妇拿着小碗，到邻居家去借油，张家借一酒杯，李家借两酒杯，并说：“等秋后还是用这个杯子‘约’来还，一滴不少。”

路过村口的小王家，小王的媳妇忙招呼：“大妹子，我家今天本来是来亲戚的，早上去街上割了一斤猪肉，还是带皮的肋条肉，亲戚又不来了。还有两斤豆腐，一斤海带，借给你。”小宝媳妇巴不得地道：“那敢情好了，等手头有钱了，尽快还给你。”“你跟我客气什么，过一会我去你家帮你做饭。”

以前的农村就是这样，你帮我，我帮你。小宝一家人缘好，凡左邻右舍，前庄后庄，不管哪家遇有农活，哪怕放下自家手头上的活，也要抢着帮别人家干。这体现了村里人的淳朴善良。

等到小宝媳妇回家，左邻右舍听说她家来了亲戚，这家送来几把粉条，那家送来白菜。五保户张大奶拄着拐杖，踱着小脚，送来斤把千张，围裙里还兜着侄儿前几天送来的舍不得吃的十几个肉圆。

等小宝从田间回家，屋顶上的烟囱早已冒出青烟，三四个妇女不约而同地在他家的土灶前帮忙。

小宝兄弟是个独苗，刚从部队退役回来不久，结婚时间不长，据说在部队学了厨艺，还是部队招待所的厨师。小宝小时候的同学听说他家来了客人，拎了两瓶酒，过来凑热闹。

小宝家的表叔是市里百货公司的采购员，自然不会空手而来，从自行车的布袋里掏出几包点心，还给小宝妈带来一件当时的稀罕之物——“的确良”褂子。

土灶台上热气腾腾。妇女们将鸡蛋打入海碗内，放适量的水和面粉，撒点盐、葱花，小宝媳妇不知从哪里抠出一小撮碎馓子，也撒在里面，小心地滴入几滴生豆油，然后把大海碗端放到刚刚收水的米饭锅内，两手轻轻向下按压，使海碗的大部分陷入其内。盖上锅盖，正在烧火的小宝妈立即少加草，使火力变小，将米饭和“炖鸡蛋”在大铁锅中慢慢地“腾”。

另一口大锅也没有闲着。帮厨的女人们今天要做“一锅烩”。她们先将猪肋条肉切成五六毫米厚的片，锅里放葱段、姜片煸炒出香味，放入猪肉片炒收水分，加入适量的自制面酱炒至酱红色，用锅铲将肉片铲“抄”到锅沿的一侧，留出空间，将豆腐切成七八毫米厚的片放入锅内，紧挨着猪肉；将十几个肉圆切成两个半边，紧挨着豆腐放入锅内。如此，依次将山芋粉丝、千张丝、海带丝挨着排放。在排放食材时，分几次沿着锅壁四周淋入清水。水量掌握有度，太多，菜炖不上味；太少，会粘锅底。小宝妈见锅盖已盖上立即将火力变小，同时把火堆向四周摊开，使锅内四周受热均匀。

小宝妈烧火的技术远近闻名，左邻右舍家来客或遇大事，都邀请她来烧火，既省烧草，火候又恰到好处。

锅后堆放柴草的地方叫“锅门”，添柴火的入口叫“锅门口”。根据食物的软硬性质堆放不同的柴火，树枝、树根等叫“硬柴”，火力猛而持久，宜煮整鸡、大块肉类的食材；豆梗、玉米茎根、棉花棵茎叫“中柴”，适用于蒸馒头、包子等；麦草、稻草等称“软柴”，适用于煮粥、烙饼等。

此时，堂屋内的小宝早已将酒杯、筷子“拾当”齐备，等着把菜端上桌来。

灶台上，“大厨们”用锅铲将豆腐、粉丝、肉圆、海带、千张、肉片逐一分装于六个碟中。米饭锅里，炖鸡蛋和米饭都已熟透，将炖鸡蛋端取出来，几个人用木制托盘将菜端于桌上。接下来是相互让座。小宝表叔是见过大场面的人，他心里清楚：这家人有这么好的人缘、人品，不怕暂时穷，将来必有出头之日。看桌上就自己和小宝，还有他的同学三人，过意不去，于是招呼帮忙的三四个青年妇女和小宝妈一起来吃。妇女们受宠若惊：“我们乡下女人从来不上桌。”表叔大笑：“现在什么年代了，还这么封建！”妇女们推托不过，羞羞答答地全没了在灶台上的本事，你看我，我看你，慢慢地将屁股挪到长条板凳上，又互相低头瞧着，不敢伸手拿筷子。表叔看在眼里，说道：“现在国家政策改变了，有的地方已经分田到户了，还有许多农民进城做生意了，像小宝这样有手艺的，又是党员，以后在城里开个饭店，做老板，保准赚到大钱。”经他这么一说，青年妇女们顿时羞气全无：“那我就到宝哥家饭店当服务员，去学厨师。”不需再要动员开吃，自己便拿起筷子大吃起来。胆大的还自己斟酒：“表叔，我敬您一杯，这么说，我们这些妇女能进城过日子了，也是城里人了。”引得众人大笑。谈笑间，小宝妈为每人装了一碗米饭，又捧来一整块香脆的饭锅巴。老土灶“一锅烩”之类的“土菜”“土饭”展现的是淳朴的乡风、乡情，更是那挥之不去的乡愁。

乡间老土灶的“一锅烩”“大米干饭炖鸡蛋”之所以深入人心、受人青睐，是因为“一锅烩”制法简易，融多种荤素于一体，得天然草火之性，滋味相互渗透，形成了独特的风味。“大米干饭炖鸡蛋”的特殊，在于一般的炖鸡蛋是用笼蒸，味道单一。米饭锅中炖出的味道则不同于单纯的蒸，饭香和蛋香的相融是老土灶能激发两香的根本原因。

据说，小宝家后来真的进城开了饭店，规模从小到大，生意红火，有了几千万元的资产，还接纳了一大批人就业，培养了很多厨师。

一日三餐、人间烟火是乡间老土灶亘古不变的情怀，承载着人们那数不清的喜怒哀乐和悲欢离合。

土灶佳肴　说锅塌饼

锅塌饼（吴洪祥画）

一台大土灶，两口大铁锅，灶膛火起，锅内热气缭绕，灶台之上，瓢、盆、铲、勺相互交错，屋内香味四溢。土灶的饭香、农家的味道在小村庄上空弥漫开来。

黎明时分，金鸡报晓。村东头的老张家，一家人闻鸡起床。随之，屋顶上飘出袅袅炊烟。老张家开始做早饭了。

老张负责烧火，老婆“大老王”负责灶台，是他们几十年搭成的默契。“大老王”用水瓢将锅中舀满水。此时，门外传来“卖小杂鱼啰，卖杂鱼啰”的声音。老张边烧火边叫“大老王”用水瓢“搲”点黄豆，换点鱼来打打牙祭，孩子们好多天未见荤腥了，正长个子呢！于是换得鱼来，大女儿和二女儿洗漱完毕，过来帮着去鳞、去鳃、去肠。两个儿子不大，正上三、四年级，看着有好吃的即欢呼雀跃，主动跑到屋后草堆，抱来烧草。爷爷忙着打扫谷场，奶奶正喂着鸡、鸭、鹅。

“大老王”将鱼拍上面粉，放入另一口锅里煎炕。大女儿芳芳从菜坛里抓来咸菜，切成寸段，做烧鱼配料。二女儿乐乐忙着将昨天自家石磨“拐”的粗小麦面，兑水调和成厚厚的糊状，准备在鱼锅里“塌”饼。

此时，第一口大锅水已烧开，大女儿急忙将用玉米面调成的面浆，均匀下入锅中，用铜勺边搅边下。不时，粥汤变稠，玉米粥已好，但仍需灶膛的余火慢慢地煨养。

烧火的老张聚精会神地听着“大老王”的指挥：“东边火小得了，往东边挑。”“后头的火大得了，往前头‘撅撅’。”

鱼已煎好，将葱姜爆出香味，把鱼下锅，放入咸菜，再添两小勺自家制的小麦面酱，调入适量清水。随着老张一把接一把地将烧草送入灶膛，锅里“咕嘟咕嘟”地溢出鱼香，香味在空气中不断扩散，门外几米远都闻得到。紧接着，二女儿乐乐将面糊在鱼汤上面顺着铁锅一周摊匀，手不时地蘸点冷水，以防烫伤。“大老王”视锅里汤汁变化和塌饼成熟进度，继续指挥：“你把火朝四周‘挥挥’。”老张立即用火叉把锅膛内的火堆向四处摊开。“大老王”又说：“我要盖锅盖了，你再添几把草，火不大不小的，慢慢腾腾，别‘弄糊’了。”老张会意地点头称是。

门口的大槐树有笆斗粗，浓荫的树冠下有一方桌，夏日的三餐基本上在此进行。

先请爷爷、奶奶入座。玉米稀饭盛于饭盆内端上桌，每人装上一碗，先端给爷爷、奶奶，芳芳掀开锅盖，用刀在饼上每隔七八厘米竖划一刀，然后用锅铲把饼铲下，逐块放入竹匾中端上桌，同时把烧好的鱼装盘上桌。“大老王”又分外加了一碟咸鸭蛋、一盘小葱拌豆腐。孩子们惊问：“妈，今天怎么了？”“你两姐姐过几天就要考高中了，吃好点，加把劲！”爷爷感叹说：“以前我经常跟着你们的老太爷、老太奶出去要饭，那苦日子没法提。共产党好啊，如今分田到户了，吃喝不愁，又允许老百姓的孩子考大学了，我这俩孙女争气，人人都夸。平时成绩不是第一就是第二，这回再争气，肯定不会差。”两个弟弟来了劲：“二姐第一。”“大姐第一。”“输了怎样？”“谁输谁喂三天猪。”

奶奶夸儿媳的鱼烧得好吃，爷爷夸今天的饼“塌”得不错。两个男孩又抬起杠来：“是妈鱼烧得好。”“是二姐的饼‘塌’得好。”老张终于忍不住，假装生气道：“没有我把火烧得好，哪还有你们吃的？功劳是我的。”一家人大笑。

据行家讲，此饼是用贴的方法，乡间俗称“塌”，又称“死锅塌子”，即把未经发酵的面糊摊在锅壁上。此饼得鱼汤之味的相融，既脆又有嚼劲，背面金黄起盖，下部因浸在鱼汤中，形成饼香夹着鱼味的风味。看似不起眼的乡间饭菜，后来，有的地方竟打造成地方品牌，叫“小鱼锅贴”。

老张家的小鱼锅塌饼，已是多年前的事了。据说他的大女儿现在是博士，在国外工作。二女儿考上军校，现在是大校。两个儿子也都是大学毕业，还是国家干部。前几年大女儿回国，特地去老家看看，然爷爷、奶奶、父母亲都已去世。她说：“经常想起童年、少年时老土灶‘鱼锅里死锅塌子’的味道，那种祖辈、父辈的情爱，还有浓浓的乡愁，一生之中怎么也挥之不去！”

第四章

传统宴席　凝聚情深意长

中国素有“礼仪之邦”之称，讲礼仪、循礼法、崇礼教、重礼信是中国独有的文化符号。中国最早的、最广泛的、最重要的礼，可以说就是食礼。“夫礼之初，始诸饮食。”检验一个人修养的最好场合，莫过于集群宴会了，而这些情深意长的凝聚方式，又多在传统的宴席上得以集中体现。

灌南一带的传统宴席内涵丰富，情感交织，其凝聚力、亲和力浓缩在亲友的聚餐、礼仪的规格、社交的多元等方面。添丁生育的喜悦、生日快乐的欢愉、延年益寿的祝贺、升学拜师的欣喜、建房乔迁的恭贺、亲人离世的伤感等都在传统宴席中呈现。传统宴席叙说着人们的切身感受，拉近了人们之间的关系。

第一节　宴席的诞生与演变

“宴”字为上、中、下结构。“宀”始见于商代的甲骨文，本义即为房屋，引申为覆盖。

“宴”的本义是安闲、安逸，现也引申为聚在一起吃酒饭。旧时有“宴服”一说，是指出席宴饮活动的衣服，表明古代人们对饮食之事的慎重和对礼仪的讲究。

“席”原指用芦苇等材料编织成供人坐或卧的用具。原始社会时，还没有饭桌的概念，人们宴饮时便席地而坐。古人席地而坐时铺的席，即为“筵席”。

筵席的形成历史悠久，在此后的演变过程中，筵席的主办者为讲究礼仪、礼节，设筵席于居室正中位置为主席。后又有主持席一说，意在主持、把控宴饮活动按计划、分程序有条不紊地进行，让受邀的来宾充分感受到主人的心意所在。

整个筵席的摆放布局为“凵”字形。《说文解字》：“凵，张口也。”“凵”的底部为主席位置，两侧为来宾的一、二、三、四……之席位。张口处为来宾的入席通道，又是侍者依次上菜续酒的入口，蕴含“张口即入”的意思。

筵席的布局按来宾的身份、地位而定。在靠近主席的右边铺席设筵称“上席”，又称“第一席”；靠近左边的席位称“第二席”，与第一席相视而坐，又各居一席。按人数的多少，依次于第一席的右侧设第三席，在第二席的左侧设第四席……

方桌的产生和使用，使宴饮活动向前迈出了一大步。究其诞生于哪一历史时期，无法给出准确的答案。方桌可让饮者围坐一桌，取食方便，拉近距离，避免浪费，俭丰共享于一盘，适应日常生活的需要。桌椅板凳高低适度，与人体形态适配组合，是普及的意义所在。

在方桌成为人们进餐不可缺少的工具时，充满智慧的先民们又发明创造了圆桌，既取“天圆地方”的哲学思想，是阴阳学说的一种体现，又象征着政体的“外儒内法”，寓意为人处世的“外圆内方”。天与圆象征着运动，地与方象征着静止，两者的结合则是阴阳平衡、动与静的互补。此后，看到圆桌，先民们聪明的大脑里又浮现出天体的自然转动、周而复始的一幕，于是，那旋转的转盘被发明出来，在大圆桌的依托下，小圆盘转动起来，把盘盘珍馐源源不断地旋呈至每位客人的面前。

继宴的始出，续筵席的承载，得方桌的提高，衍圆桌及转盘问世，宴席上的美食活动走向高峰。

灌南一带自古就形成了风味各异、形式多样的民间宴席。民间宴席的主要特征可概括为聚餐式、规格化、社交性，是当地人们约定俗成、礼尚往来的传统。

本地的宴席有整桌菜肴都用一种原料烹制而成的，能形成独特风味，民间称为“全席”，有“全鱼席”“全鸡席”“全素席”“长鱼（鳝鱼）宴”“菌菇宴”“豆腐宴”等。

遵循传统又师法自然是灌南宴席的又一特色。如以某种原料为主菜的宴席，被称为“某某宴席”，像“海参席”“鱼肚席”“燕窝席”“蹄筋席”皆是如此。还有以三道经典淮扬菜“蟹粉狮子头”“拆烩鲢鱼头”“扒烧整猪头”命名的，叫“三头宴”；还有诸如被神化了的“八仙宴”并由此衍生的“八碗八碟宴”等，可谓精彩纷呈。

民间在乡风民俗基础上形成的各类宴席，犹如一道亮丽的风景线，千百年来，伴随着勤劳的人们一路走来。其中，“婚嫁之宴”充满男婚女嫁的欢乐气氛，“建房乔迁宴”富含人们安居乐业、欣欣向荣的喜悦之情，高考得中的“升学宴”呈现的是全家人的兴高采烈，“庆生宴”“庆寿宴”意表人丁兴旺、健康长寿，“拜师宴”尽展儒学的礼仪规范，“丧葬宴”则体现着对逝者的无尽哀悼。

宴会是宴席上升到规格化甚至政治化层面的体现。古代的帝王将相，在宴请外国君王和使臣时鸣钟击磬，钟鼓馔玉以显宴饮规格，体现国力之强盛。现时各国元首的互访，也都有规模不等的欢迎宴会。具有本国特色的美味佳肴，展示着这个民族博大精深的多元文化。因此，美食不仅是民间宴席社交待客之举，也是国际交流的重要形式。

第二节　八仙桌的美馔传奇

美馔、香茗、佳酿是宴席缺一不可的角色。四方餐桌是三者出彩的舞台。

老饕、诗人、艺者的馋虫涌动，香茗的沁润、佳酿的陶醉，使他们对四方桌产生了百般的依赖。四面有趣的风闻、八方民间的习俗，以及有关平安吉祥、风调雨顺的话题溢于桌面。

“八仙庆寿”“八仙过海”的神话故事，自唐代起就在民间广为流传。传说，唐代一位信奉道学的才子，把自己同七位诗友一起比作八位神仙。恰逢七人一起为其中一位德高望重者祝寿，众人齐声附和道：“此席乃八仙庆寿也！”

“八仙庆寿”是民间喜闻乐见的题材，经历代诗人、画家反复描绘，“八仙”逐渐成为世代庙堂和道观香火供奉的对象。于是，以坐八仙桌为吉祥，美酒笙歌的动人场景在八仙桌上演绎。

八仙的故事，源自道教神话传说。八位神仙分别是铁拐李、汉钟离、吕洞宾、张果老、曹国舅、韩湘子、蓝采和、何仙姑。他们在未得道时的身份各不相同，有的是皇亲国戚，有的是贫穷之人，有的是放荡不羁的好酒之徒……八位凡人苦修道学，终修成正果，得道成仙。因他们个个身怀绝技，惠泽民众，道家将八仙的恩德融进四方餐桌饮食文化之中，教化民众为人处世必须方方正正，像八仙一样时刻关心和化解凡间黎民之疾苦。因四方餐桌有四个桌边，每边可坐两人，共可坐八人，故俗称“八仙桌”。

还有传说，农历三月初三是王母娘娘的诞辰。这天，天庭为她在瑶池举行盛大的蟠桃会，宴请各路神仙，吃那长生不老的蟠桃仙果。八仙也在邀请之列。席间，蓝采和灵机一动，将吃剩的桃核藏于袖中，带回凡间，植于黄海之西。此后每逢民间为老人祝寿必做形似蟠桃的“寿桃”，以示长寿之意。

“八仙宴”在晚清时已失传。业内人士根据传说整理出“八仙宴”的菜单，有八道冷菜、八道热菜、一道面点、一道主食、一道汤，每道都与八仙有关。

冷菜有：

蜜汁葫芦——铁拐李的葫芦

盐水扇贝——汉钟离的宝扇

五香箭鱼——吕洞宾的宝剑

冷拌鱼皮——张果老的渔鼓

葱油板筋——曹国舅的笏板

辣味玉笋——韩湘子的竹笛

冰糖牡丹——蓝采和的花篮

荷花肉片——何仙姑的荷花

热菜有：

铁棍山药炒西葫——铁拐李的葫芦

扇贝清烩老鸭丝——汉钟离的宝扇

剑南春酒煨狗肉——吕洞宾的宝剑

蟹黄白烧鲨鱼皮——张果老的渔鼓

板栗馅炭烤朝牌——曹国舅的笏板（点心）

竹叶青汁炒鸡片——韩湘子的竹笛

玫瑰露焖东坡肉——蓝采和的花篮

莲花桂花香米藕——何仙姑的荷花

面点有：

蟠　桃——八仙的瑶池庆寿

主食有：

八宝饭——八仙神品八宝饭

汤有：

八鲜汤——八仙过海显神通

爱好烹调的居家男女、专业厨师不妨借鉴，从中获得一丝启迪，对改善家庭生活、促进饭店的菜肴品种变化，或许能起点滴作用。

第三节　八碗八碟的传统宴

灌南的“八碗八碟宴”是几十年前农村和城市宴请的主要形式。男婚女嫁、建房乔迁、生日庆寿、拜师学艺、生育丧葬等都用“八碗八碟宴”招待来宾。

“八碗八碟宴”源于古代八仙桌的饮食文化传统，只是古时的菜肴品种没有传承下来，20 世纪 80 年代前后，民间还称之为“八仙桌”。菜肴品种各乡镇之间几乎没有差别。

“八碗八碟宴”是民间亲朋欢聚、沟通情感的一种形式，遇有红白大事，此宴便隆重登场。来宾按礼尚往来的规矩都要“出礼”（随礼）。

此宴十分讲究礼仪礼节，否则会因得罪人而闹出矛盾。为不让人看笑话，举办宴席的主家于开宴前几天，经过充分酝酿，选邀精明能干、能说会道，还熟悉大多数就餐者的人做“知客”（掌控整个宴请活动的总管事者），按来宾的辈分、身份、地位等安排席位。几十桌甚至近百桌人的桌位、席位丝毫不得马虎大意。

“八碗八碟宴”中八碗为热菜，八碟为冷菜。八碗通常有拆烩鸡、烩皮肚、清汤肉圆、虎皮扣肉、鸭饭、甜菜、红烧鲤鱼、烩籽乌。

八碟有四荤四素，四荤一般有卤猪肝、咸鸭蛋、猪头肉、猪耳朵；四素一般有糖醋萝卜、糖腌大蒜、盐水花生、冷炝芫荽。

主食一般是白米饭，汤一般是青菜蛋花汤。

入席就座时同桌之人个个谦让有节，人人小心谨慎，害怕坐错席位。

灌南一带人坐八仙桌，吃八碗八碟，多按房屋门的朝向来定席位。置正方形的八仙桌于堂屋正中，一桌八人，每边各坐两人。屋门朝南时，桌子东面的北边席位为上席，对面为二席；东面的南边为三席，对面为四席；北面西边为五席，对面南边靠西的为六席；北面东边为七席，对面南边靠东为八席。

冷碟的摆放很有讲究，有“萝卜头、芫荽尾”的说法，即把萝卜摆在第一席面前，芫荽摆在第八席面前；也有的乡镇有“鸭蛋头、萝卜尾”的说法，即把鸭蛋摆在第一席面前，萝卜摆在第八席面前。

按老规矩，斟酒是第七席和第八席的任务。知客事先选辈分低(或同辈)、年龄适当、头脑反应快、身手敏捷之人负责斟酒，被选中之人俗称“酒司令”。“酒司令”斟酒须反复揣摩，小心谨慎。任务完成得好，受到夸奖；如弄出个“好歹”来，则在众人面前抬不起头来。第七席的“酒司令”负责为三、四、六席斟酒，最后给自己斟上；第八席的“酒司令”负责为一、二、五席斟酒，然后再给自己斟上。

斟酒开始，“酒司令”一手执壶，另一手摁住壶盖，先斟给第一席，然后执壶、摁壶盖手互换，掉转壶口斟给第二席，按此方法，不停地换手转壶，按席位逐一将酒斟上。斟酒过程中，“酒司令”恭敬地躬身将壶嘴对准席位中小牛眼杯，缓缓均匀地将酒斟入。这期间，酒壶不能放下，否则视为对人不敬，直到把自己的酒斟上后方可放下酒壶坐下。如偶遇一人斟酒时，这个“光杆司令”几乎没有吃菜的机会，得使出浑身的“活套劲”，拿出那“八换手”的斟酒本事。此斟酒方法俗称“悬壶八换手”。

每一次落壶时，壶嘴不可指向他人，否则会被人笑话。

待酒斟满，约定俗成的是那套“门杯酒”——共同喝两杯的程序。每喝一杯后，全体都很有礼数地谦让，请第一席的带头先动筷吃菜。“门杯酒”结束，开始敬酒，一般先敬两杯，称“双杯”。落杯吃菜后，被敬者一般都会礼貌地回敬两杯。

如此地你敬我、我敬你，往来不停，“酒司令”把手中酒壶左右轮回交换，忙得不亦乐乎，几乎没机会吃菜。那一、二席过意不去，会故意放慢节奏，让“酒司令”吃点菜。相传，这些礼数就是古时那八位神仙所传。仔细想来，比起现在的宴席确有它的礼节规制和民俗内涵。

席间，斟酒、上菜井然有序，不快不慢。

第一碗菜（俗称“头道菜”）——拆烩鸡。

鸡在民间寓意为凤，有高贵吉祥之意。鸡的烹制在宴席中极为讲究。鸡的选料最为关键，通常选用三年以上、三斤以上的土草母鸡。将鸡宰杀洗净后，入锅煮至八成熟，捞出拆成鸡丝，用原鸡汤配以鸡蛋皮、海米、山药片、黄花菜、蘑菇、木耳、青菜心七种原料和鸡丝同烩。成菜：色彩鲜艳，清新适口，荤素搭配合理，且营养丰富。因是八种食材同烩，又寓意为“八仙过海，各显神通”。

第二碗菜——烩皮肚。

将皮肚（经油发、水发后呈蓬松海绵状的熟猪皮干）改刀切成菱形块，搭配虾米、笋片、小菜心，用鸡汤同烩，鸡汁沁入皮肚。成菜：口感软糯，嚼之筋道。

第三碗菜——清汤肉圆。

肉圆，俗称“坨子”，将五花猪肉改刀成小块，加葱、姜斩成肉泥，放入盆中，加入鸡蛋清、水淀粉、盐，顺一个方向搅至上劲。揉搓成鸡蛋大小的圆球状，放进七成热的油锅中炸至金黄色成熟时捞起。可直接上桌，吃口有弹性、筋道，不油不腻，鲜嫩可口。也可用鸡汤烩烧，带汤上桌。每人吃四个，称事事如意；也有做大一点的，每人吃两个，称“对坨”，寓意为双双对对。因肉圆是圆形的，又谓之团团圆圆。

第四碗菜——虎皮扣肉。

通常选用带皮的猪五花肋条肉，改刀成十至十二厘米的大块。入水煮至七成熟，捞出晾干水分。抹上酱油或“糖色”，入八九成热的油锅中炸至肉皮起小泡，捞出后切成筷头厚的片，皮朝下排入大碗内，放入蒸笼里蒸至酥烂，再反扣入另一大碗内，将剩余的卤汁勾芡，浇在肉皮上即可。成菜：猪肉酥烂，味美丰腴，肥而不腻。

第五碗菜——鸭饭。

鸭饭，原是灌南一道脍炙人口的特色美味，现已近失传。该道菜成败的关键在于选料，一般选三至四年的老鸭，宰杀洗净，入水中煮至七成熟后，捞起拆鸭丝待用。将上好的大米做成稍硬的米饭，拌入碎鸭肉、葱花、姜末，加少许酱油、精盐。将熟鸭皮贴放在海碗底，再整齐地排入熟鸭丝，把拌入味的米饭填到鸭丝上，上笼蒸二十分钟左右，取出反扣入另一个稍大的碗中。再用鸭汤、蛋皮、虾仁烧成汤汁，浇在鸭饭上即可。成菜：形状美观，鸭汤鲜香，鸭肉酥烂，米饭既糯又有嚼劲，有鸭肉醇香，鸭肉有米饭芳香，有饭菜结合、一菜双味的特点。

第六碗菜——甜菜。

甜菜，实为甜汤、甜羹。这道菜，没有具体的原料范围制约，通常可用红枣、蜜橘、莲子、白果、银耳等做成甜汤，亦可用各种蜜饯、杏仁、水果丁、百合、红豆等烧成甜羹。也有的用八宝粥或八宝饭替代甜菜。此菜有甜甜蜜蜜、和和美美之意。

第七碗菜——红烧鲤鱼。

以前灌南一带遇有大事置办宴席，必上红烧鲤鱼这道菜。红烧鲤鱼，本地又称“红鱼”，民间有俗语“鲤鱼跃龙门”，谓之吉祥，又含年年有余、富贵有余等美好的心愿。将鲜活的二三斤重的鲤鱼（俗称“碗头鱼”，选料大小适中，因太小会让人说是为了省钱，而太大餐具装不下）收拾干净，煎至两面金黄，放入葱段、姜片、酱油、味精、白糖、醋烧至入味，汤汁微稠呈酱红色时则菜成。成菜：吃口鲜嫩，肉质细腻，汁鲜味美。

此道菜有“鱼到酒止”的说法，意思是说这道菜肴上来后，与席者便停止喝酒，和紧随而上的第八道菜是作为“就饭”的两道菜。

第八碗菜——烩籽乌。

烩籽乌是最后一道菜。灌南有的地方上“杂烩”，因杂烩和第一碗菜在形式上有相似之处，故后来民间有所改良。有的上“白菜烧羊肉”，也有的上“青菜烧牛肉”。籽乌是海里带籽的小乌贼。将籽乌制净切成粗丝，配以切成丝的白菜心；也可用青菜丝和乌贼丝略烧，要求是不放酱油，只放盐。成菜：蔬菜脆爽，乌贼嚼之有劲，鲜香好吃。

众客停筷，等待饭汤时，趁着酒兴，拉起家常。于是，天文地理，民间趣事，谁家的儿子亲事已说好，谁家的孙子要满月都拿来说道说道，且盼望着下一次八仙桌上的再度欢聚。

八仙桌（尹步军画）

“八碗八碟宴”如遇男方娶媳妇，那场面更是热闹非凡。上第四碗菜后，厨师用洗脸盆端来温水，把崭新的毛巾用“香夷”（香皂）拾掇利索，俗称“毛巾把”，双手敬重地捧给一席上宾“净面”，同时献上雪花膏抹脸，说喜话，讨喜钱。坐在第一席的贵客有备而来，将红包掏出。厨师为了多讨喜钱，一边故意当场打开红包，一边大声地说：某某长辈肯定不会少给。如给少了，厨师则会第二次把“毛巾把”和雪花膏奉上，那吉祥的喜话接连不断，随口就来。厨师一边说一边瞧第一席客人的表情，如见他还在犹豫，便立即改变内容：“您老慈祥相，我会麻衣相，今天多给钱，您的职位再向前。”如果第一席客人还不接“毛巾把”，厨师会当即抛出“撒手锏”：“您老的福气多，两个孙子不算多，要是再掏两个二十块，二二得四，还有四个孙子给您带。”无奈，第一席客人只好掏出备好的红包再递过去。“二席请你准备好，你家喜事也不少……”厨师话一出，即逗得众人大笑，那挤满看热闹的人边看边起哄，不停地喊“好！好！”“快掏！快掏！”……直到把全桌客人准备的红包掏尽，厨师方才罢休。

第四节　孝老敬贤的庆寿宴

寿比南山松不老，
福如东海水长流。

老人慈祥、儿女孝顺是一代代的文化传承。尊老、孝亲是中华民族的传统美德。“百善孝为先”的优良传统是我国文化传统中的精髓。《弟子规》中曰：“称尊长，勿呼名。对尊长，勿见能。路遇长，疾趋揖。长无言，退恭立。骑下马，乘下车。过犹待，百步余。”①

从古至今，人们都以家有老人为福星高照的象征，那几代同堂、儿孙绕膝的幸福景象让人羡慕，也让人自豪。

《诗经·小雅·天保》中曰：“君曰卜尔，万寿无疆。”曹操在《龟虽寿》中曰：“养怡之福，可得永年。”这些都表达了人们向往长寿的美好心愿，对长寿之人进行祝寿是敬老孝贤的精神体现。

灌南一带庆寿一般以“六十寿”为计。

六十岁为“下寿”，是传统文化“天干地支”相配中的“一甲子”（即从“甲子”起到“癸亥”止）。满六十，称“六十甲子”，亦称“六十花甲”。据说，清朝皇帝曾四次举行千叟宴，邀六十岁以上老人共庆天下太平。

七十岁为“古稀”，俗曰“人到七十古来稀”，也称为“整寿”。民间之所以流传“七十三岁”和“八十四岁”为老年人的“坎年”，据说是因为孔子活了七十三岁，孟子活了八十四岁，故认为这两个年龄是老年人的坎。于是，做子女的便在老人整寿时为老人隆重庆贺一番。

八十岁为“伞寿”，也可称为“杖朝之年”，本地人称“大

---

① 杨忠. 弟子规新读［M］. 2版. 北京：科学技术文献出版社，2011：53.

寿”。“杖朝之年”源于“八十杖于朝”，意思是八十岁可拄杖出入朝廷，是对长者的敬重。

九十岁为“上寿”，又称“鲐背之年”。鲐是海里的一种鱼，背上的斑纹如同老人褶皱的皮肤。

九十九岁为“白寿”，因“百”字去掉上边的一横是“白”字，而“百”数去一为九十九，故得其雅称。百岁称“期颐”。“寿者”，年岁长久之意。寿又意为寿命，表示长命百岁。文献中也有一百二十岁及以上年纪过寿的记录，这里不再详细叙述。

《庄子·盗跖》曰：“人，上寿百岁，中寿八十，下寿六十。”六十岁以上即可称作“寿”。六十岁以下的只能叫“过生日”。

灌南一带称庆寿为“过寿”，六十岁的人过寿简单一些。八九十岁过寿最为普遍，也更隆重。男女老人过寿的形式大致相同，稍有区别的是，老太太过寿时娘舅家必会送来表示长寿的“长寿面”、面粉制作的寿桃，还有用来庆祝的鞭炮。

在过寿前的十天或半个月，首先由儿子向寿星请示，征得寿星同意后，明确分工，哪些人负责邀请长辈，哪些人负责邀请其他客人。这里，有“请”“叫”“提”之说。按本地风俗，老太太过寿，娘舅最为重要，姑表亲都必须尊重，按规矩要上门邀请，又称“带亲”。视情况，遇身份高的人还要送上请帖，又称“请柬”。晚辈亲友的邀请则比较随意，称“叫”。还有朋友、同事、左右邻居见面，随便“提”及一下，也算发出邀请。

灌南人为老人过寿讲究传统的“老礼”。儿子负责操办寿宴，布置寿堂，烟、酒、饮品、喜糖、来宾食宿、接送用车、相关费用等都仔细周到地安排有序。女儿则负责为父母置办寿帽、寿衣、寿鞋。早前的农村还要用大红绸带把寿星的腰扎起来。

过寿的前一天晚上，表叔家和娘舅家及部分德高望重者被隆重请来，再加上左邻右舍来个代表，置办两三桌、四五桌不等，这叫吃“暖寿”酒席。人虽少，但菜肴一点不能马虎，采用传统八碗八碟的基础上提炼出来的“十碟十盘宴”，按娘舅、表叔及辈分、身份由高到低入席就座，寿星坐在首席。席间，敬酒添菜也一点不能马虎。最后必须盛上象征长寿的面条，又称“寿面”，寓意长长久久。

第二天是寿星诞辰日。寿星和老伴早早梳洗完毕，被女儿和儿媳精心打扮得容光焕发，神采奕奕，从头到脚、从里到外焕然一新。早已摆上桌的糕茶，等待着老两口隆重入席，陪同喝糕茶的任务自然落在娘舅和姑表的身上。老礼中用罢香茶糕点，即专等拜寿之人的到来。

如若是老太太过寿，在时近晌午时，娘家人会燃放起惊天动地号称“一万响”的爆竹，接着拿出精心购置的预示长寿的挂面，再从盖有红纸的笆斗中取出寿桃。此时，老太太十分开心，觉得娘家为她挣了面子。见寿星如此高兴，众人也就其乐融融，每个人都向娘舅讨得一两个寿桃和几根长寿面以示吉祥。

现代人过寿常常在酒店举行。步入酒店的大宴会厅，首先映入眼帘的是大型舞台，大屏幕上显示出红彤彤的寿字。两侧还会悬挂邀请本地书法家书写的“寿比南山松不老，福如东海水长流”的巨幅红底金字的楹联。两把红木的太师椅安放于餐厅的舞台中心，两椅中间的红木茶几上，两支红烛高照，边上还摆放四盘鲜果、四碟糕点。播放的民族轻音乐烘托着喜庆气氛，悦耳动听。

每张餐桌上摆有精美的冷菜，中间放着祝寿的生日蛋糕。席位卡清晰地标明来宾的姓名，并按八仙桌的席礼逐一摆放。

八个冷碟独具匠心，未吃便知烹饪大师的技艺高超。菜单被立于桌面的中间，待每道佳肴入口品尝时，让食者和菜单来个一一对照。

八个冷碟包含四个素碟和四个荤碟，寓意“四时吉庆”“八节平安”。

四素碟有：

（春）小蒜拌蛋皮　（夏）虎皮青椒

（秋）盐水茭白　（冬）红油冬笋

四荤碟有：

（春）鸭蛋拼槐花　（夏）荷花拼肫花

（秋）菊花拼腊肉　（冬）雪菜拼香肠

十道热菜另加两道点心，共十二道：

麻姑献寿——麻仁炒鲜菇（炒）

全家同福——砂锅什锦炖（炖）

松鹤延年——松茸焖老鹅（焖）

椿萱并茂——香椿炒鲜黄花菜（炒）

连年有余——年糕蒸黄鱼（蒸）

贵寿无极——桂花元宵（点心）（煮）

乌龙肉翅——鳝鱼烧鸡翅（烧）

福禄双全——烤牛肉、炒佛手瓜（烤、炒）

仁者有寿——百果炒虾仁（炒）

四喜丸子——清炖狮子头（炖）

八仙过海——烩海参（烩）

瑶池蟠桃（点心）（蒸）

主食有：

阳春长寿面、什锦炒饭（煮、炒）

汤有：

花好月圆——月季花瓣氽鱼圆（氽）

三四个被“任命”为“知客”的人，躬身施礼，引客入座。

主持人迈着轻盈的脚步走上舞台，用既传统又带创意的动人词汇，将寿星和其老伴隆重地请上舞台，两个服务员恭敬地搀扶寿星和其老伴安坐于太师椅上。

随后在主持人带有鼓动性的激情话语下，寿星的长子被请上舞台，发表对父母的感恩祝福、对各位长辈及全体来宾表示感谢的答谢辞。餐厅外又骤然响起“一万响”鞭炮声。

紧接着，主持人按程序请出其他子女给寿星拜寿。从儿子、儿媳到女儿、女婿，双双跪下向寿星磕头，说祝福语。寿星便会高兴地回应，递给一人一个红包。接着孙子、孙媳搀抱重孙、重孙女按部就班地行礼。侄儿、侄女们也按礼数磕头拜寿。大家接得红包以示沾喜长寿。

拜寿仪式结束，老寿星及老伴被专人扶入主桌的主席，右边娘舅，左边姑表，儿子、侄儿分别陪侍其间，一盘盘美味佳肴、一道道珍馐名馔依次呈献。

第一道菜是“麻姑献寿”。它取代了传统八仙桌上的杂烩。用既是食材又是中药的麻仁和三种鲜菇同炒，风味独特。“麻姑献寿”中的麻姑是神话故事中天上绛珠河边的仙女。麻姑和《红楼梦》中的林黛玉（绛珠仙子）同饮一河之水，是天河边的邻居。据神话传说，麻姑仙子曾于西王母的瑶池寿庆中，以蟠桃献礼，向其祝寿。烹饪大师据此故事创作出这道菜品。

第二道菜是“全家同福”。此菜源于四大菜系中粤菜的“佛跳墙”。用人工养殖的可食用鲨鱼皮、干贝、蹄筋、火腿、鸽蛋、鲍鱼、鸭肫、鳖裙等煨炖四小时而成。汤汁稠浓粘唇，鲜香异常，是一款档次较高的滋补菜品。

第三道菜是“松鹤延年”。选名贵菌类松茸焖烧老鹅，松茸取意为松树，鹅取意为仙鹤，既诗情画意，又色香俱全。

第四道菜是“椿萱并茂”。古代先人们把“椿庭”代指父亲，椿即香椿；萱草即黄花菜，古人专用“萱堂”来指母亲。此菜品寓意父母健康、长命百岁。

创新又不失传统的淮扬风味，可谓是精彩纷呈，还有许多菜品未上，重头“戏”还未开演，即已征服众人，齐夸菜美味好。有参加过寿宴的老饕动情地说：“走过南，闯过北，灌南餐饮业的厨艺绝不输给那大城市的四星、五星级酒店。”

席间，寿星的儿子先向双亲敬酒，接着按辈分将娘舅、姑表等一一敬遍，然后几十桌象征性地一一敬到。喜糖及礼品早已分发给来客。

随着“福禄双全”“四喜丸子”“瑶池蟠桃”等的一一呈献，寿宴渐至尾声，吃罢象征长寿的阳春面后，众人搀老携幼，离席而去。送客致谢是主家少不了的礼数。

是晚，主家若还有少数客人未酬，便再次搀扶寿星隆重“出场”，姑表、娘舅自然地被挽留一宿，同入宴席。席间主家燃放的礼花，在夜空中传递着亲情的信号。

灌南乡间过寿，宴席仍采用八碗八碟的传统形式，只是在原有的基础上增加了一些荤素菜品。以往，女儿、女婿不仅要为寿星置办寿衣、寿桃，还要花钱放电影，或请灌南县淮海剧团演出广为流传的《王妈说媒》，以及更为动情的《皮秀英四告》等剧目。嗑着瓜子，听得入神，淮海调子的乡音韵味似乎甚得老年人的偏爱，是乡间办喜事、喝喜酒的标配。

第五节 乡风食情的上梁宴

房，是安居乐业之所。家，是上养老、下哺幼的生活港湾。梁，是房屋的脊梁，必选栋梁之材，才能承担房顶的重量。

建房是人一生中的大事。上梁的过程更为关键，蕴含浓浓的民俗乡情。自古，成家立业、安家落户必然要建屋造房。早时，灌南一带大多为土坯墙草顶房，后渐渐地演变至砖石砌到顶，再后来是现时的楼房。

单说建土坯墙草顶房，本地俗称“盖房”。一般建三间，中间为堂，东西两间为房。建土坯墙草顶房源自更早时的垒土成墙、搭草为顶的贫困时期。准备好盖房物资，预算中必不可少的开支是请风水先生看风水、拉线、定方位，再算定开工的黄道吉日。此间要准备的包括老土灶的“一锅烩”和散装的汤沟大曲酒，还有给风水先生带走的糕、果、糖。

开工，按风水先生的说道，在房基的四角下各挖一小坑放钱（早时是铜钱，后来是硬币）。鞭炮声响起，接着再按规划在地基上拉线、挖槽、打夯。

打夯，是个力气活。“夯”一般是个二三百斤重，高而方、四面两孔相通的大石头，被粗绳贯系。四个身强力壮的青壮年同时发出“嘿呀嘿、呼呼嘿……”的劳动号子，四根绳把夯石高高地抛起，又重重落下。四台夯，十六人，连续不断地上下夯打。常言道，“要想房子盖得好，先把地基夯得牢”。

因都是力气活，中餐自然少不了由老土灶制作的“一锅烩”，用头“擞”（苏北地区的一种食物盛具）盛装，俗称“六碗头”。另加上三荤两素的热菜，还有当时奢侈的鸡蛋汤和大米干饭。又因是“请工”（不必花工钱），散装“端打”的汤沟酒当然是难却情面的“高配”。

垒土成墙的第一道建筑工序是“和泥”。多人从河边荒土间用独轮木轱辘小车，接连不断推来鲜土，又有多人用木桶挑水将土泡上。力气小的男女老少甩掉鞋子，卷起裤腿跳进泡软的泥土堆中，连走带踩，边“蹚”边“着”（踩），本地人称“着淤”。此时，早有专人将麦秸秆用铡刀铡碎，撒入厚泥中。任凭那着淤的人群尽情“着蹚”。待泥和碎草混合均匀，风吹日晒几日，泥草稍干，才能开始建房的第二道工序——垒墙。这次推土、挑水、着淤劳作的招待自然也少不了老土灶那“六碗头”和汤沟酒的配套。有的帮忙之人不请自到，是奔那“六碗头”和那“高配”而来，打打牙祭、解解馋，借此机会增加点腹中的油水，还落个人情。

又过几日，第二次垒墙活动开始。经上次“着淤”的泥已至半干，时称“熟泥”，且有韧劲、易成形。帮忙之人以筐抬、车推，将熟泥运至地基旁，被那现时称为师傅和技术员的人，连掼带踩地垒成半人多高的土墙，边垒边“斜眼挂线”，不时校正角度、调整方向。再隔两天才能继续下面垒墙的工序。洗手抽烟间，心里期盼老土灶上的“六碗头”和“高配”快点上桌。

垒土墙须分几次进行，是因泥软，如一次垒至所需的屋檐高度，容易坍塌。必须待第一次垒成的墙体干至尚有潮气时用木棍鞭打墙体，使之结实有劲，再用铁锹将其铲得光滑平直，才能进行下一次垒墙。断断续续间，直到垒至所需高度，主墙体才算完成。老土灶也随着工程进度的快慢和轻重缓急，时而“六碗头”，时而“一锅烩”交替变换。

墙体最高的“山尖”（房屋顶的前后坡呈等腰三角形的墙体），由于离地面较高，无法直接用土垒成，只能用事先准备好的、用木模将泥糊“脱”制晾晒而成的长方形土坯（俗称“土脚”或“土筋”）一层层地砌成。

建房最精彩的部分当数“上梁”。灌南农家一般把房屋的宽度规格分为五道梁，俗称“五路桁条”。“五”是“五福”的寓意，“五福”是指长寿、富贵、康宁、好德、善终，五道梁含“五福临门”的美好祝愿。也有人家把房屋的宽度规格分为七道梁，俗称

“七路桁条”，有“七星高照”的寓意，“七星”是指福星、禄星、寿星、月老、七政星、文曲星、武曲星。

五道梁、七道梁最上端的称“主梁”，五道梁两边坡面上各有两道，七道梁两边坡面上各分为三道。如果房间之间没有隔墙，则用圆木制成等腰三角形支架为梁，俗称“木架梁”。

上梁的日子是风水先生挑好的吉日。前一天下午，两个坡面的桁条和东西两房的主梁须安置到位。在放于地上的中间房的主梁上，贴上用大红纸写的“福、禄、寿、财、禧”，待第二天早上上梁时将它抬上屋顶，作栋梁之材。同时在主门外墙贴上“上梁正逢黄道日，建基迎来紫微星”的对联。在窗口及里面的房门旁都贴上喜庆的楹联。上梁当天的上午，女主人的娘家人按传统习俗，将粽子、面制的寿桃、花生、糖果、桂圆、水糕等送来，俗称“送彩”，所送物品用四只笆斗盛装，笆斗上面用大红纸覆盖。“送彩”队伍将要到达时，主家会燃放鞭炮相迎，俗称“接彩”。

吉时将至，新屋的前后早已站满了抢彩的大人、小孩。

掐算着时辰，推算吉时已至。女主人系着围裙，先到东房间里，双手兜住围裙下的两角，娘家送来的彩头已被搬上房顶，抛彩之人先抛三把投到她的围裙之中，俗称自己留“头彩”，有“财不外流”“三三得九”的寓意。

女主人接回“头彩”后，紧接着用芝麻秆扎成的火把挨个照亮三间房的每个角落，含去晦气、吉星高照、红红火火的美好愿望。

随着鞭炮声响起，房的四面八方“硝烟”弥漫，火光闪闪。抛彩之人一把又一把地将彩头抛向接彩人群，边抛撒边高声喊道：“吉星高照！喜气盈门！吉祥如意！四时吉庆！八节平安……”接彩之人乱成一团，“接彩”变成“抢彩”。有的人鞋子被踩掉都全然不顾，有的彩头抛进了建房的稀泥中，抢彩人啥也不顾，直接冲进去捡起“拖泥带水”的彩头，揣进怀里。那时家家都穷，为了吃这一口食，啥也不顾了。

在燃放鞭炮的同时，正房的主梁被抬上位置，早有人将糯米制成的水糕各放一块在山尖两头梁的着落点，俗称“垫高”，有“步步高（糕）升”的含义。

接着是将芦柴均匀地竖铺于房屋前后两个坡面的桁条之上，麦秸秆被理顺，根部朝下覆盖在芦柴把上，由屋檐口向上，铺一层秸秆，在中间抹匀一层稀泥，这既是为了固定麦秸秆，又是为了黏结和固定第二层，如此重复直至屋顶。麦秸秆的中间和梢部由房的前后坡在此交叉，又是用稀泥固定，用脊瓦一个接一个地盖起。至此，土墙草缮的房子主体即告完成。剩余的是主家后来的“泥”墙、装门等事了。这房子以现代人的眼光来看自然是原始土气，但当时人誉之“冬暖夏凉”。

再接下来是招待亲朋挚友。有送来玻璃画匾的，有送“挑子”（裱好的字画）的，有出礼给钱的，也有家里拿不出钱干脆抱来大公鸡或大白鹅的……

因主家老房拆了建新房，临时于室外搭建老土灶，架起了乡间大厨的家当案板，城乡通用的“八碗八碟宴”是他们忙碌的主要任务。新房尚不能住，左邻右舍家便成了设桌摆宴的场所。

午餐的八碗八碟当然要吃得开心。因客人较多，午餐先安排远路的客人，本村本庄的酬谢安排在晚上。还有路途更远的近亲，几年难得来一回，还是借自行车专人接来的，只得待第二天再借自行车送回去。若遇夜里下雨连下几天，土路泥泞难行，无法相送，便只好租些被子，铺烧火软草于邻居家的地上，嘻嘻哈哈地紧挨着将就住下。时灌南人曾打诨道：“出礼一块五，去了五六口，租被五六床，吃了五六天，再不走就断‘顿’，心里直发慌。”

第六节　重情重仪的丧葬宴

从上古起，人们就用神秘的图腾和祭祀给生与死赋予了浓浓的玄意和迷幻色彩。上到帝王将相，下至平民百姓，无不向往长生不老。因此，对生命的珍惜、对养育之恩的感激，孕育出忠孝贤德的孝文化。

灌南一带的先人丧葬风俗，是基于楚汉时期的丧葬礼制，汇集后来多方移民的丧葬习俗演变而来。丧葬过程的每个环节都非常讲究。

置寿衣，铺“冷铺”。逝者弥留之际，儿女不仅要提前为逝者购买寿衣（也叫“送老衣”），而且要预先在自家的房屋正堂东侧靠墙处（称“上首”）用两条长板凳作床腿，板凳上铺自家门板，门板上铺芦苇（本地称“芦柴”，意为“财”），上面再铺上芦柴席，这样的临时床铺俗称“冷铺”（现在都改用冰棺）。儿女们迅速为逝者穿好“送老衣”，将细软、铺盖分别垫于身下、盖于身上。

逝者死后，家人要在正堂设灵堂、灵位（现在多以逝者遗照代替）。儿子需一月不剃头、不刮胡子，三年内的春节儿女们家家不贴春联、不燃放烟花爆竹。

做“倒头饭、倒头汤”。在逝者的头顶处放一碗大米，竖插一双竹筷，俗称“倒头饭”；同时，烧一碗豆腐汤洒于门外的空地上，灌南人称“倒头汤”，意为逝者刚去阴间，没房、没锅、没灶，不能让他在阴间挨饿。

点“长明灯”，烧纸钱。在逝者头顶的地方点盏油灯，为逝者照路，让他在“黄泉路”上看得见，民间把这盏油灯叫“长明灯”。在冷铺的旁边地上，铺上棉被，供家人守灵和奔丧、吊唁之人跪拜使用。再在冷铺南头置一火盆，焚烧纸钱，让逝者在阴间“有钱花”。

报丧。逝者死后，要安排专人向远近处的亲友报丧。要把逝者的离世消息最先告知表叔、娘舅，待表叔或娘舅到后方可“上孝服”。

制“铭旗”“招魂幡”。“铭旗”，本地又称“铭旌”，是用大红绸缎做的竖形大旗子，上面用墨汁写着逝者的姓名、生卒年月等内容。“招魂幡”是用宽约十厘米的白纸条做成的，据称是为在出殡下葬的路上，用此招魂归来。

请“六书”（俗语也有叫“录书”的）。“六书”是专为丧葬吹奏丧乐的乐器班子。民间在举行丧葬的过程中，“六书”用唢呐、笙、鼓、钹、镲等乐器，从逝者仙逝到入土安葬，全程进行演奏（现在倡导播放哀乐）。

圈“土地老爷”。过去各地都有土地庙，现在人们大多在离家不远的岔路口边上，用芦席圈一中间隆起、形似“猫耳洞”的芦席圈，用以代替土地庙，俗称“土地老爷”，不仅是为了让逝者去阴间方便登记入册，而且也是给逝者“送饭”的终点。

披麻戴孝。逝者的儿子及儿媳头顶着长长的拖到地面的白布（约一尺宽），在后脑勺部位用麻绳或麻丝将白布扎起，这种孝服俗称“搭头”。儿子、儿媳在腰间扎麻绳或麻丝，脚穿白布鞋，俗称“披麻戴孝”。

扎“哭丧棒”（又称“哭生棒”）。哭丧棒，即用十几根芦柴扎成的长约一米、用白纸裹卷的柴棒。由儿、孙、重孙这些传宗接代之人领着“上路”，俗称“死了有人领”。哭丧棒的制作和使用有区别，逝者儿子的哭丧棒中间用白纸糊成光的，两头的白纸呈毛绒状（也有通体用毛绒状白纸糊制的）；孙子的哭丧棒通体是用白纸糊成光滑的；重孙的哭丧棒中间白色光滑，两头用红纸裹成红色（也有通体红色的）。

送饭。逝者从去世到下葬前，按当地习俗要送七顿饭至“土地老爷”处。由近亲的人一手提着装着酒、四个菜（两荤两素）和汤的篮子，一手提着马灯；另一人提着装着纸钱的笆斗，边走边撒；后面跟着捧哭丧棒的儿、孙、重孙等。“六书”的吹奏班子在前面吹奏开路，待到“土地老爷”处时，全体跪下磕四个头，提马灯之人把四个菜每样挑一点撒于地面，又把酒、汤泼洒在地上，同时焚烧纸钱，口中不停地念叨着“请您吃好！祝您在那边活得好好的，有钱花，保佑家人平平安安”之类的话。

做“打狗饼”。逝者的家人用面粉做成铜钱大小的饼子，塞在逝者的衣袖里，意为若逝者去阴间的路上遇恶狗时，把饼子扔给狗吃，狗就不咬他了。

烧“轿马”，点“散灯”。“轿马”是用芦柴和白纸、彩纸扎糊成的轿子和马匹的形状，于逝者出殡前的晚上，在通往“土地老爷”的路上焚烧给逝者，寓意在阴间有轿子坐、有马骑。“散灯”，是用棉絮团粘上豆油或菜籽油，插在通往“土地老爷”的路两边，每隔八九米置一灯，为逝者照亮去往阴间的道路。烧“轿马”和点“散灯”是同时进行的。

打棺材。棺材，本地又称“寿材”，当地人把制作棺材称作“打棺材”。早前，灌南民间用耐腐的柏木或松木做成前宽且高、后窄且低、总长约两米的棺材。在棺材没盖上之前，两侧和底部用的是三块长板，两头用的是两块短板，俗称“三长两短”。现在倡导火葬，以骨灰盒替代了棺材，“打棺材”在灌南已经销声匿迹了。

辞灵。早前，灌南民间在丧事期间，会宰杀一只公鸡，取鸡血，在小碗内倒入半碗白酒，把鸡血淋入碗中，放在“灵堂”的供桌上，将鸡拔去羽毛（两翅和尾羽留一些）也放在供桌上。一说是象征吉祥的凤凰带逝者去西天的极乐世界；二说是逝者是有灵魂的，用此法辞别或带走逝者的灵魂。

出殡。“出殡”是逝者入土下葬的仪式。出殡要选择吉日、吉时。本地的风俗是早晨出殡，俗称“赶早”。家人及亲友们都要起个大早，吃蔬菜包子，喝豆腐汤。吉时一到，在风水先生的引导下，先在棺材的内底部放上数枚铜钱或硬币。棺材四角各放四块水糕，将逝者体下铺的垫被铺于棺材底面，几个人将逝者抬进棺内，俗称“入殓”。入殓时，逝者的头朝棺材高而宽的一处，枕上枕头，盖上棺盖，民间有“盖棺定论”一说。接着，用专门的棺钉将棺盖钉上。入殓的过程中，逝者的后代哭成一团，伤心欲绝。

送葬。送葬队伍的最前面，“六书”班子吹奏着民间的哀乐引路，其后一人手提装纸钱的笆斗边走边撒纸钱，后面有专人扛铭旗、招魂幡、花圈等，然后捧着哭丧棒的儿孙后辈们“领”着后面的棺材。抬棺材的一般是八个壮汉，棺材的后面紧跟着送葬的男男女女、老老少少。一路上，号哭之声掺杂着“六书”班子的哀乐声，白色和黄色的纸钱漫天飞舞，一行人浩浩荡荡向墓地而去。

安葬。送葬的队伍到达墓地，事先安排好的几个人，早已按风水先生的授意挖好墓穴，撒上石灰，按风俗布上硬币或铜钱。抬棺人拽着穿过棺底的绳索，慢慢将棺放入墓穴。风水先生又是一番叫人看不懂的“捣鼓”，横竖左右、前前后后地校正棺材头的朝向。棺材头前放两个小碗，放入吉数的铜钱，将四杯白酒放在旁边，用小碟盖起，将铭旗覆盖在棺盖板上，洒白酒、烧纸钱，一番祭拜过后开始填土、造坟。用铁锹挖取两个似碗状、上大下小的圆形土坯，先放一个在坟的最高处，小面朝上，再将另一个小面朝下，两个合在一起，称“坟头”。再烧纸钱，众人跪下磕四个头。《周礼》中说：“众生必死，死必归土。”即俗称的“入土为安”。众人离开墓地时，在路旁随手揪一把青草或树叶在手中搓碎，俗称“奶青”，外地叫“隐身草”。

吃“头一碗”。送葬人群回家后，家里人已将“倒头饭”做成米饭，第一碗盛给逝者的长子吃，称“头一碗”。每碗饭里放有两枚硬币，以示吉利，其他儿子、孙子、重孙们都象征性吃上几口。其余人都洗手去晦气，吃水糕、水饺，喝点白开水，也为图个吉利。

喝“喜丧酒”。逝者高寿，家人或亲友都不忌讳，八碗八碟照吃，汤沟老窖照喝，同时还借此添寿。丧宴的席上一般不上汤，如上汤只上豆腐青菜汤，这是灌南一带和其他地方的区别。

偷寿碗。吃喜丧酒宴时，各人都将自己吃饭之碗洗净带回，作为家里小孩吃饭的饭碗。此碗称“寿碗”，意为添寿。灌南旧时还有“偷碗”的习俗。因逝者长寿，客人们个个都想“借寿”。于是，主家会故意多买些碗来，让他们去“偷”，也有炫耀自家老人长寿之意。

复山。逝者下葬后的三日内，家人每天要去坟上覆土，称“圆坟”。每次都要象征性地带酒、菜、豆腐汤祭于坟前，并焚烧纸钱，连续三天，故称“复三”，后演变成“复山”。

报七。灌南民间在逝者“五七”时，即逝者安葬后的第三十五天，由逝者的女儿置办一桌酒饭菜，放在方桌上，用两根扁担将方桌捆绑夹着，抬着绕坟一周，并焚烧纸钱，把酒菜撒些在坟上，以表孝心。

脱孝。自逝者仙逝起至春节，孝子们才能脱去“重孝”。现在都实行火葬，通常在骨灰盒下葬后，家人将孝布孝服脱下朝墓碑后一扔，即为“脱孝”。

守孝。古时，自逝者驾鹤西去，孝子要守孝三年，在坟墓边搭草棚，看守在墓旁，以尽孝道。还有“丁忧”的习俗，即古代朝廷官员如遇父母去世，则可上报朝廷，卸职三年回家守孝，此为当时的礼制。现在，随着火葬的普及，人们移风易俗，崇尚节俭，薄葬简办，去除了很多封建迷信的东西，很多传统的民俗渐渐淡出了灌南人的视野。

第五章

传承发展　折射淮扬情缘

灌南饮食文化，呈现的是一个历史传承的过程。它承载了灌南县各个历史发展阶段的生活印记，诉说着中华人民共和国成立前老一辈餐饮人酸甜苦辣的前身后世和薪火相传，见证了改革开放以来灌南县烹饪工作者无私奉献、服务社会、追求卓越的工匠精神，凝聚着一代又一代餐饮人在灌南这片热土上展现的淮扬菜的情结，以及对未来美好生活的憧憬与梦想。

第一节　灌南名厨　声震四方

中华人民共和国成立前，兵荒马乱，人们饥不择食。饮食这个人们一日三餐的必须之事，随着时局的风雨飘摇，百业凋零而无所着落。乱世间，以做菜手艺为生的厨师们，业无固所，为养家糊口，一边帮工卖苦力，一边挑碗担盏，走街串巷，过村越野，寻找生计。在与命运的抗争过程中，求生的欲望铸就了不绝如缕的技艺传承。

中华人民共和国成立后，人们的生活稳定下来。时至 1958 年灌南建县，有两位厨师堪称是灌南餐饮界的标志性人物。

孙国政

孙国政（1921 年 2 月—1994 年 12 月），原灌南县政府招待所主厨，是一位集红案白案技术于一身、厨艺超群的大厨。1957 年，他从原淮阴新四军第十康复医院食堂调至灌南。灌南建县时，他参与筹备了县人民委员会食堂（后为县政府招待所）。三十多年中，他为灌南餐饮业的传承与发展做出了巨大贡献，可谓是灌南餐饮界的领军人物，被誉为灌南“厨界泰斗”。

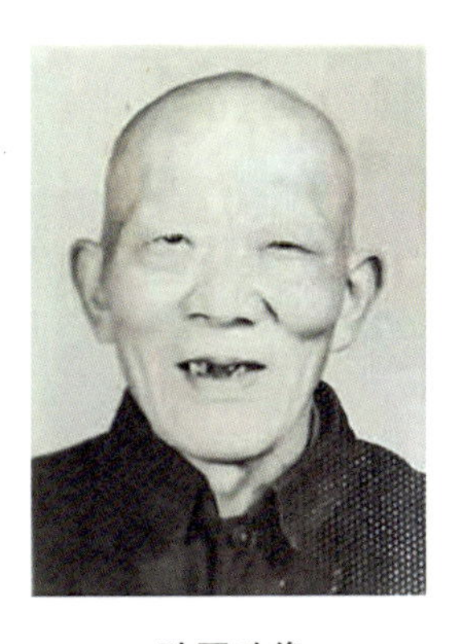

孙国政像

提起孙国政，当时人们只知道他做菜的技艺高超，却很少有人知道他从厨之路上极不平凡的故事，因而留下了许多带有传奇色彩的美谈佳话。

1921 年 2 月的某一天，淮安楚州河下街一个贫困的孙姓人家，随着一声婴儿的啼哭，一个男婴出生了，他就是孙国政大师。

那时，贫穷和不幸始终缠绕着那些善良的人们。孙国政不到三岁，他的母亲便因病去世了。父亲千辛万苦地把他拉扯到八岁。由于家境贫寒、穷困潦倒，无力供他读书上学，又因家里孩子多，为减轻吃饭的负担，他的父亲托人说情，把他送到楚州老字号震丰园饭店当学徒。饭店老板嫌他太小不肯收，他的父亲好说歹说，答应不要工钱，只要给口饭吃，什么杂活都干，且保证干满六年，老板才勉强答应。于是，八岁的孙国政走上了漫长的烹饪之路。

在震丰园的六年中，孙国政每天早早起床，为师傅们烧洗脸水、扫地抹桌、择葱洗菜、扒炉掏灰，晚上关门打烊后还要为师傅们端洗脚水。论常，七八岁的孩子此时都是依偎在父母的怀里，撒娇争宠，但此时的孙国政已深深感受到穷人的不易。那些富人抱着七八岁的穿金戴银的孩子来饭店就餐，那些富家孩子不时地欺负他，甚至打他，饭店老板还不让他还手。这一切的一切，在他幼小的心灵烙下了难以磨灭的印记。饱尝了人间冷暖的他，更加勤奋，人虽小，但对菜肴的初加工、配料、拌馅等活计都能熟练掌握。

1935 年，14 岁的孙国政又被父亲送到清江浦（现淮安市的清江浦区）的老半斋饭店当学徒。少年的他，刻苦勤奋，虚心好学，练就了一身过硬的基本功，得到了师傅们的真传。他虽没上过学，却看透了国民党统治政府的腐朽黑暗和日寇的残暴。时至 1943 年，在老半斋干了八年的他，义无反顾地参加了共产党领导的新四军，为新四军做饭菜，用淮安话来讲：心里舒坦。

1945 年 8 月，日寇投降，撤出淮阴。9 月下旬，孙国政随部队回到淮阴城。

当时，新四军的首长考虑到孙国政的厨艺非常了得，为发挥他的特长，把他从团部的机关食堂调入新四军开的新华饭店（现位于淮安市的西长街，旧址仍在），让他任掌柜，管理这个饭店。这段时间孙国政已结婚成家。

1946 年 9 月上旬，淮阴保卫战开始之前，部队首长出于现状的考虑，吩咐将新华饭店交由孙国政的父亲及家人代为照看。孙国政又回到团部食堂继续干他的老本行，随部队一起撤到了涟水县。

在第二次涟水保卫战中，由于部队撤退时有些负责后勤做饭的人员未得到撤退方向和线路的通知，孙国政等食堂人员不知部队去向，无奈之下又回到了淮安。

为躲避国民党军队的追杀，孙国政带着爱人到广州的饭店打工，同时学习了粤菜中的“潮汕菜”（广东潮汕地区菜肴风味的总称）。潮州和汕头历史上长期是一个行政区，潮汕菜是以潮汕民系为主体的菜系，就像淮扬菜一样，淮安和扬州历史上也曾是一个行政区。潮汕菜是粤菜风味的代表之一。鲁菜、川菜、粤菜、淮扬菜为我国的“四大菜系”。孙国政有淮扬菜制作手艺的底子，很快就熟练掌握了粤菜的奥妙和关键。

再后来，孙国政夫妻辗转来到上海，先后在上海的国际饭店、锦江饭店任厨师。自和部队走散后，他时刻惦记着部队的战友与首长，为此，他离开上海北上去寻找部队，因一直未能找到，便在天津的一家饭店里边打工边打听部队的下落。后来，他又辗转回到南方句容的饭店做厨师糊口度日。1948 年冬，偶然一次机会，孙国政在南京句容见到淮阴的老乡，这位老乡告诉他，老家淮阴有一家新四军医院，于是他找到了这所从江南迁至淮阴的新四军医院，经原部队领导协调，证明了他的身份，并安排他在医院食堂工作，他这才算结束了颠沛流离的生活。

孙国政性格豪爽，乐于助人。中华人民共和国成立后，他曾在淮安收留一位无家可归的乞丐老人长达六年之久，直到老人去世并为其送终安葬。时人誉其为积德行善的楷模，真可谓“积德虽无人见，行善自有天知”。

在 1958 年灌南县成立前，1957 年年底，作为第一任灌南县委书记候选人的杨肇庭将孙国政从原新四军第十康复医院（后为农校，再后来为淮安市第一人民医院）食堂调入灌南，参与县人民委员会食堂的筹备工作。

孙国政厨技精湛，他的经历使他不仅精通淮扬菜，也熟练掌握粤菜、鲁菜的烹调技术。值得一提的是，他的面点手艺在当时也是本地一绝，他制作“淮饺”的功夫可谓首屈一指。

孙国政制作馄饨是现擀现做，他的做法与当时灌南其他厨师的做法不一样，其他厨师擀馄饨皮时是用一根长约八十厘米的擀面杖，而他是用两根擀面杖。擀制时把面皮两边对卷，这根擀面杖边擀边卷，另一根边擀边一圈一圈地放。中间用一个小擀锤不停地在面皮上擀来擀去，将面皮擀至极薄。动作极为潇洒，引得观者啧啧称奇。待叠层切块，取一张薄如蝉翼的面皮放于报纸上，连那最小的字都能看得清清楚楚，若划起火柴一点，那面皮便会像纸一样被点燃。包入馅心汆熟，吃进嘴里，皮脆而有劲，肉馅嫩且爽滑，胜过山珍海味。汤汁清澈见底，醇香扑鼻，加入一撮胡椒粉，更是锦上添花，让人欲罢不能。

一次，来自省城的贵客在县招待所就餐，服务员端上包子，那贵客一见这包子，端详片刻，先端起装包子的小碟，滴上醋、姜汁，咬一小洞，嘬里面鲜香的汁液，然后再吃那面皮。与席人员没吃过，都有样学样，然后点头称赞。那位贵客说："此乃正宗的老淮安楚州的文昌楼蟹黄汤包，灌南的招待所成立时间不久，哪来这么好的手艺？"一旁的招待所所长立即凑近："这是特地从淮阴'挖'来的师傅做的，现在肉贵，螃蟹没人吃，便宜，师傅们这样做成本低。"那位贵客点头说道："怪不得这样精致！能否请来一叙？"

孙国政进来边擦手上做菜的油水边道："哪位领导找我？"那位贵客站起来道："你这汤包做得比省政府招待所的都好！在这行干了多少年了？"孙国政回道："八岁起就当学徒，一直到现在。""八岁？不可思议，说说你的情况。"

当得知孙国政的经历后，这位贵客感叹道："真不易啊！苦难出生。我也当过新四军，我俩曾是同行，敬你一杯！"孙国政接过酒杯一饮而尽，接受赞赏。后来才知道那位贵客是时任江苏省省长惠浴宇。

孙国政为人豁达大度，待人豪放慈祥，教人技术毫无保留，就怕别人不学。他花色拼盘、雕龙刻凤无所不能，那精细的刀工，让同行们瞠目结舌。单说切猪腰，其刀工刀法如行云流水，间距深浅均匀。再如寻常的瓜果蔬菜，被他左手握住，随着右手厨刀富有节奏的抖动，一个个、一只只栩栩如生的小鸡、小兔、小蝴蝶……纷纷落于案板之上，搭配在菜肴里更是锦上添花。

有关孙国政的美谈太多，竟不知从何说起！20 世纪 60 年代，那时物资匮乏。时值春季的一天晚上，一桌客人嫌没有蔬菜，孙国政上厕所时路过邻居种的烟叶地，粗嫩的叶茎引发了他的灵感，他便取刀砍来几株烟叶茎削皮切片，加葱花、姜末、蒜泥略爆，和烟茎片同炒。服务员端上，但见碧如翡翠，诱人食欲，口感脆嫩、清鲜可口。客人们问其何蔬？答曰不知！只得请来孙国政解释："此乃旱烟的烟叶茎秆。"众客惊而诧异："这个能吃吗？"孙国政道："你不是已经吃了吗？好不好吃？"

众客一时面面相觑，其中有一客人道："正常都是将叶晒干切丝裹卷，吸烟过瘾，想不到还能当菜吃？"

孙国政笑道："吸烟对人的健康不利，你可听说过榆树皮和榆树叶还有人吃？"众人点头称有。

孙国政接着笑道："是一回事，榆树是用来打家具的，树皮、草根之类的都能充饥。烟叶茎炒食，有何不妥？诸位此后如能都不抽烟，只食其茎，当比吸烟要好，还吃得健康！"

一番话，把大家说得心悦诚服，开怀大笑。客人和同事们都因孙国政艺高人胆大而心生佩服。孙国政虽不识字，但说起做菜的理论则是一套又一套，科班的学生听后也直呼大开眼界。

有关孙国政的许多美谈佳话，现今还被上了年纪之人和烹饪界津津乐道。

时光回至中华人民共和国成立初，灌南和灌云两县之间开挖沂河淌，此工程规模宏大。毛主席的"一定要把淮河治理好"的号召响遍全国各地，几十万人汇集于工地之上，真是"红旗遍插千里，革命歌声响亮无比"，人们的劳动热情十分高涨。

何谓沂河淌？灌南、灌云一带海拔较低，历史上称为“洪水走廊”。雨季到来，洪水给沭阳、灌南、灌云、涟水造成灾害。西北的山东沂源县一带的洪水汇集于沂水，一路向南，流入江苏宿迁境内的骆马湖；加上夏季的雨水和皖北淮河流域的部分洪水聚集此地；豫东之域的河水暴涨也汇集流入骆马湖。洪水泛滥时常淹没“两灌”及沭、涟地区的庄稼良田。水利专家经过考察，决定平地堆土设堤挡泄洪水，让洪水顺流入海。于是，举山东、河南、安徽、江苏四省之力聚建此“淌”。这里平时可种庄稼，雨季泄洪，因此，称“淌”；又因以沂水为源，故称“沂河淌”。

一天，灌南县招待所接到灌南县政府的重要任务，组织“人马”去灌南境内沂河淌南边的白皂公社（现为灌南县孟兴庄镇的一部分），为多位领导及沂河淌沿途参与建设的劳动模范和杰出代表做饭烧菜，对菜肴的要求是不搞铺张浪费，实惠够吃。

根据统计报得人数，确定桌数共 108 桌。

菜品设计为制作简易、便于操作的菜肴，如杂烩、皮肚、红烧鱼、红烧肉、豆腐、菜汤等几道热菜，主食为米饭、馒头。露天设灶烹烧已是不易，108 桌的规模也是空前，这体现了党和国家领导人对革命干劲的鼓舞。此间，孙国政再次得到了时任江苏省省长惠浴宇的夸奖。

孙国政虽不识字，然四十余年艰苦努力，练就了过硬的技艺。他具备极强的业务掌控能力，且天资聪慧，极具悟性，对食材的特质和理论知识的理解把握很到位。不仅如此，他的“一把准”和“一口准”也令人称绝。

“一把准”这个称谓来自招待所厨师配菜时，必须用秤称出每道菜的主、配材料的分量。而孙国政只信手凭感觉抓来大把小把，即对应所需的几斤几两，用秤验之，几乎称得“头高头低”。

“一口准”是根据招待所制定的成本核算，财务会计笔写珠算并用，“噼里啪啦”算盘珠子的声响正处高潮，孙国政在手指微掐、口中不停地嘀咕之间，早把成本、毛利、利润等算得准确无误，故被同事们冠以此美称。

还有更绝的是食材采购和品质的鉴定验收，孙国政根本就不用常规的嗅嗅闻闻、品品尝尝。离几米远，他定睛一瞧，就能说出食材的产地、特色、当年的还是隔年的、新鲜程度和那深奥的“渠渠道道”。这些超强的业务知识和实践能力，为灌南县招待所培养了很多业务骨干。

在党校食堂工作期间，县招待所如遇重要接待任务，便请他回来掌厨，他都一一接受。他虽未入党提干，但无怨无悔，跟共产党干革命是他的精神寄托，如公休在家，孙国政总邀朋友小酌，畅叙共产党的恩情。

孙国政大师 1981 年退休并留用，于 1994 年去世，享年 74 岁。他生前业绩很多未留记载，一生很多精彩未尽其详。

朱恒顺

朱恒顺像

朱恒顺（1916 年 6 月—2011 年 5 月），原灌南县饮食服务公司国营灌南饭店厨师，1916 年出身于灌南县新安镇马桥巷的一个厨师世家。

他生于乱世，因时局动乱，人们都处于饥寒交迫、流离失所的境地，家里没钱供他上学读书。12 岁时，他就随其父及叔父们学习做菜的手艺，为他后来的职业生涯奠定了扎实的基础。

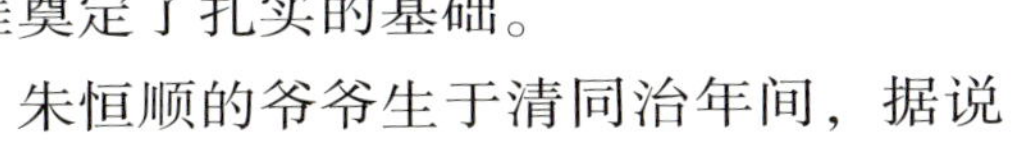
朱恒顺的爷爷生于清同治年间，据说是盐商的家厨，后来把家传的手艺传给了朱恒顺的父亲朱宜春。朱恒顺的奶奶是擅长山东胶东风味鲁菜的厨师，之后亦把家传的手艺传给了朱恒顺的父亲朱宜春。清光绪十九年（1893 年），他的父亲曾在清江浦学习手艺。

晚清至民国时期，祖居新安镇的朱恒顺家中没有土地，仅靠走街串巷，替人做家宴挣钱，但难以维持生计。镇上的王姓和惠姓两大家族，一个家族出两亩地供朱家暂种，条件是他的父亲和叔父们须为这两大家族经常举行的祠堂祭祖做饭做菜，包括族长家的宴请招待。朱家省吃俭用，随叫随到，勉强度日。

1930 年，年仅 14 岁的朱恒顺被父亲送到盐城的一家饭店学厨两年。在这两年中，年少的他深感生活的不易，脏活苦活总是抢着干，饭店的师傅们也把真本事教给了他。

此后至日寇发动侵华战争，时局更加动荡，王、惠两大家族的祠堂祭祖活动时断时续，暂种的土地随之被收回。一大家人的生活更加窘迫，他们肩挑碗盏，走街串巷，寻找生计。日寇盘踞新安镇时，他的家境愈加窘迫，全家人一天经常只吃一顿饭。1945 年，日寇投降。到了解放战争时期，据他生前讲，他的父亲还参加了涟水保卫战的担架队，为解放军抬下过几个伤员。

1949 年中华人民共和国成立前后，他随父亲在新安镇陶家开的陶正来饭店做厨师。当时，全镇仅有两家小饭店，即绿河春饭店和陶正来饭店，饭店营业规模仅为几间平房，内设几张方桌，门口摆上油条、大饼、朝牌、馓子摊，外加简单的几个炒菜、烧菜。实际上，就连这些食品也不是本地老百姓人人吃得起的，大多是极少的外地过路之人食用。

1959 年，灌南县政府组织成立了地方国营灌南饭店，为灌南县国营饭店之始。为经营好饭店，县政府选拔了些具有一定专业水准的烹饪人才，朱恒顺是灌南当时很有名气的大厨，当选自然在情理之中。

此时，灌南饭店的朱恒顺、县人民委员会食堂的孙国政，是当时灌南公认的两大名厨，是两个饮食单位的领军人物，为本地餐饮事业的发展开了个好头。

灌南饭店成立后，厨师多是乡间土厨，朱恒顺自然而然地成了他们的师傅。他一边做好本职工作，一边教同事们烹调手艺，深得同事的尊敬和领导的重视，他年年都被评为先进个人和先进工作者。县委和县政府的接待活动，除了县人民委员会食堂接待之外，其余都是由以朱恒顺为主厨的灌南饭店担任伙食招待。

由于得到家中世代真传，加之在盐城的两年学习经历，又有长期的实践经验，朱恒顺的烹调技术达到了一定的高度。他灵活多变的巧妙搭配，能使最为普通的食材华丽变身。如当时人们不怎么看好的螃蟹，朱恒顺蒸熟后取黄剔肉，做“蟹黄豆腐”，连蟹壳都放入汤内煮取其味。这道“蟹黄豆腐”对当时的人们来说，无疑是人间美味。

朱恒顺做的“拔丝山药”，他的同事们甚至听都没听说过。他把山药去皮切滚刀块，放入冷水中小火煮熟，捞出拍上淀粉，挂匀调好的蛋液面糊，入热油锅炸至金黄捞出。取净锅放少许猪油、二两白糖，手勺顺一个方向不停地搅动，视白糖变成稠浆，微微起泡，即投入炸好的山药，翻拌使糖浆均匀地包裹在山药块上，后装入盘中。成菜：色泽金黄、油光滑亮，筷子夹起，便拉出丝丝缕缕几尺长的金色糖丝。连吹带“嘘”地使其稍凉，送入嘴里，面壳香脆，山药软糯，香甜可口，令人食欲大开。

朱恒顺先后多次为江苏省、连云港市领导和社会名流烹调菜肴。有一次，从省城南京来了几位领导，朱恒顺为他们做了一道家传的“八仙过海”。菜一上桌，便立即引起其中一位领导的惊叹：“想不到灌南也有能做这么好菜的厨师！”遂叫服务员请来朱恒顺，问道：“此菜你是在哪里学得？”“是祖传。”又问：“你可在山东学过手艺？”回答说：“没有。”

那位领导自言自语说：“奇怪，这道菜多年前我在山东青岛吃过，叫‘八仙过海’，你未去山东学过手艺，怎么做得这样地道？”说完，拿起汤勺舀汤嘬了一口，细细品尝之间，越发觉得不可思议。

于是，那领导又问：“你是知道此菜来历？”回答：“不晓得。”那位又问：“念过书吗？”回答：“穷，没念过书。”

“可惜呀！这档年龄的人，大多未上学读书。我来告诉你，此菜是山东鲁菜的名品，叫‘八仙过海’，用鸡脯肉泥铺底，将海参、鱼肚、对虾仁等八种入味覆盖，码齐于鸡肉泥上，上笼蒸熟扣碗，浇上卤汁。”

听他这么一说，朱恒顺突然想起奶奶是山东人，是鲁菜厨师的后代，因家道中落，才逃难到此，嫁给了自己的爷爷。

此菜是奶奶教给他父亲做的，他父亲又传给了他。于是，他把这个过程向领导叙述了一遍，这位领导感触说："这就对上了，有这么个经历，三代相传啊！这说明文化是流动、相融、渗透的，这就叫'奇遇结姻缘，美馔永传承'！"

还有一次，他做的黄粉鸡刚一上桌，其中一位客人便说："这道菜在淮阴叫'红酥鸡'。"可他品尝后却摇摇头，说："像，又不像。"于是，请来朱恒顺介绍这道特色菜品。

"这道菜叫'黄粉鸡'！"

那位客人笑道："你从哪里学来的，在淮阴叫'红酥鸡'啊！"

朱恒顺笑答："不错，家父年轻时曾在淮阴学过手艺。当初的红酥鸡做法是将三只生鸡腿顺长剖开，去掉骨头；用刀在肉面上横竖均匀地切十字刀纹，抹上酱油入味；将猪五花肉或鸡脯肉，加葱、姜、虾仁剁成极粗的泥，再加蛋清、料酒、精盐搅入味；在鸡腿肉面上拍生粉，起黏结作用；再将肉泥涂抹在上面，用刀轻轻地排斩，鸡皮不能斩破，用刀将肉泥刮平拍上米粉或生粉，放入油锅内，面朝下煎至半熟，放刀板上切厚片，整齐地排入海碗中，上笼蒸至酥烂，反扣入另一个大碗中，将剩余汁液制成卤汁，淋上香油，浇在上面。"

他接着说："而家父传给我后，我把生粉改用为炒熟成的黄色的米粉，提升了它的香味，口感比原来更加香酥软糯，色泽是由原来的深红改为淡黄，更加诱人食欲。"

经他这样解释，这位客人说："我是淮阴人，'洋'说是美食爱好者，'土'说是'好吃鬼'，每遇到名菜，总是用心揣摩，工作之余喜欢在家人面前露一手，以后在家里按你的方法做做，看看我们家那些'好吃鬼'们，能不能吃出此玄机。"话毕，引得那同桌之人哈哈大笑。

朱恒顺不仅精通淮扬菜，而且能触类旁通，善于把本地的菜肴和淮扬菜风味有机地结合起来。如他在传统的淮扬菜“红酥长鱼”上，把鸡蛋清放入碗中，用竹筷顺一个方向抽打，不多久，蛋清即蓬松起来，此时加入适量的干淀粉，搅拌均匀后抹在红酥长鱼上，入笼蒸熟，端上桌称“雪里藏蛟”，“长鱼”即“蛟龙”。

平时少言少语的朱恒顺，自进灌南饭店后，因经常有客人提问，便锻炼得能说会道起来，特别是提到菜，他便会滔滔不绝，娓娓道来。

他制作的海参席、鱼肚席、鱼翅席，都是当时的奢侈之作；他精烹细作的豆腐菜品就多达二十余种；对各种干货的涨发和初步处理也是经验老到。他为灌南饭店乃至全县烹饪技术做出了巨大的贡献。

20 世纪 70 年代初，他曾和孙国政大师一起，代表灌南去淮阴参加烹饪表演和比赛。一次比赛上，他一分多钟就把鸡杀掉并褪毛去内脏，又两分多钟把鸡丁炒装上盘，获得表扬和称赞。

1979 年，64 岁的朱恒顺光荣退休，他的儿子朱清祥“顶替”上岗，继承了他的祖传手艺，算起来已是四代传承。但朱恒顺的烹饪道路仍然未尽。1984 年，他被淮扬菜馆（原灌南饭店）经理诚意返聘回单位任厨师长，年近七旬的老人又为烹饪之事干了五年，后颐养天年。他一生过着俭朴的生活，于 2011 年 5 月去世，享年 96 周岁。

第二节　国家名厨　缘结灌南

淮扬菜是中国“四大菜系”之一，主要发源于长江流域的扬州和淮河流域的淮安。淮扬菜选料严谨，因材施艺，制作精细，风格雅丽，追求本味，清鲜平和。制作淮扬菜讲究刀工与火功，以顶尖烹艺为支撑，实现菜品的“和、精、清、新”。淮扬菜在一千多年的传承与发展中，涌现了一大批制作玉盘珍馐的大师级人物，薛泉生就是其中之一。

薛泉生像

年近八旬的薛泉生是中国烹饪协会名厨专业委员会资深委员、中国“十佳烹饪大师”、餐饮业国家级评委、国家职业技能裁判员、江苏省级非物质文化遗产扬州“三把刀”（淮扬菜）传承人，现任扬州人家国际大酒店餐饮技术总监，全国党校系统扬州烹饪培训中心主任，扬州大学、黑龙江商学院（现哈尔滨商业大学）、四川烹饪高等专科学校（现四川旅游学院）的兼职教授。

薛泉生在食品雕刻的观赏性和应用性上，取得了突破性的进展。薛泉生将园林建筑风貌移植于冷菜制作，不仅创作了冷盘“虹桥修契”“文昌阁冷拼”“玉塔鲜果”和热菜“翠珠鱼花”“翠盅鱼翅”“葫芦虾蟹”“杨梅芙蓉”“踏雪寻梅”“三鲜鱼锤”“乾隆大包翅”等，还创作了大型立雕“龙凤呈祥”“百花齐放”。他还挖掘出被隋炀帝称为“东南第一佳味”的“金齑玉脍”，以及乾隆皇帝南巡爱吃的“九丝汤”“西施乳”“斑肝烩蟹”等菜品。薛泉生先后设计过“红楼宴”“乾隆宴”

“秋端宴”“春晖宴”“古筝宴”“新三头宴”“大江南北宴”“满汉全席”等多款宴席，获全国烹饪技术比赛殊荣无数，曾屡次率团访问日本、新加坡、马来西亚等国家和香港地区。在中央电视台与《中国食品报》组织的“中国名菜”系列讲座上担任“淮扬菜”主讲。自1993年以来先后刊出《薛泉生烹饪精品集》《薛泉生烹饪影像专辑》《中国烹饪大师作品精粹·薛泉生专辑》《淮扬菜掌门大师经典集》《板桥人文菜》和“中国淮扬菜系列丛书（六本）”等作品。

在灌南，人们每每谈起薛泉生大师，总把他缘系灌南的那份情感作为谈说的主线。而在这根主线上，灌南新世纪大酒店的创始人成树华也是人们津津乐道的人物。

成树华是薛泉生的得意门生之一，是灌南政协第六、七、八届委员，灌南政协第九、十届常委，中国烹饪大师，国家级评委，江苏省餐饮行业协会副会长，江苏省烹饪协会名厨委员会委员，烹饪大师工作室成员，中国烹饪协会名厨委员会委员，连云港市餐饮业商会副会长、市烹饪餐饮行业协会副会长，灌南县餐饮业商会、烹饪协会会长，人力资源和社会保障部职业技能裁判员，特一级烹调师，高级技师，淮扬成氏菌菇菜制作技艺“非遗”传承人。正是因有成树华这样的学生，薛泉生大师才把灌南录进他的人生辞典，把一份特殊的情感拴系在海西古国。

把时间拨回到20世纪80年代初期，翻开薛泉生大师和成树华结缘的心路历程，便可探寻扬州和灌南淮扬菜的烟火情缘。

1981年，年仅18岁的成树华进入灌南饭店学习淮扬菜的烹饪技艺。他虚心勤奋、刻苦上进，加之心灵手巧，善思勤练，不到三年他就练就了过硬的基本功。随后他用三年时间把自身的音乐、绘画、盆景艺术底蕴和烹饪技艺进行融合，融会贯通，举一反三，就这样，他的烹饪技术突飞猛进。除了上班外，其余时间，菜谱和烹饪理论书籍他从不离手。他也从一名学徒逐渐成为淮扬菜馆的主勺，并成为当时灌南厨界的翘楚。

此后，计划经济向市场经济转型，国家鼓励职工离岗创业。怀揣梦想的成树华不顾父亲的反对，丢掉手中的“铁饭碗”，走上漫长而艰辛的创业之路。25 岁的他，给自己制订了独立创业的计划。

成树华的追梦之路是在艰难中跋涉前行的。创业之初，成树华和几个一起离岗创业的朋友合资经营灌南首家上规模的饭店——三龙斋。菜肴品种在本地算是一流，但在经营理念和市场运作方面脱离社会，菜品尚好，客源始终不理想，最终导致歇业关闭。

后来，成树华萌生了自己开饭店的念头，当时，有许多饭店花高薪聘请他，国营饭店宾馆也都向他抛出橄榄枝，但他都婉言谢绝了。成树华下定决心，从零做起。他用两千元的启动资金在老城一隅开起冷菜店，夫妻俩再加两个孩子，风里来、雨里去，尝尽了酸甜苦辣。在卖冷菜的五年中，成树华开启了创业的第二计划，他先后到淮阴参加淮安市烹饪协会二级厨师培训，到淮安市商业技校一级厨师培训班学习，还到扬州薛泉生大师任教的扬州商业技工学校学习，学习成绩始终都是班级第一。每次学习时长都是三个月至半年。家里的冷菜摊全靠成树华的妻子带着几个学徒维持。在家时，成树华每天晚上都苦练雕刻技艺，那游龙戏凤、花鸟鱼虫在他的雕刻刀下栩栩如生，活灵活现。

在成树华的记忆里，最让他感慨的是在扬州商业技工学校学习的那段岁月，因为在那段岁月里他结缘了影响他一生的恩师——薛泉生。

1988 年，全国第二届烹饪大赛在首都人民大会堂举行，扬州淮扬菜大师薛泉生技艺超群，斩获两金、两银、一铜、一特别奖、一全能奖，是本次比赛全国获奖最多的选手，不仅为江苏代表队增光添彩，而且还获得了全国“十佳厨师”的桂冠。薛泉生大师技压群芳、名震全国烹饪界的消息传来，让成树华心潮澎湃，他暗下决心，将来一定要拜薛大师学艺。

1990 年秋，成树华胸怀着梦想，来到向往已久的扬州商业技工学校。该校是江苏省烹饪技术培训中心，江苏省特级厨师晋级考试都是在这里举行。由于本次是高级职称培训，理论和实践教学资料都是按国家行业标准集中编制的。实践教学的老师聚集了顶级的淮扬菜大师薛泉生、杨玉林、王立喜等，还有姚庆功、李才林、杨锦泰等，他们都是淮扬菜的代表人物。当时，薛泉生大师是该校的副校长，兼任实验菜馆——绿扬酒楼的总经理。培训期间，从理论到实践，成树华都认真听、认真记、认真习、认真钻，实践课上更是活跃分子。

有次，轮到薛泉生大师为他们班上课，根据学校安排，学校要配一名老师做助手，班级再派两名学员负责初加工和清理现场。

这堂课教的是扬州的“三吊汤”。俗话说：“唱戏的腔，厨师的汤。”意思是说，戏唱得好与不好，主要是看嗓子和唱腔的好坏；厨师的菜好不好，关键在制汤的好坏。

助理老师宣布开始上课，随后隆重介绍薛大师和他对淮扬菜的贡献。最后助理老师对全班学员说：“你们上来两名学员，把初加工和准备工作做好。”

愣了好一会，没人敢上。可能是此汤制作难度太大，怕出洋相，又或许是薛大师名气和威望太高，让这些后生小辈们倍感紧张。此时唯成树华按捺不住，举手道：“我上，我一个人上就行了。”

成树华敢自告奋勇，是因为他有底气。只见他先将锅置水点火，将鸡斩剁分挡。再把鸡肋骨架放入水锅中熬煮底汤，随后取下鸡脯，迅速斩剁成泥，加适量水、葱姜汁、料酒搅成肉浆，接着用刀背把鸡腿连骨敲碎，掺葱姜汁和水搅成稠厚的肉浆，又把鸡翅用刀背敲碎，放适量的水，搅成稠浆。紧接着把锅里的鸡肋骨捞出，关闭燃火。动作娴熟，前后用时不到十五分钟。

薛大师站在一旁静静地看着成树华操作的每一个细节，笑道："该你来上课了，你把我的活都抢了，我该退休了！"顿时，引得全班学员大笑，课堂的紧张气氛全消。薛大师接着又说："行家一伸手，就知有没有。这位学员的基本功还不错。"接着，薛大师边做边讲："汤，是菜肴的灵魂，以前没有味精，如宫廷的满汉全席、御膳，各大菜系的名品大菜，都以高级清汤衬托，弥补食材的鲜味不足。提升菜肴味觉的方法是祖先们发明的饮食文化瑰宝。现时味精等调料的鲜味，仍然代替不了鸡汤原本的醇、香、浓、鲜。刚才，这位学员初步处理，剁斩制'吊'的过程做得很好。我接下来是将鸡翅的肉浆徐徐下进鸡汤锅内，微火保持汤汁微滚、似开非开状态，用手勺顺一方向搅至鸡汤由浑浊变清，用纱布过滤，弃去肉渣碎骨，再将汤锅复置微火之上，用同样的方法分两次将鸡腿肉骨稠浆、鸡脯肉泥稠浆做好。"薛大师说话间汤已做好。这三次"吊汤"的过程和方法，扬州行话称"三吊汤"。薛大师接着说："这种高级清汤，行业内又称'高汤''上汤''顶汤'，适用于'清汤燕窝''三丝鱼翅'等高档菜肴及各种名贵菜品，也适用于多种体现汤清的菜肴，如'清汤刀圆''文思豆腐''开水白菜''清炖鸡孚'等菜品。最主要的是汤的味道要立得正，清澈透明。扬州的'三吊汤'和其他菜系有所区别，为了丰富汤的色彩，在汤出锅前滴入两三滴清汤酱油。"说着，薛大师随手滴入几滴酱油，鸡清汤立即变为淡茶色。薛大师停下手道："这就是扬州的'三吊汤'，又称'三咂汤'，嘬一口后，连咂三次口中仍有鲜味，所以得其名。端下去，请大家尝一尝。"

学员们尝咂清汤时，薛大师边洗手边问成树华"你是哪里人？在什么单位？以前来扬州学习过吗？你的启蒙老师是谁？"等问题，成树华都一一作答。

几天后又轮到薛大师来上课："今天我为大家讲解和演示扬州名菜'三套鸭'的做法。"说完，他指着成树华道："整料出骨会吗？"

成树华立即站起来："会，但不一定做得好。"

"那你上来，把野鸭和鸽的骨出掉，家鸭留给我来。"说完，薛大师搬个凳子坐于一旁。

成树华上台不慌不乱，用刀尖在生鸽子后颈竖划一条两寸长的口子，用剪子的剪尖伸入鸽下颌的宰杀口子里，剪断鸽子的颈骨，用刀尖从两寸长的刀口两侧，细致地将脖皮和颈骨剔分开来，用左手勒住鸽子的颈部，同时用右手从两寸长的竖刀口中拽住鸽子的颈骨往外拉，慢慢地将鸽子的颈骨抽出。此时，鸽头连着鸽颈，颈皮不破不断。紧跟着，成树华用刀尖从两寸长的竖刀口中伸入，刀尖紧贴着鸽子的躯干骨剔割，把鸽子皮和躯干骨分离（鸽颈骨连着躯干骨），接着再将鸽胸脯肉和胸骨分离。如此不停地进行到鸽子的尾部，用刀尖将鸽躯干的尾骨和鸽皮分离。随后，取出包着完整内脏的躯干骨和肋骨。接下来的步骤是剔除鸽翅骨。成树华知道稍有走神或刀尖走偏，都将前功尽弃。他左手用干净的布将鸽子翅大骨包住，露出关节，用刀尖紧紧贴着骨头细剔，待骨肉分离，再用布向后抹，将鸽翅的皮翻过来，至大小翅关节处，前后左右摇动关节，使两个关节之间的筋络暴露出来，用刀尖轻轻将其筋络断开，将翅尖向外拽出。

成树华将鸽子"收拾"干净，又将野鸭摆在案板上，重复这个过程。助理老师将成树华处理过的鸽子和野鸭灌水"验收"，竟滴水不漏，全体学员报以热烈的掌声。

薛大师慢慢站起身来，说道："这个小成完成得很好。我之所以让他来示范，一是想摸摸同学们的底，二是想借此让你们长长胆，敢于上场，以后省里和国家的大奖还等你们摘呢！"教室内又飘过一阵笑声。

薛大师道："下面，我开始讲课，按行业考试要求，整鸡或整鸭的出骨速度，特级厨师要求四十分钟。'三套鸭'是扬州传统名菜，全国仅有，扬州特有，下面我边做边讲。三套鸭用的是一只生鸽子、一只生野鸭、一只生家鸭，通过出骨，将鸽子腹内填上八宝馅料，然后塞入野鸭肚内，再把野鸭塞入家鸭腹里，所以称‘三套’。我让助理老师把鸽子肚里的馅料炒一下，馅料是火腿丁、冬笋丁、鸭心丁、鸭肫丁、香菇丁、虾仁、干贝，经葱、姜煸香后加调料炒制而成。我下面把这只家鸭的出骨过程给同学们示范一下。”薛大师双手并用，速度之快令人叫绝，他动作协调优美，干净利落，从开始到结束洗手，前后用时不到七分钟。全体学员“哗”的一下激动得站起来，掌声如雷。

在这次培训深造期间，每到薛大师上课，都点成树华做助手。薛大师对成树华极有好感，还不时带成树华去参加朋友小聚。一次席间，成树华动情地说：“老师，我就是奔您来的，能来扬州跟您学习，是我多年的梦想和愿望。此前辞职下海创业未成，为再次创业，学好厨艺，筹备启动资金，有经费出来学习，我媳妇带着两个孩子在家卖冷菜呢。”一席话说得众人哽咽。此间，席上有人提道：“如此何不以师徒相处呢?”成树华说：“我早有此意，待我创业成功，以成绩向师父汇报，请师父至灌南，我行拜师大礼。”众人连连称是。薛大师道：“如此甚好!”

成树华像

后薛大师在日本的饭店主理中国菜期间，和成树华电话不断。成树华听从薛大师的意见，又到扬州学习深造了一次。

成树华用他独有的创业思维、创业精神、处事方式，经过几年的努力，逐步在灌南餐饮界崭露头角。

1993年，成树华以自己名字命名的树华鱼馆开业，生意一路红火。然而他从未停止求索的脚步，继续学习，不断提升淮扬菜烹饪技艺。1994 年，他参加淮安市商业技校首次举办的特三级烹调师培训班，以优异的成绩获得特三级烹饪师职称。1998 年、1999 年、2012 年成树华分别参加江苏省第三届烹饪大赛、全国第四届烹饪大赛、2012 年中国烹饪协会举办的“涵田杯”全国大赛，获得两银一金的成绩，并由特三级晋升为特二级、特一级、高级技师。1999 年秋，成树华投资一千四百多万元筹建新世纪大酒店，大楼美观大气，成为当时灌南的地标，2001 年 5 月大酒店投入运营。

多年来，成树华不仅在灌南餐饮行业声名鹊起，而且对灌南淮扬菜的传承和普及做出了重大贡献，因此，也成为央视和地方报刊争相报道的常客。

拜师、尊师是中华民族文化的具体体现，也是文化延续、薪火相承的纽带和载体。2012 年 1 月，成树华专程去扬州迎接薛泉生大师，兑现当年的师徒之约。1 月 7 日下午，灌南新世纪大酒店三楼的宴会大厅喜气洋洋，热闹非凡。成树华的拜师仪式即将开始。灌南县政协、灌南县委宣传部、江苏省餐饮行业协会、江苏餐饮职业教育集团、灌南县旅游局等单位领导莅临拜师现场。淮安市淮扬菜大师、书法家吴明千先生，连云港市“中国烹饪大师”高振江先生和周承祖先生，连云港餐饮业商会会长、“中国烹饪大师”郁正玉先生，以及灌南电视台、《灌南日报》、灌南摄影家协会的同志等社会各界人士一百多人到现场祝贺。

宴会大厅悬挂薛泉生大师的彩色相片和他的经典淮扬菜作品照片。

拜师仪式上，江苏餐饮行业协会于学荣会长代表江苏省协会致以热情洋溢的贺词，薛泉生发表动人的感言，淮安市淮扬菜大师、书法家吴明千代表淮安市餐饮协会致辞。成树华讲了对师父的敬赞和拜师的美好心愿，以及对各位嘉宾到来的感激之情。随后，成树华向端坐的薛泉生敬茶、磕头，薛泉生回赠象征传承意义的厨刀，作为传承纪念的信物。

“一日为师终身父，半天做徒永世恩。”每当人们叙谈成树华的创业经历，褒赞他的技艺和能力时，成树华总说他的手艺、处事、待人主要得益于他的恩师薛泉生先生。成树华每年都会请薛泉生大师来灌南一聚，或请教为厨技艺，或学习为人之道，或请其为灌南厨界群英讲淮扬菜的传承与革新之理。

第三节 灌南名店 致力创新

灌南餐饮业的发展，同其他行业一样，在春夏秋冬中从昨天走来，正走向更加灿烂的明天。往日的灌南县第一人民招待所、灌南县第二人民招待所、淮扬菜馆、粮食饭店、人民饭店沉淀下来的餐饮情怀，依然深烙在人们的记忆里。如今，在改革开放春风的吹拂下，灌南餐饮业呈现出一派生机蓬勃、欣欣向荣的景象。仅县城，各种类型的大小餐馆就有数百家。为了适应市场，个个是“八仙过海，各显神通”。新世纪大酒店、硕项湖酒店、世纪缘国际酒店、灌南宾馆、心相映大酒店、灌南宴大酒店、金玉良缘大酒店、幸福缘宴会中心等几家规模较大的餐饮单位，在灌南堪称餐饮名店，它们在菜品研发与创新上都有所建树，成为行业的“领头羊”。

新世纪大酒店

新世纪大酒店是灌南县的老字号饭店，成立于1993年，位于灌南县城新东南路，是一家以淮扬菜和菌菇宴为主要特色的专业酒店，是江苏省餐饮行业协会授予的“淮扬菜传承研发基地”。“养身菊花杏鲍菇”“软兜素长鱼”等菜品成为近年来该酒店推出的菌菇特色菜。

养身菊花杏鲍菇：将杏鲍菇切成菊花花刀，配以高清汤、藏红花，用微火煨至入味。成菜：似一朵朵怒放的白菊。

养身菊花杏鲍菇

软兜素长鱼：将鲜香菇剪成一厘米宽的长条，焯水待用，净锅内放少许猪油烧热，放入蒜泥炒出香

软兜素长鱼

味，再放入香菇条和适量的酱油、料酒、白糖，炒至入味，用水淀粉勾芡，装盘，撒上胡椒粉即可。成菜：爽滑细嫩，香味浓郁。

硕项湖酒店

硕项湖酒店由灌南水务集团投资，坐落于风光旖旎的硕项湖畔，整体为四层欧式风格建筑，是一家综合性酒店。现由江苏钟山宾馆集团酒店管理有限公司运营管理。“海西杏仁虾”“惠泽东坡肉”等菜品是该酒店推出的经典菜肴。

海西杏仁虾

海西杏仁虾：将大明虾去头剥壳，用姜、葱、盐腌制二十分钟，把虾挂上脆炸糊，沾上杏仁片，下油锅炸至表面金黄即可。装盘后，撒上葱丝，摆上火龙果、薄荷芽头、三色堇小花、车厘子点缀。

惠泽东坡肉

惠泽东坡肉：将五花肉燙皮洗净，入沸水煮至断生，切成小方块，然后煎至外壳金黄，加入姜、葱、料酒，小火炖至酥烂，装盘；再把菜叶雕成心形，入沸水中汆熟，围放在已装盘的五花肉四周；接着将鸡蛋煮熟去壳，切成两块放在肉中间；最后将大米炒熟和少许食用金箔一起撒在肉上。

灌南宾馆

灌南宾馆有限公司坐落在灌南县新安镇人民中路 15 号，于 2003 年成立，前身为灌南县人民政府招待所。“鱼头炖豆腐”等菜品是灌南宾馆餐饮部推出的营养菜品。

鱼头炖豆腐：将花鲢鱼头制净，锅烧热放猪油，将鱼头略煎，再将煎好的鱼头放入砂锅，加足清水，放入豆腐、木耳、枸杞、葱段、姜片，大火烧开转微火，倒入适量料酒炖至酥烂，放少许盐、胡椒粉、味精即可。

鱼头炖豆腐

世纪缘国际酒店

灌南世纪缘国际酒店于 2013 年成立，是南京世纪缘酒店集团按照国家四星级旅游饭店标准打造的商务型酒店。近年来，该酒店在菜品创新上有所建树，“酸汤辽参”“硕项湖鱼头”等菜品就是其中的佼佼者。

酸汤辽参：将发好的辽参从沸水中捞出待用，锅中放少许油，放入姜末、蒜泥煸香，放入红酸汤、浓汤、猪肚、京葱丝烧开，调入味精、鸡汁，淋入芡汁，装入热的石锅中，放入辽参、香菜点缀即可。

酸汤辽参

硕项湖鱼头：将硕项湖鱼头制净，往锅中放油烧热，放入鱼头两面煎至金黄，加入开水，大火烧十五到二十分钟，待鱼汤呈现奶白色时，放入盐、味精、鸡精，放入鱼圆、菜心、白玉菇烧开即可。

硕项湖鱼头

心相映大酒店

心相映大酒店成立于2010年，坐落于灌南县苏州北路。“游龙四海”这道菜是该酒店的“镇店之宝”。

游龙四海

游龙四海：将东海带鱼制净，顺骨取肉，斩段，放入盐、味精、料酒连同鱼骨、头尾一并腌制入味，拍粉，分别炸成型。将豆腐捏碎调味，制成圆球，拍粉炸至金黄，淋油装盘。鱼骨做装饰，鱼肉成卷后，用蚝油等调料汁下锅烹制入味，装盘即可。

灌南宴大酒店

灌南宴大酒店始建于2016年，地处灌南县常州北路。“灌河虾籽煮干丝”是该酒店利用本土独有的食材精心研发的菜品。

灌河虾籽煮干丝

灌河虾籽煮干丝：将灌南老千张切丝，下开水氽熟，加少许干口碱发至嫩滑，用水过净。将虾籽、香菇、上海青焯水备用。热锅淋少许豆油，入姜片、葱段煸香后，冲入高汤，下入干丝等原料调味，装盘即可。

金玉良缘大酒店

岩米沙律虾

金玉良缘大酒店创立于1999年，坐落于灌南县新安镇鹏程西路。该店以经营传统淮扬菜为主，着力打造的“岩米沙律虾”“桂花雪梨酿竹燕”等菜品深受消费者的喜爱。

岩米沙律虾：将岩米泡透、蒸熟，用胡椒粉、盐、味精调好味装入盘中；

将春卷皮炸制成型，插入岩米饭中待用；将青虾仁制熟后加水、果丁、青豆、胡萝卜丁，用沙拉酱拌匀装入春卷皮卷桶中即可。

桂花雪梨酿竹燕

桂花雪梨酿竹燕：将雪梨去皮，镶入发好的竹燕窝，淋入冰糖水，上笼蒸三十分钟至熟，装盘，淋上用桂花调制成的甜味芡汁即可。

幸福缘宴会中心

幸福缘宴会中心创建于 2017 年，位于灌南县盐河路，该店打造了多款有故事、有内涵的菜品。“吉利金丝虾”“富贵豆腐丸”等富有祝福含义的菜品让人津津乐道。

吉利金丝虾

吉利金丝虾：将虾仁剁成虾蓉，用盐、味精、料酒等调味，制成圆球，拍上生粉，炸至成熟，取出沥干油。将土豆切细丝漂净，沥干水分，下中油温锅中炸至金黄，起锅沥油。将炸好的虾球拌上沙拉酱后，裹上炸好的土豆丝，装盘即可。

富贵豆腐丸

富贵豆腐丸：取灌南老豆腐捏碎，加调味品，与鱼蓉拌制入味，制成球形，放入六至七成热的油锅中炸至金黄，成熟后，与水果球一起装盘即可。

第四节　灌南烹协　群英荟萃

2017 年秋，由餐饮业同行自愿发起，在县人大常委会主任夏苏明等领导的关心下，经民政部门核准登记，于 2018 年 1 月召开了灌南县烹饪协会成立大会。会议选举成树华为烹饪协会会长，胡加永为常务副会长，宋建军、孙利亚、屠金雷、许华平、纪良泽、成树中、费云建、张达佐为副会长，宋建军兼任秘书长，特聘张国民、王玉照、邢文飞、丁乃灿为顾问。江苏省灌南高级中学、灌南中等专业学校（以下简称“灌南中专”）、江苏汤沟两相和酒业有限公司、硕项湖酒店、江苏裕灌现代农业科技有限公司、江苏香如生物科技股份有限公司为副会长单位。

灌南县烹饪协会秉承服务、团结、交流、发展的宗旨，致力于为会员搭建优势交流平台，协助主管部门加强行业管理，弘扬地方饮食文化，深入推进交流合作，维护会员合法权益。协会自成立以来，取得了优异的成绩。协会内涌现出了许多小有名气的厨界精英。在各级各类烹饪比赛中，协会会员斩获诸多奖项。

朱祝祥，江苏省烹饪大师，特三级烹调师，技师。2005 年，他荣获“大陆桥国际商务杯”中国连云港海鲜美食烹饪大赛热菜特金奖；2006 年，获江苏省第二届江苏风味美食节个人单项赛热菜特金奖。

成树中，江苏省烹饪大师，特三级烹调师，技师。2005 年，他荣获江苏第四届创新菜特金奖，同年荣获连云港亚欧大陆桥海鲜美食大赛金奖；2010 年，获黄海国际美食大赛特金奖。

严军，连云港市食文化研究会常务理事。2005 年，他获得“大陆桥国际商务杯”中国连云港海鲜美食烹饪大赛热菜特金奖；2017 年，荣获连云港市第二届餐饮文化博览会“峄森杯”特金奖；2018 年，在连云港市第三届餐饮文化博览会的菜品比赛中，获

“东方银杏奖”，同时被授予“年度烹饪厨星”；2021年，荣获“一带一路”中国·连云港第五届餐饮文化博览会暨连云港市“金龙鱼杯”中式烹饪职业技能大赛“十佳中式烹调师”称号。

成井生，连云港市餐饮商会第一届、第二届理事会副会长。2006年，他获得江苏省“十佳冷拼艺术师”荣誉称号；2013年，在江苏省青年名厨大赛中获特金奖，被授予“江苏省青年岗位能手”称号；2018年，获连云港海鲜烹饪技能大赛冷拼技艺金奖；2019年，被连云港市总工会授予连云港市“五一劳动奖章”；2021年，荣获“一带一路”中国·连云港第五届餐饮文化博览会暨连云港市“金龙鱼杯”中式烹饪职业技能大赛“十佳中式烹调师”称号。

朱道来，江苏省烹饪大师，中级技师。1996年至今，他参加历次国家级、省级、市级、县级各类烹饪比赛，屡获大奖，其中，获得国家级奖项三次、省级奖项三次、市级奖项十二次。他还荣获2020年连云港市“五一劳动奖章”。2021年，他又荣获“一带一路”中国·连云港第五届餐饮文化博览会暨连云港市“金龙鱼杯”中式烹饪职业技能大赛“十佳中式烹调师”称号。

成善东，江苏烹饪大师，中级技师。他先后获得江苏省创新菜烹饪大赛特金奖、江苏省最有价值“金厨奖”、江苏省“十佳冷拼艺术师”荣誉称号、连云港市餐饮烹饪行业年度星厨奖、2021年“一带一路”中国·连云港第五届餐饮文化博览会暨连云港市“金龙鱼杯”中式烹饪职业技能大赛“十佳中式烹调师”称号、2021年连云港市“五一劳动奖章”、第十一届中国·江苏国际餐饮博览会中式烹调职业技能大赛特金奖等。

丁勇，2014年参加中华味魂国际名厨邀请赛，获得国际烹饪金厨奖；2015年参加盐城市首届黄海美食大赛，获得热菜组个人金牌；2017年在连云港市第二届餐饮文化博览会菜品交流评比大赛中，作品“游龙四海”荣获金奖；2018年在中国·连云港市第三届餐饮文化博览会暨连云港市经典名菜大赛中，获连云港市餐饮烹饪行业年度星厨奖。

汪立诗，中式烹调师一级（高级技师），连云港市食文化研究会会员。2006 年，他荣获中国徽菜大赛冷拼金奖；2013 年，荣获“联合利华饮食策划杯”冷拼雕刻银奖；2014 年，荣获贺盛国际名厨争霸赛铂金奖，同年获嘉兴国际御厨争霸赛个人特金奖；2016 年，荣获第九届江苏乡土风味“金山杯”烹饪技能大赛特金奖；2018 年，荣获连云港餐饮烹饪行业年度星厨奖；2020 年，荣获江苏省优秀烹饪工匠、名厨菜品大赛特金奖；2021 年，入选连云港市“金镶玉竹”乡土人才“三带”典型“带领技艺传承名家”的称号。

王荣华，江苏省烹饪大师，连云港市食文化研究会会员。2011 年在第六届搜厨国际烹饪技术交流大赛中，荣获“中华厨王”的称号；其带领的团队在 2015 年台州市烹饪职业技能竞赛中，荣获“金牌组织奖”，其本人被评为“金牌大厨”；2016 年，其又荣获台州餐饮“金汤勺厨师长”称号。

成杰，灌南新世纪大酒店副总经理。2013 年，其参加江苏国际餐饮博览会举办的江苏省青年名厨大赛，获第二名，被授予“江苏省青年岗位能手”称号，是灌南餐饮界的后起之秀。

第五节　菌菇盛宴　文化大餐

灌南新世纪大酒店是江苏省餐饮行业协会于 2012 年授予的首家“淮扬菜传承研发基地”，淮扬菜泰斗薛泉生大师为该基地的指导老师，成树华为基地的学科带头人。该酒店长期致力于淮扬菜和食用菌菜品的创新和研发，研发的“海鲜菌菇宴”深受广大消费者的好评。2012 年，在由中国烹饪协会举办的中国淮扬菜烹饪大赛中，该酒店的“海鲜菌菇宴”独占鳌头，获得特金奖中的第一名。来自北京饭店的评判长郑秀生大师评价说：“做工讲究，实用美味，值得推广。”

灌南是全国数一数二的食用菌产业大县，号称“菌都”。2018 年 6 月，灌南县人社局和灌南县烹饪协会联合举办了灌南首届“菌都美食”中式烹调职业技能竞赛。来自全县的多名厨艺高手在冷菜、热菜、面点、果蔬雕刻等项目上进行角逐。他们创作的菜品花色繁多，在色、香、味、形、器、养等方面均属上乘。同时，由十家大型饭店推出的十桌展台上，全是用食用菌制作的八道冷菜、十道热菜、两道点心、一道汤菜。这些菜品的展出，把赛事推向了高潮，这也成了本次比赛的亮点。来自连云港市人社局的领导和评委大为惊叹：“灌南县的这次比赛展出的菜肴品种，

灌南菌菇美食文化节活动照

较其他县里的比赛在质量和技术上高出很多。”

2018 年是灌南县成立六十周年。灌南县委、县政府高度重视并组织召开灌南县发展大会。会议设立了三个板块：一是发展论坛，二是金秋看灌南，三是举办美食节品食用菌菜肴。

食用菌美食节是本次发展大会三个板块中的重中之重，直接影响着灌南作为食用菌产业大县的形象。时任灌南县委书记将此项工作委托县人大常委会主任主抓。县人大常委会主任亲自组织行业协会的会长、副会长及部分酒店的负责人召开专题会议。会上，县领导将菌菇美食节分为三块：一是由十家饭店各派一名厨师参与县电视台菌菇菜肴节目的录制；二是由十家饭店各做一桌冷菜、热菜、点心，呈现在展台上让与会的翘楚、名流们观赏；三是由新世纪大酒店负责制作入口的菌菇美味。概括起来是“两看一吃，味美灌南”。

新世纪大酒店接到任务后，深感责任重大。经过反复研究，还是觉得难度太大，原因是菌菇宴的制作极为考究，在饭店正常供应的情况下，一般制作一桌或两桌已属不易，而这次是三十桌，还必须要在四十分钟之内把热菜、点心、汤全部上齐，其中的十几道热菜中有四道是按客制作，每客一盅，一桌十人就是四十盅，三十桌就是一千两百盅，上菜的餐车和餐梯都不具备这样的速度和条件。再有，当时参加全国比赛时制作的“海鲜菌菇宴”，是由多位高手，经过几天的精心准备，才取得了良好的效果，如今人手不足、时间仓促，难度可想而知。再加上县领导将宴会安排在世纪缘国际酒店举行，环境陌生，方方面面都不能得心应手。可如做简单之品，对来自全国各地的参会客人来说，无疑是勾不起他们的味蕾、引不得他们的馋虫的。经过反复斟酌和推敲，新世纪大酒店终于把方案敲定：

一、按参加全国比赛时的标准制作；

二、召回在外自主创业和做厨师的原新世纪大酒店的高手们，参加菜肴的制作；

三、把新世纪大酒店的三十台餐车全部带过去，保证上菜的速度；

四、新世纪大酒店一店、二店停业三天，全体员工去世纪缘国际酒店进行食材的初加工和分类磨合，服务人员去厨房和宴会大厅（不在同一个楼层）熟悉环境，做到“不打无准备之仗”。世纪缘国际酒店腾出场地，让新世纪大酒店的厨师、服务员、传菜后勤“驻扎”。反复操练时按码表计算，分工的细致入微和环环相扣的配合是保证菜肴质量和上菜速度的根本。

灌南县发展大会召开十天前，由成树华拟定的菌菇菜肴，经十家饭店十位大厨的精心制作，由县电视台录制成专题片，在电视荧屏上精彩呈献，营造县庆的喜庆氛围。六十华诞饱含全县人民的祝福，祈愿灌南的明天更加辉煌灿烂。

2018 年 9 月 29 日中午，应邀回灌的学术精英、工商名流、政界领导、艺界名人、工匠大师、农业专家、医药博士等灌南籍的各路精英们，在参加完发展论坛，参观了灌南六十周年的发展和变化展览后，人人豪情满怀，对家乡的崛起赞誉有加。在县委、县政府领导的陪同下，他们步履轻盈地来到世纪缘国际酒店二楼大厅，首先映入眼帘的是那梦幻般的蘑菇童话世界，继而他们被一桌又一桌的精彩纷呈、造型各异的菌菇菜肴吸引。

欢快的迎宾曲伴随着热烈的掌声响起，主持人上台，随着巨型屏幕上“菌菇佛跳墙”菜肴的出现，服务员将这道佳肴呈现于宾客们面前。“裕灌集团生产的白蘑菇按照的是国际标准，在西方国家，这种小蘑菇可直接生食……”全场宾客听到主持人的介绍，照此直接将白蘑菇送进嘴里，纷纷夸赞：“啊，真甜！”

“下面这道菜是‘养身菊花杏鲍菇’，有‘采菊东篱下，悠然见南山’的诗意……”“‘软兜素长鱼’是家乡厨师的又一创意，吃了它，家乡的记忆将更加清晰……”“‘鸭饭’是儿时的记忆，一辈子也无法忘记！”……随着主持人的一一介绍，十二道菜和菌菇面点上完即被品尝完。光盘行动是大家不约而同的默契。最后一道汤是叫“推纱望月”，鸽蛋和竹荪把“举头望明月，低头思故乡”的乡愁再次勾起。

第六节　烹饪职教　培桃育李

在灌南县有一所尽人皆知的中专院校，灌南老百姓习惯叫灌南“大学”，之所以叫它“大学”，不仅因为它校园大，学生多，还因为它像大学一样改变了很多灌南孩子的命运。

灌南中专于1981年建校，当时校名为灌南县职业中学；1999年，由县职业中学、县广播电视大学、县教师进修学校、第二职业中学合并，更名为灌南县教育中心；2010年，通过江苏省首批四星级中等职业学校、江苏省高水平示范性中等职业学校验收，经省教育厅批准，更名为灌南中等专业学校；2012年，由灌南中专牵头，整合县卫生学校、财会学校、农干校、体校等八所“职”字头学校，组建县职教集团；2015年，被教育部、人社部和财政部联合认定为国家中等职业教育改革发展示范学校。

灌南中专，坐落在灌南县城西南角，毗邻风景如画的硕项湖景区。校园内有亭台楼阁、假山回廊、小桥流水、茂林修竹，景色宜人，颇有江南水乡的韵味。

学校围绕地方产业结构，开设船舶制造与修理、果蔬花卉生产技术、烹饪等十七个专业，以“一体两翼”（以职业教育为主体，以继续教育、社会培训为“两翼”）为办学模式，坚持“以服务为宗旨、以就业为导向”的办学方针，遵循“以市场需求为主导，以贴近产业为特色，以能力培养为主线，以社会满意为核心”的人才培养理念，着力培养具有中专和中高级技能等级证书的蓝白领技能人才。

学校烹饪专业于20世纪80年代开班，专业刚建立的时候，教学设施设备都比较落后，专业教师很少。当时职业中学的肄业生比较多，很多学生三年没念完就辍学出去打工了。“怎样才能留住学生，不让他们过早地走入社会？”一直是灌南中专领导苦苦思索的问题。为此，学校从三个方面开始入手，一是积极教授学生一些实用的技能，让学生和家长觉得在学校能学到真本事；二是多与学生家长交流，改变他们早早想让孩子外出打工的想法；三是积极申请经费，改善实训室教学设备，让学生有设备训练。学校派负责烹饪教学的专任教师徐亚军等反复走访灌南的饭馆、酒店，结合淮扬菜系里的经典菜品推出最前沿的菜肴，慢慢地建立了灌南中专烹饪专业技能教学"菜单"。学校"挤"出经费，建立了一间能基本满足学生技能教学需要的实训室。同时，组织召开家长会，请家长来学校坐一坐、聊一聊、看一看，让家长慢慢接受学校的办学理念。

随着家长和学生对学校烹饪专业满意度的提升，招生人数也一年比一年多。到 2019 年，学生人数达到近四百人。有教师开玩笑地说："再这样发展下去，我们灌南中专的烹饪专业都顶得上乡下的一所学校了。"

灌南中专是江苏省烹饪专业学业水平技能考试考点，江苏省文化旅游行业餐饮类专业委员会成员单位，灌南县食用菌职业体验中心，灌南县烹饪协会、餐饮业商会副会长单位。目前，灌南中专的烹饪专业正在积极申报五年制大专院校和江苏省首批中餐烹饪产业学院；多名烹饪专业教师在省级、市级教学大赛中获奖；烹饪专业教师在课题研究方面认真探索，取得了两个省级立项课题，完成了"单招烹饪实训课程有效教学模式研究——以灌南中专某班级为例"课题研究，在《科学大众（科学教育）》《中国食品》等刊物上发表数篇论文。

学生上课场景

灌南中专烹饪专业在教学、实践方面同县内的多家大酒店合作，实现校企优势互补、资源共享、基地共建、人才共育，促进教学链、产业链的深度融合。在 2018 年，由灌南县人社局和灌南餐饮协会联合举办的灌南首届"菌都美食"中式烹调职业技能竞赛和

2019年县人社局组织的“美大厨”活动中，灌南中专的师生都积极参与。在“美大厨”活动中，学校老师赵波荣获一等奖，张艺树荣获二等奖。

为提升烹饪专业毕业生的就业率，学校与酒店进一步深化合作，让临近毕业的学生到酒店实习，使得学生在学校学习结束后能快速地融入酒店环境，同时也让酒店更多地了解学校学生的技能水平。截至目前，灌南中专烹饪班的毕业生就业率已达98%以上。苏州金海华餐饮集团、苏州书香世家酒店、淮安富力万达嘉华酒店、灌南心相印大酒店等亲切地称灌南中专为优秀实习生的“摇篮”。

对口单招高考是灌南中专近几年着力发展的教学模式。对口单招高考就是学生从高一开始对口教学培养，经过三年学习，参加江苏省对口单招技能高考和文化理论高考。这种形式的高考跟普通高考一样，可以考本科，也可以考专科。自这一教学模式开展以来，烹饪专业已连续多年多人次达本科线，进入大学继续深造，涌现出很多像于杰、徐彩霞、周丹丹等的优秀毕业生。对口单招高考为学生的美好未来搭建起新的平台。

求真务实当为本，取精用宏终为真。灌南中专正以国家示范项目建设为抓手，引领学校步入内涵发展、特色发展、品质发展、创新发展的新阶段，向着“市内拔尖、省内知名、全国有位”的现代化、特色化、规范化、信息化建设的总目标迈进。

第六章

节日食俗　蕴涵传统文化

节日文化是一个国家或一个民族在漫长的历史过程中形成和发展出的民族文化，能够体现出这个国家和民族的风俗和习惯。

俗话说，逢节必吃。节日的吃，不是平时单纯的吃。在“每逢佳节倍思亲”的情感中，吃的是传统节日的文化和内涵。

我国的节日，多源于古代祭天、祭地、祭神、祭祖的祭祀活动。儒教、道教、佛教等的文化元素融入几千年的民俗文化中，使节日食俗既贴近生活，又为人们所喜闻乐见，更充满神圣的色彩。元宵节的元宵、端午节的粽子、中秋节的月饼、重阳节的阳糕、腊八节的腊八粥等，既是习俗，也是传统，更是情怀。

第一节　春　节

爆竹阵阵辞旧岁，
笑语声声迎新年。

春节将至，漂泊的人早已备好行囊，匆匆的脚步丈量着回家的路有多长，千里之疲而不倦，万里之遥而不厌……

春节，牵挂着亿万人的心，承载着几千年的情。机场、车站、码头，一票难求。纵然是万水千山，也无法把人们阻挡。此时，无须把话多讲，只八个字——有钱没钱，回家过年。

早前，灌南人把过年准备年货，称为“忙年”，这被当作一年中的头等大事。

农历腊月二十三、二十四，灌南人称作“小年”。这两天还是传统的祭灶节日。于是，置办年货和充满神秘色彩的祭灶活动同时开始。

“祭灶”，又称“谢灶”“灶王节”。据晋代周处《风土记》中载：“腊月二十四日夜祀灶，谓灶神翌日上天，白一岁事，故先一日祀之。”① 祭灶是一项在汉民族中影响广泛的传统习俗，源于古代的拜火神风俗。

相传，玉皇大帝封一位姓张的神仙为灶神，到民间监督体恤民众的饮食，并于每年的农历腊月二十三、二十四日两天回天庭禀奏。因此，人间百姓每逢这两天都要祭祀灶神，置办荤素之食、点心、水果、茶水、糖果等，供于灶神像前的桌案之上。灶神像两侧贴上“上天言好事，下界保平安”的对联。全家一起跪于灶神像前，焚香祷告，祈求人丁兴旺，口中喃喃念

---

① 顾禄．清嘉录［M］．南京：江苏凤凰文艺出版社，2019：318.

道："腊月二十三，送灶老爷上西天，求您多说好来少说孬，回来时马尾巴上带个胖小子。"还有的人家这样祈祷："腊月二十四，送灶老爷上西天，好话多说，坏话少说，五谷杂粮多多带，灶膛火头旺旺旺。"礼成，齐磕三个响头，用糖果沾点水抹在灶神像的嘴上，意思是"嘴甜点"，说点好话；再将祭品掰一点抛向外面的屋顶上，口中大声呼喊道："灶老爷骑白马，丰衣足食全靠你！"接着，全家围着土灶吃那专门包制的灶饼。

办完祭灶活动，接下来的是重中之重的"忙年"。

腊月二十五，除了置办年货，还有必不可少的"扫尘"，寓意是扫除污浊晦气。在这一天，灌南人会用鸡毛掸子及各种打扫工具，把屋里屋外打扫得干干净净，祈求来年平安康福。早年间，人们去集镇置办年货的同时，还会顺带着丫头和小子们去澡堂洗澡，寓意洗去身上的污秽，然后再扯布做些新衣裳，买来写对联的大红纸、年画、小孩玩的风车、烟花爆竹、糕点糖果、荤素食材、油盐酱醋，品种繁多，样样俱全，可谓是费心尽力。

腊月二十五、二十六，每户人家开始制作"发糕"。"发糕"是将糯米粉调成糊状，加入酵母发酵，掺入白糖，再撒上红枣，置于蒸汽腾腾的土灶草笼上，再插上芦柴管子出气，将其蒸得蓬松起孔。蒸好的发糕被掀覆于桌案之上，切成大小适宜的糕块，用于过年期间随时蒸食。经验丰富的老太太们总是坐在现场指导，并尝尝儿媳的手艺。接着，萝卜猪肉馅、白菜粉丝馅、马齿苋猪肉馅、豆沙馅的包子也在那老土灶上争相出笼。

腊月二十七、二十八，男人们为了让一家老小在大年三十吃个痛快，于是不顾严寒，将家门口鱼塘里的大鱼捕来，交给司厨的媳妇，刮鳞、去鳃、去内脏，用大盐浸腌，挂于屋檐的风口上，单等大年三十的到来。

到了下午三四点钟，家里请来杀猪师傅帮助宰杀年猪。接得猪血（血料）后，几个人将猪抬入长形的大木盆中，老土灶上早已烧好的滚沸的水，被水瓢盛起一下接一下地浇在猪身上。专用的“刨子”连续不断地发出“咔嚓咔嚓”的声音，刮去猪毛。顽童们欢呼雀跃，这个说“喔喔，不知羞、光屁股的大老猪”，那个说“猪八戒招亲了”，惹得众人哈哈大笑。

接着，割肉刀派上用场，杀猪师傅熟练的动作，准确又有节奏。左邻右舍纷纷拥来，按他们所需，用割肉刀一块块、一条条地分割开来。这个要肋条，那个要大肠，这个要猪肝……此时，主家一般会说：“猪头和尾巴不卖，大年初二亲家来，耳朵、舌头、猪头肉是下酒菜。尾巴要让我大孙子吃的，专治他磨牙。”接着又说：“晚上来吃猪肉，多谢平时大家大事小情的帮忙。”晚上，老土灶上两口大铁锅，一锅大白菜猪肉炖粉条，一锅自家种的雪白大米干饭，吃得邻居们眉开眼笑。

腊月二十九的午后，“忙年”进入高潮。杀鸡、宰鸭、炸肉圆，都是重要的任务。家家户户厨房的砧板上堆满了切成小块的五花肉，还有葱段、姜块。男人们有劲，双刀飞舞，发出“得咚得咚”富有节奏的剁肉声。待剁肉声止，肉已被剁成泥状。媳妇们麻利地将其装进大陶盆中，打入鸡蛋，放入适量的面粉、精盐、味精、清水，撸起袖口用手顺一个方向搅，使其上劲成肉糊。

老土灶的大锅里热油滚滚，左手抓肉糊一挤，右手的小汤勺配合地一挖，朝油锅轻轻一滑，肉圆落入油中。连续不断地重复这个动作，油锅里浮起一片圆鼓鼓、金黄可爱的肉圆。那些早已垂涎欲滴的娃们哪能受得了如此诱惑，央求家人赶快捞出，每人不顾滚烫，吃得十来个后，便又一窝蜂似的跑到门口的谷场上玩起跳皮筋、打梭子、跳绳、躲找（捉迷藏）之类的游戏。

傍晚，打谷场上，大大小小的孩子围在爆米花机旁，随着那如葫芦状的炉子快速转动，手拉的风箱“扑哧扑哧”吹鼓得火焰一升一缩，映红了小家伙们的脸庞。“爆花人”停下双手，布袋口对准“铁葫芦”的嘴，左脚踩住“铁葫芦”口部，右手用力扳动机关，“砰”的一声巨响，专用的长布袋里已装满洁白饱满、形如珍珠的米花，“爆花人”再顺手倒入早已伸过来的竹篮里。这家爆米花，那家爆大米，还有的人家爆山芋干，都是用来当作过年的零食。

此时，挨家挨户厨房里的老土灶上仍是热气腾腾，肉圆炸得盛满大筐，接着是炸萝卜坨子、菜肉坨子，炕藕夹、炕大鱼，烀猪头、烀大肉、烀骨头、烀鸡鸭鹅等，忙得司厨的妇女们早已脱去棉袄，个个汗珠直冒。总之，一到“忙年”，各家各户都显尽浑身的本事，似乎要比个高低。

早年间没有冰箱之类的食物贮存物件，为了新年期间有充足的时间接待拜年之人，腾出时间走亲访友，所做食物一般要吃到正月十五。

已近半夜，是开始制作那充满年味的“熬山芋麦芽糖”的时候了。煤油灯下，妇女们将山芋切成小片，放入那十几个小时没有停火的老土灶锅内烧煮。烧火的老人轮班替换，白天是袅袅炊烟，晚上是灶膛火红，这火映红了老人慈祥又幸福的脸庞，无声地道出儿孙满堂之悦、欢欢喜喜过大年的幸福与安康。

此时，大锅里的山芋已熬至稀烂，妇女们盛于盆中，用纱布过滤、取汁兑入事先“生”好的大麦芽，在石磨上磨成稀糊浆，再用纱布勒取浆汁，倒入锅里小火慢熬至浓稠后熄灭灶火。等到浆汁变成柔软的糊状，投入去壳的熟花生仁，用锅铲将之铲入铺满熟芝麻的簸箕内，切成长条，用手压扁，待上下面沾满芝麻，趁热切成三四毫米厚的薄片。成品口感酥脆香甜，既有山芋的香味，又有麦子的余香，这就是家里过年的甜点。

已近午夜，七八天的“忙年”之事弄得人人疲惫，但大家都觉得心里舒坦，等待着后一日大年三十的激情与欢畅。

除夕，含有“旧岁到此而除，明日另换新岁”的意思，“除”乃除旧布新之意。大年三十一大早，人们为了把最精彩的美味中餐做得丰盛，早餐才刚刚收场，便赶紧把中餐的品种切配妥当。于是千家万户的烟囱冒出条条“青龙”，直升云霄之上。

家中老少，各自找到自己力所能及之事，大一点的孩子拎着几个空玻璃瓶子，到村头小商店从“酒端”里打来白酒，俗称“打酒”。随之，酒杯、筷子、汤勺整齐地摆放在桌面，大丫头们用托盘把冷盘端上桌来，又请老太爷、老太奶安坐于首席之上。

开餐，讲究礼节。先由长辈将席中之菜各夹一点置于供案之上，然后祈愿道："列祖列宗在上，今天过年了，先来敬你们。"接着，斟满三杯酒，"第一杯酒敬天"，撒向天空；"第二杯酒敬地"，撒向地面；"第三杯酒敬祖上"，把酒撒在供案之上。接下来，晚辈向长辈依次斟酒。

以前，灌南家家人口多，三四个孩子算少的，五六个属寻常。见到有这么多好吃的，个个就像猛虎扑食，但这立即会遭到大人们的训斥。于是，个个又不情愿地放下筷子，按照父亲的指挥，由大到小依次敬爷爷、奶奶、父亲、母亲……然后是兄弟姊妹们以茶代酒互相致敬。孩子们巴不得这套礼数早点结束，随着一声"开吃"，早已按捺不住馋劲的孩子们便狼吞虎咽起来，看得大人们笑出了眼泪。

"各地各乡风，十里不相同。"据说北方年夜饭是晚上进行的，灌南年三十这顿饭却是在中午。所食的种类，现在看来，是寻常不过的鸡、鸭、鱼、肉。而在以前生产力落后，生活水平不高，菜肴也没有任何半成品和成品可供选用，所有的粮食都要经石磨碾成粉，才能上老土灶的灶台。过年，是那时孩子们一年的盼头。

酒足饭饱，午后贴春联又行动起来。旧时没有现成的春联，家家户户便取出从集上买的红纸，腋夹着东庄、西庄跑个不停，请写字好看的人帮忙，图个脸面。傍晚，千家万户的大门上都已贴上对联，厨房、窗上还贴了剪纸窗花，呈现一派红红火火的欢庆气氛。

春联是春节的象征。春节源于古代一年农事结束，新的一年又开始的"年头岁尾"祭神活动。春联是从神秘的祭祀活动中张贴的祛邪避魔的神符演变而来。

除夕，为岁末的最后一个夜晚，灌南民间叫"岁除"，有旧岁至此而除，另换新岁之意。

是夜，"岁尾"的年三十的气氛，既宁静又祥和，人人心里充满欢乐。妇女们在老土灶上不停地翻炒着瓜子、花生、向日葵（本地称"旺葵"）。旧时没有电视这些娱乐设施，人们嗑着瓜子、拉着家常，静静地守岁。不知是哪个孩子起的头："还有压岁钱没给呢!"于是，这个搂住母亲的头，那个抱着父亲的腿，还有的直接把小手伸进爷爷奶奶的腰包。接着，便是这个"一毛"，那个"二毛"……孩子们时常因分配得不公平，又哭又闹起来，最后还是爷爷奶奶主持公道，把那"差额"补齐，这才平息了"风暴"。守岁至深夜，顽皮了一天的孩子们坐着便睡着了，一个个被抱入被窝，父母在枕头下放入几片从街上买来的灌南云片糕（称"开口糕"），同时放几根葱，意为冲去晦气。

时至午夜十二点，随着新年到来，城乡之间鞭炮连天，一朵朵五彩缤纷的烟花照亮了漆黑的夜空，人们一片欢腾，庆祝新的一年来到。

宋王安石有《元日》诗曰："爆竹声中一岁除，春风送暖入屠苏。千门万户曈曈日，总把新桃换旧符。"

大年初一凌晨三四点钟，每个家庭的男女主人都要点燃用芝麻秆扎成的"财把"，到每个房间照一照，有避邪和迎接新年之意，又谓红红火火，"芝麻开花节节高，一年更比一年好"。

大年初一天色微明，金鸡报晓，开门的鞭炮声"噼啪噼啪"地骤响。孩子们听到后从被窝一跃而起，但仍牢记母亲昨晚的叮咛："先把枕头下的'开口糕'吃下，才能说话。"吃完糕，个个都穿上了几天前父母置办的新衣裳，接着喝糕茶，然后出去拜年。

以前，家族大，人口多，村里人都要去辈分高的人家拜年。那长辈家早已摆好年前自家"扫"的糯米水糕、云片糕、果子、白糖或红糖、麦芽糖等，美称"喝糕茶"。晚辈们一个接一个地进来，向坐于堂屋当中的长辈跪下磕头："给您拜年！给您磕头！"也有的会说："祝您新年吉祥！身体倍棒！"拜年人数凑够一桌，便在主人邀请下入座，端起主人准备的茶水，将糕点沾着红糖送入口中，同时说着："高升、高升、步步高升，越来越好，甜甜蜜蜜……"喝糕茶是拜年时必不可少的礼数。接下来，长辈们都会诚意地留下他们"喝年酒"。

"喝年酒"的菜，可丰可简。灌南人家一般在土灶上烧出那既省时又简便的“一锅烩”。按几种食物又称“几碗头”，简简单单地吃菜喝酒，自然少不了先敬长辈的礼套。第一拨走了，又来第二批磕头拜年之人，民间又有“前客让后客”的说道，就这样持续至中午。辈分稍长、岁数偏大者被挽留吃午饭，在原饭菜的基础上，多加几碟冷菜，把拜年的气氛推向极致。平辈之间，左邻右舍也互相拜年，喝糕茶、喝年酒，乐此不疲。

从大年初一到大年初五，充满乡土气息的“踩高跷”“玩麒麟”“玩龙船”表演队，走村串户，趁机挣点零花钱。他们的特色是在脸上涂上油彩，其中一人边扭边唱：“麒麟一到咯喳喳，来到富贵门前家，能给五块给十块，平安幸福都是你们家。”另外几人便按节拍敲锣打鼓地和唱道：“对！平安幸福都是你们家……”还有那“龙船来到贵人家，两位寿星定过一百岁！儿子当上大干部，孙女孙子都能考上大学啦”。其他又合拍子唱道：“对，孙女孙子都能考上大学啦。”“咚咚锵、咚咚锵，你家今天吃山珍，明天吃海味，什么好东西都朝你家来啦，能给十块给二十，能给八十给一百！”整天锣鼓声不绝于耳，唱词丰富多彩，唱到动情之处，不是几块糕点就能打发的，先是给几毛，唱得叫主家不好意思时，得给几块才罢休。

大年初二至初四，人们走亲访友，媳妇们提着大包小包回娘家，孩子们争先恐后地跟着，似是专奔外公、外婆备好的压岁钱而来。

大年初五是“破五节”，俗称“泼污”。传统习俗是从初一至初四之间的污水不能倒掉。这几天不能打碎物品，不能说不吉利的话。妇女们不能做针线活，不能在家里扫地，据说扫地会把家里的财气扫掉。初五这天是解禁日。据传《封神榜》中姜子牙把背叛他的妻子封为“穷神”，令她“逢破即归”。因此，本地民间于大年初五这天，把家里几天积下来的污水统统倒掉，家里家外又打扫一新。

大年初七，在灌南被称为“七草节”，也叫“人日”，这源于一个传说。古时，女娲创造世间苍生，定顺序初一为鸡日，初二为狗日，初三为猪日，初四为羊日，初五为牛日，初六为马日，并于第七天创造出人来，故初七为“人日”。演变至今，又多了一层含义，年前回家过年的游子，过了初七才能远走他乡，初七这天不出远门，不走亲访友，和家人一起团聚，吃面条，又叫“拉魂面”。灌南人吃此面有两层意思：第一层意思是这几天经常走亲访友，心都野了；第二层意思是初八后离家别忘了这个家，把魂拉住。这天，灌南一带有三种不同习俗：一是登高望远，站在高处向远处眺望，又称“站得高才能望得远”；二是送火神，送火神当然不是灶膛里的火神，而是送坑害人间的邪火，祛退晦气之火；三是心平气和，不生气，不打骂孩子，以人为尊。这天，灌南人还要吃三种饭：一是吃长面，即面条；二是吃春饼，亦可吃春卷；三是吃七宝羹，即用七种荤素食材混合做成的粥羹。过了初七这天，在外谋生、求学之人又将踏上征程，留在家里的人又开始春耕生产。

每一个节日都和当地的饮食风俗密切相关，也成了饮食文化的载体。

第二节　元宵节

生查子·元夕

［宋］欧阳修

去年元夜时，花市灯如昼。
月上柳梢头，人约黄昏后。
今年元夜时，月与灯依旧。
不见去年人，泪湿春衫袖。

年味还未淡去，传统的元宵节又至。它浪漫而富有诗意。人们习惯地将它归置于春节的范围之内，元宵过后，过年活动的大幕才徐徐闭合。

农历正月十五，是一年中第一个月圆之日。道教中有“三元”的说法，称正月十五为“上元”，七月十五为“中元”，十月十五为“下元”。“三”是道教中的吉祥数字，传说天神赐诞分管天、地、水的三位官员，上元天官赐福、中元地官赦罪、下元水官解厄。正月十五这天夜里，人们吃元宵，观灯于闹市，通宵歌舞，盛况空前。同时，这也是年轻人谈情说爱、密约幽会的良宵。宋代诗人辛弃疾曾在《青玉案·元夕》中描写道：“众里寻他千百度。蓦然回首，那人却在，灯火阑珊处。”

民间称正月十五这天为“元宵节”，并吃元宵庆贺节日。灌南一带，人们对元宵的制作十分讲究，品种可根据人的口味和嗜好变化，可荤可素，举不胜举。一般是按馅料来取名，如“桂花元宵”，是用桂花和芝麻粉作馅；“五仁元宵”，是用五种果仁研末为馅。

人们时常会把元宵和汤圆混淆。汤圆是将馅料包入糯米粉制成的粉皮中，搓成圆形，下水锅煮至熟，连汤装入碗中。而传统意义上的元宵，是将馅料做成厚实有黏性的厚糊状，“揪”成一团，沾水放在竹匾中，一边晃转，一边均匀地撒上糯米粉，分多次洒水、多次撒粉，最后使糯米粉紧紧地裹住馅料，入锅煮食。其口感较汤圆而言，稍松软。

制作元宵的馅料，有的人家将那猪板油切成小丁，拌以芝麻糊和红糖，称“板油元宵”；有用大红枣做成枣泥做馅的，称“枣泥元宵”；也有用荠菜做馅的，称“荠菜元宵”。

那些爱好美食的老饕们，自己动手将干茶叶研成粉末，拌以白芝麻糊、蜂蜜制成馅料，包入糯米粉皮中，煮好后装入极品的绿茶汁中品尝。洁白的元宵在绿茶汁中如碧泉里浮起的夜明珠，隐约间能看见流动的液体馅料，故得了个雅致的名字“南海名珠”。而用红茶汁煮熟的元宵，透明的面皮内能见红茶馅那醉人的红晕，嘬之茶香扑鼻，滑爽细腻，软糯适口，回味悠长。

时下，很多人不懂汤圆与元宵的区别，直接把汤圆的制作方法当成元宵的。随着时间的推移，灌南人也就渐渐接受了。在灌南，彩色汤圆是一大创新，用青菜汁和糯米粉做成的皮子，色泽如碧玉翡翠；用胡萝卜和糯米粉做成的皮子，色泽金黄；用红小豆和糯米粉做成的皮子，红如玛瑙；用章鱼墨和糯米粉做成的皮子，色如墨玉……现在超市所出售的汤圆多达二十多种，人们不再去劳心费神制作了。

品尝完如此美味的元宵之后，便是晚上的观灯活动了。民间有童谣道：“正月十五月儿圆，吃完元宵看龙船。”

明代才子唐寅的《元宵》把元宵节观灯刻画得惟妙惟肖：

有灯无月不娱人，有月无灯不算春。
春到人间人似玉，灯烧月下月如银。
满街珠翠游村女，沸地笙歌赛灶神。
不展芳尊开口笑，如何消得此良辰。

“三十的火，十五的灯”，元宵节观灯是热热闹闹中国年的“压轴戏”，所有的项目都体现出一个“闹”字。有谚语道：“正月里来闹元宵，遍地笙歌乐团圆。”有人称之为中国式的“狂欢节”。

早些年，灌南的元宵观灯曾红红火火，热闹非凡，是县政府精心打造、专家精心策划、群众喜闻乐见的娱乐项目。整个方案，在春节前就已做到极致，从交通管制、火灾防范到特警治安等，都有相关部门负责到位，做到万无一失。

天色渐暗，县城人民路上人山人海，到处张灯结彩，街道两旁五颜六色的花灯，让人眼花缭乱。《西游记》题材的花灯造型，引人入胜，但见那唐僧坐于白龙马上，左手持九环锡杖，右手拉动缰绳，那神马四蹄蹬开，昂头嘶鸣；孙悟空手持金箍棒，脚踩云团，似欲翻那十万八千里的筋斗云；猪八戒憨态可掬，肩扛大钉耙，扭动摇袖；沙和尚头发蓬松，两只圆眼睛亮似灯，项下挂戴骷髅串，手持宝杖。还有那金龙戏珠、凤戏牡丹、火箭升天、十二生肖、虾兵蟹将等花灯，叫人目不暇接。据行家讲，古代的纸灯里面用的多是蜡烛，后来用汽油灯，再后来是采用蓄电池的灯泡，现在则是集声、光、电、气一体，用三维动画等高科技手段创造出精美绝伦的动人场景。

广场上的一台歌舞晚会声情并茂。小街道上，有扭秧歌的、跑龙船的、踩高跷的，还有那出名的张店锣鼓各打各的震天响。

小吃摊上，现煮现卖的元宵品种众多。还有号称“万万顺”的水饺，也是灌南人这天晚上必吃的食品，人称其是元宵的配套，它还有一个外号叫“元宝”。怪不得人们常说：“正月十五，元宵和元宝，吃了以后，长生不老。”

第三节　春龙节

二月二，龙抬头。在古老的农耕文化中，“龙抬头”标志着地表的阳气升发，雨水增多，世间万物生机盎然，春耕生产由此开始。据神话传说，“二月二”是土地神诞生的“社日节”。

农历的二月初二，民间又称“青龙节”“春龙节”“农事节”“春耕节”，是我国的传统节日。据了解，这个“龙”指的是二十八宿中的东方苍龙七宿星象，每年仲春的卯月（即斗指正东）之初，龙角星就从东方地平线上升起，故称为“龙抬头”。尽管西汉董仲舒的《春秋繁露》、唐代的《唐书·李泌传》中都有记载，民间的说法也很多，但不论是哪种说辞，均是围绕着对龙神美好的信仰，寄希望于其保佑一年四季风调雨顺，丰收有望。

唐代诗人白居易用通俗的语言，生动地描述了二月的自然特点与美好情景：

二月二日新雨晴，草芽菜甲一时生。
轻衫细马春年少，十字津头一字行。

以前，灌南农村流传这样的习俗：二月二这天，大人小孩都选择当日的下午来剃头，寓意为“剃龙头”。据老私塾先生讲，因古人对龙崇拜，在身上纹以龙的图案，并剃去发髻，扮成龙人，慢慢演变成“剃龙头”的习俗。

灌南农村二月二这天，妇女们不能做针线活，因传说这一天青龙会低头观看人间，动针会刺瞎龙眼。还有这天妇女起床前要先念“二月二，龙抬头，你不抬头我抬头”；起床后要点着油灯照一照房梁，边照边说“二月二，照房梁，照得毒虫无处藏”；亦有妇女们不能在河沟里洗衣裳，怕伤了龙皮的说法。

逢节必有吃，是传统节日的特征。人一辈子都围绕着“吃”，有时候还为吃去找理由、去编故事。不经意间，一个新的食物品种就会诞生。灌南一带于二月二这天吃饺子，说是吃龙耳朵，寓意此日吃龙的耳朵会使龙的听觉更加灵敏，能听到哪个地方缺雨干旱，以便及时布云施雨。

民间亦有吃馄饨的传说。有一年二月二，青龙身体不适，身上的小龙鳞沙沙地脱落，整天无精打采，混混沌沌。多日不下雨，乡间田禾几近干枯。百姓祭祀求雨于龙王庙时，见庙堂梁上不时飘落薄如鱼鳞形状的物体，十分奇特，便将此事说与“高人”。这位“高人”闭目算了半天，突然一拍大腿：“不好，此‘混沌’之物乃龙体尾部的小鳞，赶紧以此形做带肉馅的面食供补，方能医治好此龙。”于是，村庄的一位巧妇仿照这奇异的东西，用方形的面皮包以肉馅，形似龙鳞，煮熟后供于龙王庙的龙位前，焚香祷告，敬祝早日康复，为民造福施雨。说来也怪，第二天原本晴空万里，阳光普照，忽然间乌云密布，下起春雨，田间禾苗得雨水滋润后旺盛生长，收成可保。从此，“二月二吃馄饨（取‘混沌’之音）”的食俗流传于世。

灌南还有二月二吃饼的说法。由于乡人做馄饨很是灵验，人们便萌发奇想，既然龙身的小鳞养分不济，不如再多补养补养大鳞。于是，炕得圆形带馅大饼，供于龙王庙的龙位前。后来，便有了二月二龙抬头之日吃春饼的习俗。这些虔诚的人们还萌生出吃面条的想法，此面被称为“龙须面”，又叫“阳春面”。而像灌南人这天制作的薄饼和鸡蛋饼又称“龙皮”，食猪头的习俗又被称为“龙抬头”。这些食俗无一不寄托了农耕时代人们祈求风调雨顺、五谷丰登的美好愿望，并延续至今。

第四节 清明节

杨柳青，放风筝。
杨柳活，抽陀螺。
杨柳黄，踢毽忙。

这是一首描写清明时节的童谣。

放风筝，是灌南一带清明时节孩子们最爱的一项活动。此时，和煦的春风吹得人们从里到外暖洋洋的，杨柳的芽儿鼓鼓黄黄，年龄大点的孩子自己动手做风筝，而小家伙们看得眼热，也会央求爷爷、爸爸为其做那形似蜈蚣、蟠桃、老鹰等的形形色色的风筝。田间、旷野到处都是放风筝的身影，充满诗情画意。

清明节，又称“踏青节”“行清节”“祭祖节”。节气处于仲春与暮春之交，源于上古时代的春祭，融自然与人文的内涵于一体。清明，既是自然的节气，又是传统的节日。四月五日前后，大地生机旺盛，“阴气”退却，万物吐故纳新。

《易·说卦》：“艮，东北之卦也，万物之所成终而所成始也。”① 北斗星的斗柄从指向正东偏北方位的“建寅”之月为起始，按顺时针方向旋转。斗柄回寅，乾元启运时回新春。当斗柄指向正东偏南的“乙”位时，为清明节气。清明时节的情景恰似那“清明时节雨纷纷”所描写的意境，万物皆齐活，气温升高，感觉暖暖洋洋、清清明明的。此时，正是结伴春游、踏青、行祭、扫墓的时节。

清明节的内容丰富多彩。在长期的演变过程中，还整合出现了类似旧时“上巳节”的习俗。《周礼》郑玄注：“岁时祓除，如今三月上巳如水上之类。”② 时人结伴于水边沐浴，称为“祓禊”，后

① 王引之．经义述闻［M］．上海：上海古籍出版社，2018：134.

② 李光坡．周礼述注［M］．北京：商务印书馆，2019：263.

来，又融进祭祀宴饮、曲水流觞、踏青游春等内容。

清明祭祖扫墓是中华儿女几千年不变的情怀。无论身居何方，都必须放下手上之事，回到祖辈的墓碑旁，倾说别后的思念和忧伤。

几十年前，灌南一带的清明扫墓，俗称“填坟”。一般于当日中午包食水饺，餐后全家出动去“填坟”。那时都是土坟，没有墓碑，因土坟较多，全凭记忆寻得属于自家的坟冢。

那时，“填坟”有一定的规矩，先“填”辈分最长的祖坟。因逝者后代较多，各户各房都要派人来。有时，几十甚至上百人围于祖坟边，后代们用铁锹从周围挖来新土，填垫在因被雨水冲刷变小的坟上，每人都要挖点土，口中念道：“老祖宗在上，晚辈给您盖房子了。保佑我家人人平安如意啊!”同时，由辈分长又有威信的人，用铁锹挖取两个似碗状、上大下小的圆形土坯，先放一个在坟的最高处，小面朝上，再将另一个小面朝下，两个合在一起，称“坟头”。接下来把携带来的小桌置于祖坟的正南偏东方，摆上水饺、三个酒杯，还有果品等食物作祭品。斟满三杯酒，众人一起跪下磕头，由长者将那三杯酒洒在坟前的地上，众人将各自带来的纸钱焚于坟前，把饺子汤泼于坟上。接着各家各户分别去填自家的坟，也是按逝者辈分进行。

唐代大诗人白居易的这首《寒食野望吟》深刻地道出了清明时的人间情怀：

乌啼鹊噪昏乔木，清明寒食谁家哭。
风吹旷野纸钱飞，古墓垒垒春草绿。
棠梨花映白杨树，尽是死生别离处。
冥冥重泉哭不闻，萧萧暮雨人归去。

灌南人在清明节这天吃饺子的习俗是世代相传的。饺子有韭菜鸡蛋馅、韭菜猪肉馅、荠菜猪肉馅、荠菜豆腐馅和菜干杂拌馅等，馅料根据自家条件，丰俭由人。

煮好饺子，主人先装一碗置于堂屋的条桌上，并叮嘱家里的孩子不能动，还将饺子汤洒在地上，说道：“老祖宗你吃哟！喝哟！

今天是清明，吃过中饭去给您烧纸钱哟!”这些在当时看似寻常之举，但深深地影响了后来人，使后辈继承了不忘祖先、尊老爱幼、重视家教家风的优良传统。

灌南的清明节，除了扫墓、吃饺子、放风筝以外，还有插柳、踏青等习俗与活动。

插柳，是将路旁刚刚冒出的鼓鼓的胖芽柳条插在土坟上，也有在家里的草屋檐下插柳的风俗。据传，插柳是为了纪念“教民稼穑”的农事祖师神农氏。古代有“柳条青，雨蒙蒙；柳条干，晴了天”的民谚，插柳也有避邪消灾的意味。柳树因其顽强的生命力，即便剁成几寸长的段，插入土中也会长成大树，年年插柳，处处成荫。

踏青是清明时节的一项活动。踏青的习俗据说源于古代的上巳节，人们在祭祀地神、春神以祈求子嗣繁衍时，踏着青青的芳草，青年男女互诉爱慕，欢歌乐舞，迎接返青的春天，后逐渐演变成现时的春游。

清明节为我国的传统节日，和春节、端午节、中秋节并称我国的“四大传统节日”。它的文化特征和人文价值渗入中国人的骨髓，其中既有人间连绵不断的深情厚谊，又有中华儿女割不断、舍不下的家国情怀。

第五节　端午节

端午节，灌南人称“五月端”。节日前，家里人会从芦苇荡摘回长长的芦叶，包入米，煮熟，香喷喷的粽子便出锅了。

端午节那天，灌南人还会用艾草和香蒲熬水洗澡，以避邪和防生肿疮；还会用雄黄酒涂抹鼻孔等处，防毒虫侵入；而在脖子、手腕、脚踝等处系上五彩丝线和香料包，是为了避邪纳福。还有“不到六月六，五彩丝线不能取下来”的说法。灌南民间甚至流传，等到七夕，这些五彩丝线会被喜鹊叼到银河上搭起彩桥，牛郎和织女会在桥上相会。

端午节吃粽子，特别地道出了这个节日的文化内涵。

端午节，又称“端阳节”“龙舟节”“重午节”“天中节”等。“端午”一词最早出现于西晋名臣周处的《风土记》中。

五月初五的前几天，在灌南的乡村，人们早早地忙于采集包粽子的芦叶，大小芦苇荡里不时传出欢快的说笑声。节日未到，人们为何早早就忙活起来？原来，是怕摘迟了，仅剥小叶，包起粽子既费事，又不好看。

灌南人把芦苇称为“芦柴”，甚至直接叫“柴叶”，把“摘”叫作“打”。“打柴叶”有讲究，太老的没有芦叶的清香，太嫩的叶形又小，“打”那叶形大又鲜嫩的方为合适。

每到节日，便能体现出团结互助的集体力量。五月初四的下午，灌南人已备好各种馅料摆在小矮桌上。左邻右舍的大娘、姑娘和媳妇们，不请自到，叽叽喳喳地说笑间，已围坐在矮桌四周，早有人把装满芦叶的木盆端上。包粽子是个技术活，包制前，先把芦叶放入开水锅中烫一下，使芦叶柔软，至翠绿色时，捞入木盆，倒入冷水，使之冷却。

灌南粽子的馅料多种多样，有大枣、花生米、蜜饯、果仁、红豆、腊肉、玉米粒、柿饼、鲜肉等。常见的是“糯米桂花蜜枣馅”。制作方法是将优质的糯米淘洗干净，放入清水浸泡两小时，滤尽水分待用。将蜜枣切成玉米粒大小的丁，再将适量的松子仁炒熟拌入泡好的湿糯米中，撒入少许干制的桂花，拌匀即可。比例是一斤糯米配蜜枣丁三两、松子仁一两、干桂花五钱。再有是“糯米鲜肉馅”。制作方法是将猪精肉切成樱桃粒大小的丁，放入盆中撒入适量的葱花、姜末、食盐、生抽、糯米搅匀。比例是一斤糯米配鲜肉二两、葱末八钱、姜末四钱、食盐二钱、生抽五钱。

灌南粽子的形状有正三角形、尖三角形两种。包法是取两三张芦叶重叠在一起，重叠部为五分之二，然后折卷成圆锥形，用勺子装入馅料，再把芦叶重复绕几圈，用“鱼贯子”（形似缝衣服的细针，粗似铁钉，尾部有一绿豆粗细的小孔，长约十二厘米，尾粗头尖）于粽体中部向上斜插至粽子的上部三角形处，将芦叶的尾尖插入“鱼贯子”的小孔内，用手抓住“鱼贯子”的尖头拽过去，芦叶的尖尾也就随着“鱼贯子”被拽了过去，粽体自然被裹扎起来。此方法不似其他地方包粽子的方法，要用线或油草来包扎。灌南粽子制作虽十分简单，但叙述起来着实不易。其实就像使用缝衣服的线针一样，把线穿进针孔，插进去再拽过来。为什么叫“鱼贯子”？很多灌南人都讲不清楚，那识字的老人哈哈大笑道：“那不就是鱼贯而入吗？”说话间，那些妇女已把粽子包好，一路嬉笑地又到下一家去帮忙了。

初四夜，家家户户都把粽子和鸡蛋放入老土灶上的大铁锅内清煮，待初五大早，品吃那承载着几千年文化的“叶裹饭”——粽子。

随着农耕文明对水稻的不断改良，这些小小的颗粒，承接了越来越多样的使命，它们变换成千奇百怪的花样，传递着人们的美好祝愿，也满足着人们多变的味蕾。正如灌南粽子，品之，那甜口的是软糯香甜、润沁心脾，丝丝的芦叶之香绕着味蕾久久不愿离去；那咸口的是咸淡适宜，肉鲜米糯融为一体，满齿留香。因携带、食用方便，灌南人戏称它是“中国快餐”。和粽子一起煮食的鸡蛋、鸭蛋、鹅蛋也有芦叶的清香。

端午节这天，南方有些地方还有赛龙舟、耍彩龙等的习俗，还有向江河里投抛粽子等的活动。

第六节 姑姑节

农历的六月初六，是传统的天贶节，又称“小白龙探母”“姑姑节”“晒经节”。灌南城乡风俗是将已出嫁的姑娘，从婆家接回娘家，好好地招待一番，再送回婆家，亦称“请姑娘”“接姑娘”。早前，民间重视礼节，六月初六这天定去接回已出嫁姑娘，否则亲家会认为娘家对她不看重，有失体面。

灌南人过六月六，讲究吃“一刀肉”。这天一大早，女婿们早早地从集上买来“一刀肉”，准备陪媳妇和孩子回岳父母家，去过姑姑节。何谓“一刀肉”？得从一个故事说起。相传古时，有一员外含辛茹苦地将闺中千金养大成人，女儿出嫁后因路途遥远，时隔许久未回。员外甚是想念，六月初六这天，便派人抬轿去接。女婿是个秀才，饱读诗书，骑马相随，途经集市，见那屠夫卖猪肉，将半爿猪肉悬挂于案板的横木之上。那肉带皮连着整块肋骨，他灵机一动，勒缰下马，叫卖肉的屠夫顺着肋骨切下一块肉。屠夫不解：“为何不把骨肉分开？”秀才笑道：“此乃骨肉相连，岂能将其人为地分开，人之常情嘛！”屠夫即用油草将肉扣起，秀才让小童拎着，来到“老泰山”府上，岳父岳母及府上人等早已候于府门之外。他们欢天喜地地将千金搀扶下轿，见那小童手拎一块肉，岳父笑道：“府中山珍海味、名贵珍馐样样不缺，何故提肉？”女婿躬身施礼：“虽是小肉，实乃心头之肉，骨肉相连，今日亲骨肉回得家来，骨肉重逢，乃岳父岳母大人之快事。送上略表寸心的心头肉，望二老解我心意！”岳父哈哈大笑：“正合我意！此好比千里送鹅毛，礼轻情意重。”于是，众人都夸新女婿文才超群，来年必登龙榜。

从此，六月初六接姑娘、请姑娘和“一刀肉”的美谈，被民间演绎成习俗，形成节日。

在灌南，“一刀肉”的吃法不太复杂，但有说道。习俗称皮、肉、骨不得分离，第一要看买肉时的刀口切得是否平行笔直，第二必须带皮且连肋骨，充分体现“骨肉相连”的深刻寓意。那司厨者将长条形的肉，肉皮朝上横切成五六厘米长的块，当刀切至肋骨时，改用砍骨的刀将肋骨剁断，如此每块肉便是带皮带骨。它的烹调方法是将肉块放入水锅，煮两三分钟后捞出洗净；老土灶的锅内浅放油烧至微冒烟，放葱花、姜末；将肉块推入，炒至肉皮收紧，放适量的面酱，炒至肉皮呈金红；待着色后，加入清水，水量刚刚浸过肉块时为适宜。汤水微滚，即盖上锅盖，转小火缓缓煨烧。有经验的主妇深谙此火候的大小。这道菜的要求是咬得动，又要吃出筋道，让会吃的那些人说出那句“是这种皮筋肉拽”；骨头要连啃带咬才能从肉上咬下来，有嚼头才有肉的本来味道。看似简单的烧肉，有着不一般的说道。乡间的老厨们善用说喜话的形式把它形容：

一刀肉，姑娘捎来亲骨肉；
骨肉亲，打断骨肉连着筋；
骨连肉，肉连筋，
妈的肉，爸的筋，
筋肉皮骨永不分。

相传，六月初六还是大禹的生日。明曹学佺《蜀中广记》引《帝王世纪》谓“鲧纳有莘氏，臆胸坼而生禹于石纽，郡人以禹六月六日生，是日熏修裸享，岁以为常”①。

六月初六，佛教将此称为“晒经节”。灌南民间还有“晒书节”“晒绿节”的说道。“晒绿节”的起源是夏日潮湿之气太盛，

① 王小红．巴蜀历代文化名人辞典：古代卷［M］．成都：四川人民出版社，2018：1.

人们把已受潮和易受潮的衣服、被褥等拿到阳光下来晒，因有的物品上有绿色的霉斑，故称“晒绿”。每逢六月初六，挨家挨户翻箱倒柜，院内、谷场上，花花绿绿的一片；也有个别人家是借此显示衣服品种较多，家境不错的。据传，以前连皇帝都于此日晒龙袍。

> 灌南乡间有一个神话传说。六月初六，是小白龙探母的节日。小白龙的母亲因犯天规，私自给凡间降雨，使黎民百姓流离失所，故被关在天宫里看护铁树，待到铁树开花时，才能获取自由。小白龙只被允许在六月初六这天去看望母亲。如小白龙在探望母亲时因哭泣而湿了龙衣，那么人间必会下雨三十多天。至于小白龙探母的日期，有的地方说是五月二十二，有的地方说是六月初三。实际上，此乃古人根据节气规律总结的自然现象，只是被民间赋予了动人的神话传说罢了。

“六月六，看收成。”这一天已入伏，稻谷、玉米、高粱、花生等逐渐成熟，此时待成的果实若大而饱满，则秋天就会有个好收成；如不饱满，则会减产。

六月六，喝绿豆汤，吃绿豆粥，可以避暑，不生痱子，不生疮。因绿豆有清热解毒、解暑、抗过敏的功效，对高血压、水肿、红眼病患者有辅助疗效。还有“六月六，种红绿”的农事，就是在六月初六前后，乡间忙着种红豆、绿豆。灌南在此日还有一种习俗，家家都给小孩洗澡。

“六月六，彩色的丝线甩上屋。”彩色的丝线是端午节那天在孩子们的脖子、手腕、脚踝上系的避邪之物。以前的风俗是不到六月初六，是不能解下来的，如解下则被视为不吉利。六月初六这天，将丝线解下甩上屋顶，寓意让喜鹊叼去造那天上的彩桥，为的是让牛郎和织女于七月初七这天相会。

此外，在灌南，六月初六的早上，家家户户须吃炒面，这是本地祖祖辈辈相传的饮食习俗。炒面的做法不算复杂，其中的内涵极为风趣。

“炒面”不是现时小吃店卖的炒面条，而是选用当年麦季刚收割的、经石磨磨出小麦面粉，意指向祖先汇报今年的收成好。将面粉放入土灶的草锅内，用文火慢慢地焙炒。这里讲究的是烧两把草，将火停下，让面粉在铁锅里缓缓地焙，过七八分钟后再添两把草续燃一两分钟。如此不断地反复翻炒和草火的时续时断，铁锅烘焙的热量使面粉结构发生了变化，渐渐地由白变乳黄，几步外就能闻出面粉特有的干香。此时要立即熄灭文火，让那余热继续发挥作用。炒面时锅铲子的节奏，从开始的“四四拍”改为“四二拍”，最后慢为“四一拍”，随着文火的熄灭，用锅铲子把这乳黄的面粉在锅内向四周摊平，让它和灶膛的余热做“最后一句抒情的合唱”。

用锅铲将锅里冷却的炒面铲入藤匾里。主妇们铲半碗炒面，用铜勺舀取滚沸的开水，一手将开水徐徐地淋入碗内，一手用竹筷顺一个方向搅动，待炒面变稠厚，即停止淋水，放适量的红糖，滴几滴自制的熟豆油，再滴几滴糖桂花汁，拌匀。此佳品口感糯糯黏黏，满口喷香。

第一碗炒面，主妇们都会按规矩放在堂屋的后檐条桌上，中间插一双筷子，有香的点香，口中不停地念道：“老祖在上，刚打下的麦子，今年收成不错，您尝尝，我们一家今年够吃了，您在那边放心，不要为我们担心，多多保重!”说到动情处，还会掉下几滴泪水。在炒面上插一双筷子有两层含义：一是有吃没筷被视为对祖先不敬，二是寓意后代在世间立得起来，顶天立地。接下来便是一家人的你一碗、我一碗，拌吃那当作早餐的炒面。一碗小炒面，浓浓人之情，饮食与情感无时不为世间生活增添色彩。

第七节 七夕节

乞巧

[唐] 林杰

七夕今宵看碧霄，牵牛织女渡河桥。

家家乞巧望秋月，穿尽红丝几万条。

每年农历七月初七，是我国传统的七夕节。这一天少女们在晚上遥望天上的织女星和牛郎星，祈祷自己婚姻美满、心灵手巧，以及纺线织布、做饭做菜等灵巧超群，故称“乞巧节”，民间又称“少女节”“女儿节”。七夕节是个既神秘又充满浪漫色彩的节日。

《西京杂记》中有“汉彩女常以七月七日穿七孔针于开襟楼，俱以习之”① 的记载。

按古人的说法，“七七”是生命的周期。据《黄帝内经·素问·上古天真论》中载，“男不过尽八八，女不过尽七七，而天地之精气皆竭矣”②。男子以八岁为一个周期，女子则以七岁为一个周期。

古有七夕牛郎鹊桥会织女，故今谓七夕为中国的“情人节”。而关于牛郎织女的神话传说，民间耳熟能详。

七夕这天，未出嫁的姑娘们，白天做母亲平时教给她们的各种花色点心，晚上齐聚一堂比试谁的针线活做得最好。

灌南一带的习俗是姑娘们在母亲的指导下，做出各种各样的小面点。例如，形似蝴蝶的饺子，还有状如小猪、小鸟、小狗、小鸡、小鸭等的面点；还有那带有吉祥之意的蟠桃，据说是天上王母娘娘蟠桃会上的主要食品，吃后能长生不老，做好后还要用“洋

① 吕壮．西京杂记译注［M］．上海：上海三联书店，2018：29.

② 王冰，注．黄帝内经［M］．影印本．北京：中医古籍出版社，2003：10.

红、洋绿”画点一番。

做得最漂亮的要数那小玉兔。手巧的姑娘把一个鸡蛋大的酵面疙瘩，搓成光滑的面团，用右手掌轻轻一按，即成厚皮子，两手随便捏弄几下，把豆沙馅包入，再次搓光，左手捏着面团，右手拿着剪子咔嚓、咔嚓几下，便剪出了兔子的外形。用手指拽拽、拉拉，兔子的耳朵、四条腿和身段惟妙惟肖地呈现出来，再嵌上两颗红豆粒做眼睛，一只玉兔便活灵活现地呈现在眼前。众人见状嘻嘻夸奖：“乞巧、乞巧，真乞巧！”

晚上，月亮如钩，挂于天际，碧蓝的空中繁星点点。人们翘首寻望那银河，看到牛郎星和织女星隔于银河两岸，不禁感慨：“喜鹊啊喜鹊，为何不见你把那鹊桥搭起，让有情人终成眷属？”

接着，摆供品、燃香烛、祭月神的活动开始了。

各家各户把自家的姑娘做出的“乞巧”食品摆放在一起，意在比一比谁做得最好。有个别做得不怎么好的，母亲们会开玩笑：“平时好好学，明年再比，再做不好，就找不到婆家了。”此话一出，逗得大家哈哈大笑。

这一番闹腾过去，姑娘们便齐聚室内，比起针线活。室内微亮的油灯下，有缝衣服、捻线、纳鞋底的，还有替小侄儿做小花帽、绣花鞋的，再有帮邻居大姐做嫁衣的……一边做着手中的活，一边交头接耳，叽叽喳喳地聊着：上次媒人上哪家提亲，哪个小伙子长得好看……

总之，一个“巧”字形象地道出了“七夕”习俗的独特之处，表达了人们追求心灵手巧、阖家安康、生活美满的美好愿望。

第八节 中元节

中元节，即每年农历七月十五，又叫“七月半”，民间称为“鬼节”，有烧纸钱、祭拜先人的习俗。

灌南地区把中元节习惯地称为“七月半”，习俗和其他地方有差异。

七月十四的晚上，家家焚烧纸钱，祭悼家里的逝者，按辈分的大小逐一在家的偏东南方向的地上，用棍子划一个个圆圈，圆圈的东南处留口子，称“门”，然后在圈内焚烧纸钱。据说留的那个“门”，是为方便逝者们进来把钱取走。

相传，东汉蔡伦改进了造纸术，造福于民，为民称赞，民间称“蔡侯纸”。他的嫂子见利忘义，做了很多劣质纸张，得罪了很多客商，库存压货，堆积如山。这女子巧于心计，灵机一动，朝棺材里一躺，装死。她安排家人把卖不出的纸剪成钱币形状，在棺材旁焚烧，家人再跪于四周痛哭流涕，不断地说，让她在阴曹地府有钱花。当乡亲们都来祭拜时，她突然从棺材里坐起，说她在阴间用家人转呈的钱，买通看管她的鬼卒，带她去找到阎王，花了大价钱，划掉死亡簿上自己的名字，才又回到阳间。

当时，迷信之风盛行，遇有大病小灾的人便信以为真，都来她家买那劣质纸张，剪成纸币焚烧，以求祛病消灾。不几日，她便将劣质的纸张卖光。后来，她家便专做那粗糙的劣质纸。笑话也好，荒唐也罢，说明世间的矛盾无处不在，自会有那方法将其化解。其行径虽属罪恶，但无意中又创造出被人们接受的社会习俗。

七月半这天，灌南家家吃饺子。饺子馅多种多样，和清明节的相似。另外，灌南人七月半还有吃小公鸡的习俗，据说源于古代杀鸡取血、祭祀祖先的仪式。从鸡圈里抓来当年养大的公鸡，宰杀时用一小酒杯接一杯鸡血，滴入几滴白酒，端放在先人的牌位前。然后将已宰杀好的公鸡剁块红烧，配以四季豆，本地称“小公鸡烧四季豆”。

有些灌南人还有过七月半吃鸭子的习俗。吃鸭子的方法自然是去毛及内脏，留肝、心、肫，清烧，既吃肉，又喝汤，本地称“烀鸭汤”。

外地有七月十五晚上漂河灯的习俗。早前，灌南也有一些小朋友聚集在水边，玩起水中漂纸船的游戏。

第九节　中秋节

水调歌头

［宋］苏轼

丙辰中秋，欢饮达旦，大醉，作此篇，兼怀子由。

明月几时有？把酒问青天。不知天上宫阙，今夕是何年。我欲乘风归去，又恐琼楼玉宇，高处不胜寒。起舞弄清影，何似在人间。

转朱阁，低绮户，照无眠。不应有恨，何事长向别时圆？人有悲欢离合，月有阴晴圆缺，此事古难全。但愿人长久，千里共婵娟。

中秋节，又称“祭月节”“拜月节”“月亮节”。由于中秋节的月亮圆又满，象征着团圆美满，因此，又被广泛地称为“团圆节”，是我国民间仅次于春节的第二大民俗节日。

“万里无云镜九州，最团圆夜是中秋。”金秋送爽，丹桂飘香，月华如洗，阖家团聚，赏圆月、吃月饼、庆团圆是中秋节俗中重要的内容。传统的中秋佳节，在每个人的生活中，占据着重要的位置，承载着中华民族的家国情怀和历史记忆。

中秋节这天，人们都要吃月饼以示团圆。月饼最初是用来祭奉月神的供品，后来人们逐渐把品尝月饼与中秋赏月结合在一起，作为家人团圆的象征，作为过中秋节的必备习俗。

苏轼的《留别廉守》中“小饼如嚼月，中有酥与饴”的诗句，称赞了月饼的美味。清代文学家袁枚《随园食单》中“作酥为皮，中用松仁、核桃仁、瓜子仁为细末，微加冰糖和猪油作馅，食之不觉甚甜，而香松柔腻，迥异寻常”① 的描述，记载了一种月饼的制作方法和风味。

月饼，经千百年的历史演变逐渐形成现今的形式。月饼的制作越来越精细，馅料考究，外形美观，在月饼的表面还印有各种精美的图案。月饼的品种可谓是花色繁多，有苏式月饼、广式月饼、京式月饼等，馅料达几十种，且风味各异，有香甜的、鲜咸的、五香的、鲜果草莓的，还有那烘干的蔬菜类的，不计其数。月饼不仅味美，而且富有浪漫的文化情调，适宜品尝和馈赠亲友，是中秋文化信息的传递者。

随着中秋节日文化元素的相继注入，灌南人对于月饼的制作，也从原始的单纯用面皮做成粗食圆饼、实心烙饼，演变为用水油酥皮、多种馅料制作月饼。月饼制法讲究，将白面粉堆放在案板上，中间扒一个小坑，放入适量的七十度左右的温开水，比例为面粉一斤、温开水三两五钱、猪油八钱，拌和成水油面团，然后擀成圆皮并包入馅料，有的还在饼皮上印有“嫦娥奔月”等各种图案，烘烤成熟。制成的月饼各具内涵，如“五仁桂花蜜汁馅”用花生仁、红枣泥、银杏仁、芝麻仁等制作而成，花生仁象征花好月圆，银杏仁喻为月亮洁白如银，红枣寓意日子红红火火，芝麻仁寓意芝麻开花节节高，再调以桂花汁寓意那月亮里的桂花树，最后加蜂蜜和红糖，叫甜甜蜜蜜，酥皮寓意为舒心、轻松、愉快。

八月十四的晚上，灌南民间家家户户都会做祖传的月饼，又称“糖饼”。这种糖饼，是用发酵好的面团包入用红糖和芝麻仁粉拌成的馅烙熟。八月十五的早餐，用这种芝麻糖饼搭配各种粥类和自家腌制的咸鸭蛋、咸蔬菜、咸花生仁、咸蒜头、咸山药豆等一起食用，寓意庆丰收，祈幸福，吃饼就菜，顺心如意。午餐有鸡、鱼、猪肉、蛋、螃蟹和瓜果蔬菜等。

八月十五的晚上，人们在门前摆上案桌，桌上放满月饼、五谷杂粮，以及菱、栗、枣、核桃、杏仁、葡萄等时鲜干果，置上香

---

① 袁枚．随园食单［M］．邓立峰，注．北京：北京联合出版公司，2016：198.

烛，备好鞭炮和烟花，当月亮渐渐升上树梢时，家家户户鞭炮齐鸣，烟花腾空而起，火盆内的香烛烟缭绕不绝。人们对月而拜，祈求全家团团圆圆、幸福美满。接下来全家围坐于桌旁赏月，吃着月饼，拉起家常。此时，明如镜、亮如银、圆如盘的一轮明月，悬挂在空中，洒下一地银辉。

第十节　重阳节

每年九月初九的重阳节，不禁使人想起那首耳熟能详的动人歌曲：

又是九月九，重阳夜，难聚首，
思乡的人儿，漂流在外头。
又是九月九，愁更愁，情更忧，
回家的打算，始终在心头。
…………

何谓重阳？是因九月和当月的初九日子数字相重。“九”数在《易经》中为阳数，故称“重阳”。

重阳节，又称“老年节”“重九节”“登高节”“祭祖节”“双九节”“晒秋节”“敬老节”等。

重阳节，起源于上古，普及于西汉，鼎盛于唐宋。上古时期，人们在九月举行庆祝农业丰收的祭天、祭祖活动。《吕氏春秋·季秋纪》中载：“（九月）命冢宰，农事备收，举五种之要。藏帝籍之收于神仓，祗敬必饬。”“是月也，大飨帝，尝牺牲，告备于天子。”① 可见，古人于九月农作物丰收时祭天、祭祖，以谢天帝、祖先的恩德，这是重阳节形成的原始形式。同时，还有祈求长寿的饮宴活动。

后来，重阳节融合多种民俗于一体，汇聚了丰富的文化内涵。在“九”数为大的民俗观念中，“九”寓意为长寿、长久，寄托世人对老人的祝福，故又称“敬老节”。此节被国务院列入首批国家级非物质文化遗产名录，法定每年的农历九月初九为“老年节”。

过去，九月初九这天，登高是重要的习俗之一。九月气候宜

① 吕不韦．吕氏春秋［M］．高诱，注．上海：上海书店出版社，1986：84.

人，秋高气爽，登高望远或结伴出游赏秋，皆可以使人心旷神怡。灌南一带，早前还有出去“躲灾”的说法。

初九这天，本地早前还有朋友相聚的习惯，多为读书识字之人欢聚在一起赏菊、品茶、吟诗、作赋。品菊花茶是重阳节人们相聚不可缺少的内容。

重阳节又是寄托感情的节日，在外的人们不仅思念家人，同时也思念自己的亲朋好友。站于高处，佩戴茱萸囊，抒发内心的感叹，让思绪飞上重霄九天之外，乘着秋风送至被思念的亲人。

独在异乡为异客，每逢佳节倍思亲。

遥知兄弟登高处，遍插茱萸少一人。

唐代大诗人王维的这首著名诗篇《九月九日忆山东兄弟》，准确地说出了唐代时九月初九重阳节的盛行之风，同时也表达了诗人的情感。

灌南一带除了在六月初六的姑姑节有晒衣服的习俗之外，在九月初九重阳节这天，会再次把衣服、被褥等拿出来晾晒，俗称“晒秋”，晒去夏季的潮湿之气，又寓意九九之日的吉祥瑞气能附于这些衣物之上。

九月初九这天，人们大多喝菊花茶、吃重阳糕、吃螃蟹、吃秋季的蔬果，例如山芋、菱角、苹果、柿子、石榴等。此外，还有喝羊肉汤的习俗，因“羊”与“阳”同音，内含重阳之意。秋天的羊肉肉质鲜嫩，一年中此时最为肥美。时值重阳，人们食之故有双重意义。

重阳节，过去人们大多还有做重阳糕的习俗。现在，随着食品业的发展，生活水平的提高，人们基本上都是购买成品或半成品。

重阳糕的做法不是很复杂。把糯米粉兑水调成稠厚的糊，掺入“老糟头”（制作食品用的引子，作用类似酵母）发酵，加入适量的白糖搅匀，倒入小竹笼中，上面撒上红枣、葡萄干、白果仁、核桃仁、松子等蒸熟即可。蒸熟的重阳糕色泽洁白、松软适口、富有弹性。

灌南上了年纪之人都还清楚地记得，重阳节这天，有看天气、预测天气的习惯。民间有谚语道："重阳无雨看十三，十三无雨过寒干。"意思是说，重阳节这天若无雨，则春节前会形成少雨或干旱的气候。这还不准，还要到农历九月十三，如这天还没下雨，那么整个冬天就是干旱少雨的天气了。灌南还有"重阳晴，一冬晴；重阳阴，一冬冰"的说法，这句农谚的意思是说重阳这天是晴天，这个冬季都会以晴天为主；如果是阴雨天，那冬季的雨雪比较多，自然气温比较低，天气也比较寒冷。

重阳节这天，灌南一带还有祭天、祭祖的习俗，祭拜的方式各家各户都不尽相同。有的人家在家里摆果品食物，烧纸钱祭祀先人；有的人家则于当天下午在门前燃烧香烛、纸钱，磕头祭拜亡灵；还有的人家提着马灯、拎着食物，在岔路口烧纸钱、摆食物、磕头祭拜。

唐代大诗人王勃于重阳节满怀深情地道出了他对家人和朋友的思念：

九月九日望乡台，他席他乡送客杯。
人情已厌南中苦，鸿雁那从北地来。

每个节日，蕴含着人们那道不尽的乡愁，无论身在何处、居于何方，节日，总是唤醒人们情感的文化符号！

第十一节　下元节

七绝·下元节

佚名

路人拂晓到郊南，行色匆匆祭下元。

送上纸衣能取暖，阴间先祖也知寒。

农历十月十五，是我国民间的传统节日——下元节。早先是人们祭祀“下元水官”、祭拜先祖、庆祝丰收的节日。

下元节，又称“下元诞”“下元水官节”“完冬节”，《中华风俗志》记载：“十月望为下元节，俗传水官解厄之辰，亦有持斋诵经者。”①

十月十五，传为水官的诞日。传说水官考察民间，上奏天庭，为人解厄。古人在这天有九种祭坛祭拜的方式：前三坛为朝廷所设；中三坛为臣僚所设；后三坛为百姓所设。后渐渐消失。

在民间，下元节这一天，还有工匠祭炉神的习俗。所谓的炉神，就是神话传说中道教的始祖太上老君。在《西游记》中，孙悟空大闹天宫时，被困在太上老君的炼丹炉内足足烧了七七四十九天，不仅没被烧死，还烧炼得一对火眼金睛。

下元节这天，除了有道教的祭神活动之外，在民间还有祭祖先和祭下元天神的习俗，还要进行饮宴活动。

早先，下元节这天，灌南一带的人们会在家里摆上食物供品，焚烧香烛纸钱，磕头祭拜下元天神和祖先亡灵，祈求来年五谷丰登、六畜兴旺，保佑人口平安、祛灾安诵。虽充满迷信色彩，然体现了劳动人民渴望国泰民安、风调雨顺、幸福美满的生活的愿望。

---

① 转引自白虹．二十四节气知识［M］．天津：百花文艺出版社，2019：525.

相传古时下元天神于下元节这天回天庭禀奏，途中要携带“干粮”。有的人家供奉稀食之品，多有不便，下元天神一怒之下，未为他们解去厄运。第二年，这些人家便厄运不断。于是，每户人家此日便做以红豆米饭、豆沙包子、各式煎烙之食，供奉祭之，祈求好运来临。因此，灌南人在下元节这天，一般吃红豆米饭，红豆馅的豆沙包子，以及其他蒸烙面食。

第十二节 冬至节

一年中白天时间最短、黑夜时间最长的一天，便是冬至。

冬至，是一年二十四节气中的第二十二个，它之后便是小寒和大寒。

时值冬至，天气渐渐地寒冷起来，大地上早已是一片萧瑟，那凛冽的北风把芦苇的花絮吹得飘飘洒洒，这光景似乎有点凄凉，但诗人总能搜罗出它的亮点。

唐代大诗人孟郊的《寒江吟》把冬至时节的情景描写得出神入化：

冬至日光白，始知阴气凝。
寒江波浪冻，千里无平冰。

冬至，又称“日南至”“过冬”“冬节”“亚岁”等，是我国民间传统祭祖节日，既是四时八节之一，又是冬季的大节日，自古就有“冬至大如年”的说法。汉代时人已将其作为节日活动，传承至今，冬至节兼具自然与人文两大内涵。

灌南人俗称冬至为“进九”，也是数九的第一天。进入数九之后，天气也就越来越寒冷，最冷要数三九与四九，数九结束也就表示春季来临。

古时，人们都是靠数九来确定春节前后的节日、时间和日常生活，以及推算春节后的春耕生产时段的。

过冬的主要内容是祭祖。过去，灌南一带的人家都在厅堂的居中位置，长期永久地供奉自家祖先们的牌位，又称“灵位”。这块用木板做的灵位是世代家传之物，不管后世举家迁徙何方，这块灵牌绝不可丢失，亦象征“先人”在堂，即水有源、树有根、人有传的传承理念。

冬至的中午，灌南一带有吃饺子、汤圆、馄饨的习俗。选用什么馅料，根据各家人的喜好，但必须有豆腐馅的，有何讲究，不得其解。祭祖时，供奉豆腐饺子是这个节日的规矩。

时至正午，灌南人在祖先牌位前早已摆放好各种祭食，由家里的长者把豆腐饺子先敬上，每盘三个，共九个，依次摆在每个灵位前；再点燃香烛，斟满三杯白酒，带领全家人跪于供桌之前，并诚心祈祷。接着将第一杯酒端至门外抛洒于空中，然后把第二杯酒洒于地面，再下来是将第三杯酒从东往西洒于供桌上。此时，家人点燃纸钱。

这一套祭礼下来，全家人才落座吃饺子、汤圆、馄饨等美食，感受这个节日尊祖敬祖的传统。

午餐之后，各家各户携带水饺、饺子汤、纸钱，寻着祖坟，又是一番传统的祭拜，但不扫墓。

第十三节　腊八节

每年农历的十二月初八，是我国传统的“腊八节”，民间又称“腊八祭”“佛成道节”“成道会”“法宝节”等。

腊祭源于先秦。人们于一年中的最后一个月去野外猎取禽和兽，祭祀诸神，祈求来年五谷丰登，故称“腊祭”或“猎祭”。《风俗通》中记载：“夏曰嘉平，殷曰清祀，周曰大腊，汉改曰腊。腊者，猎也，田猎取兽祭先祖也。”①

腊，也有将食物风干易于贮存之说。《周礼·天官·腊人》中云：腊人掌干物。意思说，腊人是朝廷掌管食物干货的官职。郑玄注曰：腊，小物全干。因此，古人将猎取禽兽之类的干货通称为“腊”。现时又称“腊味”“腊货”。

农历的十二月，一年收获的果蔬谷物在此寒冬的气候条件影响下，大多失去水分，变成干物，故此月又称“腊月”。除禽兽之肉外，有些蔬品也被称为“腊货”。

腊八节这天，佛教界会依照佛规，举行纪念释迦牟尼的“成道会”，熬腊八粥施于善男信女们。有的贫穷人专为此粥而来，喝粥之余感激佛祖的恩泽，会得到佛祖的保佑。清代苏州文人李福曾作《腊八粥》一诗云：

腊月八日粥，传自梵王国。

七宝美调和，五味香糁入。

旧时，灌南的佛教场所有“九庵十八庙”，其建筑蔚为壮观，香火盛极，远近闻名。据说，每逢腊八节，这些庙宇都会举行纪念释迦牟尼的“成道会”。熬腊八粥布施民众，惠泽一方，成为美谈佳话。后因战争和其他缘故，“九庵十八庙”遭毁或拆除，盛行于

---

①　转引自董海林，李广．邯郸民俗风情［M］．石家庄：河北人民出版社，2013：200.

灌南的佛会腊八粥习俗销声匿迹。然流传于民间的节日习俗，仍旧延续，传承着熔历史文化、佛教文化、饮食文化于一炉的腊食熬粥的星星之火。

腊八粥，是由多种谷类、果仁熬煮而成，其原料选用广泛。原料种类有糯米、高粱米、紫米、大米、小米、薏米等；豆类有绿豆、豇豆、红豆、芸豆、黄豆等；果仁类有桂圆肉、白果仁、核桃仁、红枣、枸杞、花生、栗子、莲子、葡萄干、杏仁、芝麻仁等。

熬煮腊八粥的原料虽然很多，但如何搭配也有很多讲究：第一是讲究营养的搭配；第二是讲究色彩的搭配；第三是讲究味觉的搭配。这三者之间和谐统一，不能相互冲突。

民间有甜腊八粥和咸腊八粥，还有淡腊八粥。甜腊八粥是熬好后根据食者的喜好，装入碗中，放入红糖；咸腊八粥是在熬制的过程中加入食盐；淡腊八粥是什么调料都不放，体现原料的原汁原味。

熬制腊八粥搭配原料时，不能一股脑儿地将那么多的食材搭配进去。在根据食者喜好的前提下，确定主料、配料、次配料之间的分量比例，也就是要突出主料，辅以配料和次配料，其他的六种只是稍放一点，就能使粥的营养成分得到升华，同时呈现出五彩缤纷、统一和谐的效果。

例如，以大米一斤为主，红枣为辅，那么红枣的分量就不能多于大米，最多不超过大米的五分之一。其他加入的原料品种也不应超过六种，每种不超过五钱，是为合理的搭配。搭配应有主有次，待点缀的六种食材加入，观之粥已色彩悦目，且不烦不乱，口味也有主有次，吃进嘴里有层次分明的口感。

再则，熬制腊八粥应稠稀有度，不能过于浓稠，也不能过于稀薄，口感应稀稠适中、滑润爽口。

腊八粥既好吃，又养身补气，是固本润胃的滋补美食，还蕴含着深厚的历史文化内涵。

道光皇帝曾作诗盛赞腊八粥：

一阳初夏中大吕，谷粟为粥和豆煮。
应时献佛矢心虔，默祝金光济众普。
盈几馨香细细浮，堆盘果蔬纷纷聚。
共尝佳品达沙门，沙门色相传莲炬。
童稚饱腹庆州平，还向街头击腊鼓。

灌南人每至大蒜收获之际，都要制作糖蒜，即泡腊八蒜，待到腊八节期间食用。

第七章

纯厚民俗　彰显乡土风情

一方水土一方人，乡风乡情本同根。只因水流万千处，沉沙落月俗雅生。

民俗是民间社会生活传承文化现象的总称，是依附人们的生活习惯、情感、信仰而产生的文化，是社会生活的生动体现，其内容和范围非常广泛。饮食民俗是民俗的重要组成部分，它贯穿于物质生活、精神生活、社会生活各个方面。饮食民俗也称“饮食习俗”“食俗”，是指人们在筛选食物原料、加工、烹制和食用食物的过程中所积久形成并传承不息的风俗习惯。从“民以食为天”中，我们可以读出饮食习俗在人们生活中的重要地位。自神农识五谷、尝百草以来，饮食就成为人们生存的必需。而随着社会的不断发展，饮食作为文化的一部分，被赋予十分丰富的内涵。饮食习俗融合着丰富的乡风乡情，展示出独有的饮食民俗魅力，并逐渐成为饮食文化的重要组成部分。

灌南，曾是海西古国、杨戬故里，这里湖光粼粼、河影交错、民风淳厚、物产富饶，这里的饮食谈趣、礼宾待客、祭祀拜谒、节俗理事同样镌刻着民俗的同根不同源、雅和俗“同出而异名”的历史印记。

第一节　日常食俗说禁忌

日常食俗是指人们在日常生活中，在“吃”的过程中所表现和形成的习惯。吃饭是一件严肃、神圣的事情，古时饮食常与祭祀活动结合在一起。宴饮的雏形当起源于殷商，在当时，要安排精致的礼器盛放丰盛的祭品，奏乐歌舞。日常食俗里有许多讲究，在哪些该做、哪些不该做中派生出许多忌讳。灌南人在吃饭前虽没有什么仪式，但举手投足间也会受制于那些传承下来的禁忌。

摆桌放具有要求

摆放桌凳餐具是吃饭的第一步，这第一步看似简单，却也马虎不得。在农村，大部分人家用的都是方桌，有平时家里用餐的小方桌，也有过节或请客时用的大方桌，即“八仙桌”。宴客（或称“宴饮”）时要用大方桌，如果自家没有，还需到邻居家借用。宴客一般是在堂上举行，也有很少人家因房间少，不得不在室（通常是指卧室）内宴客的。宴客前，大方桌摆在堂的什么位置，既决定上、下席，也决定入座人的位次。大方桌有“桌面子”（也有叫“大面”的）和“顶头”（也有叫“小面”的）的区别。大方桌的面板是由若干块长条形木板拼合而成，木板的长边没有拼接缝的一面叫“桌面子”，木板的短边（竖端）有拼接缝的一面叫“顶头”。

如果只摆一桌，一般有两种摆放方法，一种是正对堂门，且“顶头”不能对着门。这样摆放桌子时，上席就是对门而坐的座位。通常厅堂都是门朝南向，因而坐北朝南自然就是上席，且右边（也有的地方用左边）是第一位。另一种摆放方法是摆放在堂的右边（如果堂门朝南，则桌子摆在东边），且“顶头”要朝外（对着堂门）。这样摆放桌子时，坐东朝西就是上席，且右边是第一位，对面的为次席，“顶头” 为陪席。

如果堂内摆两桌，通常是摆在堂的左右两边，摆在右边（东边）的为主桌，坐东朝西为上席；摆在左边（西边）的为次桌，桌子坐西朝东为上席。

如果堂内摆三桌，那么正对堂门的为主桌，左右桌为次桌。若餐厅很大，摆放若干餐桌，那么左边（面朝外站立的左手边）最里面的为主桌。

圆桌摆放规矩基本引用方桌的摆放规矩。如在餐馆饭店则要看主人的座位在哪里，一般是主人的右边为第一席，左边为第二席。

摆放好桌凳后就要摆放碗筷等餐具。无论是在家还是在饭馆，请客吃饭，餐具的摆放都要遵循一定的礼数。“筷不出沿，杯不离缘”或“杯不出栏，筷不出缘”是基本规矩。在灌南，大部分地方要求摆放筷子时不可摆一双长短不一的筷子，如果摆一长一短则会让人想到“三长两短”，不吉利；不可把筷子分成单根放在其他餐具的两边，一双筷子分开放有“快（筷）分离”之嫌，不吉利；不可把筷子横放在碗上，筷子横放在碗上有“拒客”之意。横筷之忌古时就有，传说，宋代有一个唐姓大臣陪皇帝进膳时，因横筷而获罪。明太祖也把横筷于碗上斥为“恶模样”。摆放碗和酒杯时，不能把有破损和污损的放在上席。摆放酒壶时要把酒壶摆在斟酒人位，而且要壶嘴朝桌沿。

聚餐点菜有方寸

聚餐，从古到今都是人们社交活动的一个重要内容，两三人、七八人、十几人……人数不在多少，只图个“乐”。或家中小饮，或小馆小酌，或雅座闲聚，或野外叙情，地方不求高雅，只为幽情畅叙。

在聚餐时，点菜颇有讲究。若在家中宴请，当是主人做什么，客人就吃什么，用不着点菜。而在饭庄酒馆用餐，就有点菜之礼了。在古时，主人首先客气地请客人先点菜，但客人多半推托一二，说一句："客随主便，您先点。"此时主人会叫来店小二，询问店的特色菜。有的主人对这家店其实早已了解，此一问旨在表现自己的豪爽大气。主人点了第一道菜后会再请客人点，这时客人往往不再推迟，有菜单的接过菜单慎重过目每道菜，没有菜单的只询问店家有哪些菜可食，此时客人所点之菜的价位不能超过主人点的第一道菜。旧时灌南，主人点的第一道菜称为"头菜""盖帽"。客人为什么不能点第一道菜，因为客人不知道主人所能承受的消费能力，不能点高了，点高了让主人负担不起，显得尴尬。客人点完菜，主人会适当再加一两道菜，这样点菜环节才算结束。现代人早已不记得这些规矩，点菜时多点自己喜欢吃的。

上菜斟酒有讲究

灌南人热情好客，设宴酬宾历史深远，规格各异，形式不同，菜肴菜品、上菜次序随地域而改变，往往以"八碗宴"（或"八碗席"）为主要酬宾规格。所谓"八碗宴"，就是以八碗主菜组成的宴席，也称"八碗头"，由于在主菜之外还配有八个辅菜（用碟子装的四荤四素冷菜，一般有咸鸭蛋、猪头肉、猪肝、猪耳朵、海蜇、牛肉、萝卜、香菜、花生、千层、茶干等），因此，也叫"八碗八碟宴"。"八碗宴"上用来装主菜的碗都是青花瓷碗，高底宽边，俗称"撇碗"，且根据碗口的大小分为"头撇"（最大的）、"二撇""三撇"（最小的）三种，装什么菜用什么碗。第一道菜要用"头撇"装盛，装肉用"三撇"，不可乱用。"八碗宴"选用的桌子是大方桌，桌子每边只坐两人，一桌八人。"桌面"由四个客人按辈分、长幼、职位等入座，"顶头"为主家安排的陪客，俗称"打横"，其中，最末席为斟酒人"专座"。

客人坐定，开始喝酒，先尝冷菜，热菜（主菜）跟上。席间，斟酒和上主菜都必须按顺序，不可乱。

"酒司令"斟酒必须站起来，一手执壶，一手掩壶、护壶，要先斟第一席，接着换一只手斟第一席对面的第二席，再换手斟第一席旁边的第三席，再换手斟第三席对面的第四席……最后斟自己的，这期间酒壶不能放下，否则对人不敬，俗称“悬壶八换手”或“悬壶八调手”。如果有相互敬酒干杯的，则斟酒时先斟发起人的酒，直到敬酒至尾声，最后一杯斟给受敬者。斟酒完毕放下酒壶时，壶口不可指向他人。这一规矩在《礼记》里有记载：“尊壶者面其鼻。”“鼻者，柄也。口柄前后相对，柄之所向，主施惠，为尊；口之所向，主受惠，为卑。”①

上主菜时，第一碗菜必须是“杂烩”。据说朱元璋特别喜欢吃“杂烩”，皇帝喜欢吃的菜当然必须是第一道。“杂烩”是用熟猪肉、熟鸡肉、鸡蛋皮、皮肚、鹌鹑蛋、木耳、青菜等食材烩制而成，讲究的人家还会放些海参。有些人家家底薄，做不了“杂烩”，只好用“压饭”代替。“压饭”是将米饭放到锅里，加油、盐、鸡汤等佐料蒸煮，蒸热煮透装入碗中，装碗时为了好看，要用扣碗(先将做好的米饭装盛在小一点的碗中，然后把小碗里的饭倒扣在撇碗里)，再在米饭最上面“压”几块熟猪肉，因猪肉“压”着米饭故得其名，也可能是因为这是头道菜，压着下面几道菜，且是米饭做成的，故被称为“压饭”，而不是“压菜”。也有人说，“压饭”源自扬州的名吃“鸭饭”，只不过原材料里没有“鸭”而已，或许是殊途同归。

第二碗菜是肉圆子，俗称“坨子”。肉圆子事先炸好，放在高汤里煨煮，然后装碗上桌。此道菜取意“团团圆圆”，因此，逢宴必有。

第三碗菜是鱼（有地方是最后上的）。大多选用一斤左右的鲤鱼（灌南人称为“红鱼”）红烧而成，取意“红红火火、年年有余”。有时买不到鲤鱼，只能用草鱼、鲫鱼、鲳鱼等代替。但鱼是必须有的，灌南有“无鱼不成席”之说。上鱼时要鱼背朝向主宾（相传秦朝以前是鱼头朝向主宾，俗称“扌大鱼头”，后由于担心鱼腹藏箭刺王，遂将鱼嘴、鱼腹都挪向其他方向）。吃鱼

---

① 任骋．中国民俗通志·禁忌志［M］．济南：山东教育出版社，2005：197.

时，必须第一席客人先吃，第一席客人往往会象征性地夹一筷，俗称“动动筷子”。灌南有的地方还保留“跑鱼”的习俗。“跑鱼”，顾名思义，就是把鱼端上桌，不等客人吃，又迅速端走。在灌南，“跑鱼”有“财不外流”之意，这可能是此习俗得以经久传承的重要原因。

第四碗菜是甜菜。甜菜是用银耳、莲子、红枣等加生粉、白糖勾芡调制而成，取意“甜甜蜜蜜”。有的人家用羹汤代替甜菜。羹汤一般由山药丁、鸡蛋皮、熟肉丁、黄花菜等烹制而成。

第五碗菜是肉。一般都选用猪肉中的五花肉红烧而成，其味鲜美，油而不腻。因五花肉多是在猪的腹部，故灌南有的地方把它称作“五福（腹）肉”，取意“五福临门”。

第六碗菜和第七碗菜没有特别要求，称为“随意菜”“如意菜”。第六碗菜常为皮肚烧山药，或者鸡糕烧山药。

第七碗菜常为黄豆芽烧牛肉、大白菜烧牛肉、烧公鸡、烧鸭子、烧乌贼等。

第八碗菜是汤，常见的是青菜蛋汤，因“汤”和“当”谐音，取意“顺顺当当”。八碗菜上齐后即上主食，一般为米饭，生日宴、寿宴多用面条。

“八碗宴”原本没有果盘。用餐最后上果盘是这几年城市里兴起的，过去农村并没有这道菜，因此，直到现在，灌南农村凡“八碗宴”都不会上果盘。

现在已经很少见到“八碗宴”了，大多宴请都安排在饭店。大圆桌坐定，饭店有啥菜就吃啥菜，不像过去那么讲究了。斟酒也没有固定的“酒司令”，如果遇到一桌上只一人饮酒，他也只好自斟自饮，偶尔有人以水代酒，也只是助助兴，营造一下氛围而已。

下箸用餐有规矩

人们在一起吃饭，有时不仅仅是为了吃饭，更主要的是为了交际，满足参与者渴望与别人保持融洽关系的一种愿望。因此，在用餐时要注重仪态、识得规矩、懂得宜忌，温文尔雅、从容安静，这样方能表现出一个人的高雅品质和涵养。在灌南，下箸用餐有二十条餐规必须遵守。

一是握筷高低要适宜。手握筷子的位置要适中，忌握得过高或过低。旧时灌南人以为，从执筷子的部位可以占出小孩日后离家的远近，以及结婚对象离家的远近。执筷过高，有远离家乡之兆或远嫁、远娶之兆；执筷过低有足不出户之兆或嫁近、娶近之兆。远则无法照顾父母，近则出息小，有“啃老”之嫌。

二是“食不言”。用餐时尽量不说话、少说话，口内有食物时，更应避免说话。即使要说话，也要小心谨慎，节奏放慢，不可匆忙急躁。有的人在用餐时口若悬河，高谈阔论，大喊大叫，饭渣乱飞，令人生厌。

三是忌用筷子敲碗。当地人认为，旧时乞丐乞讨要饭时常用筷子敲碗，这是“穷气”，要不得。

四是要做到“主不吃，客不食；主不喝，客不饮”。吃饭时，只有当主人或主人代表先举杯、举筷邀请客人饮吃时，客人才能开始喝酒、吃菜，否则会被认为对他人不敬，是不懂礼节之人，会令人反感。

五是忌毛手毛脚、移杯洒酒。古语云：“坐不移樽。”凡宴饮者，移转酒樽，令人讼诤。

六是“客不翻鱼”。吃鱼时不要主动把鱼翻转过来。

七是“客不索菜”。不管够不够吃，客人都不要主动提出添菜加饭。

八是“吃饮适度”。饭菜忌食太饱，要留有余地，更不能中途松裤带；酒不超过自己酒量的五成为最佳，喝醉了不仅丑态百出，而且会酒后作乱。俗谚称，“气大伤人，酒多伤身”“饭要少吃，酒要少饮”“不贪意外财，不饮过量酒”。

九是忌品菜论酒。不管主家拿的什么酒、上的什么菜，都不要评头论足、说长道短，可口则长饮慢吃，不可口则少饮少吃。

十是忌用筷子指点别人。说话时不仅要做到话不带脏字，还要注意不要用筷子指点别人，否则会让人生厌。

十一是忌“挖菜三尺”，即俗称的“掏菜”。吃菜时不要在菜碗里上下翻菜寻找自己喜欢吃的，要看准下箸，一夹而起。

十二是忌用自己的筷子夹菜给别人，如果为了表示尊敬，实在要夹菜，必须用公筷或未用过的闲筷。

十三是忌“舔筷”。用餐时不要用舌头去舔筷子，别人看了会心生恶心。

十四是忌插筷。不能把筷子插在饭碗里，民间逝者的“到头饭”（或称“倒头饭”）才把筷子插在饭碗里。

十五是忌“隔河（碗）抢菜”。夹菜时不要把手臂伸老远去夹别人面前的菜。有转盘的可以转一下，没有转盘的可以换一下。

十六是忌“跨菜”。别人在夹菜时，不要跨过人家的筷子去夹其他菜。

十七是忌伸懒腰。灌南人认为懒人会经常伸懒腰，伸懒腰会多吃饭，而且越吃越懒，农村有民谚“伸伸懒，吃三碗”“吃饭伸懒腰，穷困往家飘”“吃饭伸懒腰，干活没人要”。

十八是忌“硬压”“硬揠”。主人可以劝客人多吃多饮，但不能为了怕剩菜剩饭而硬让客人多吃多饮。“少吃多滋味，多吃坏肚皮”“少吃一口活到九十九，多吃一勺半夜睡不着”等俗谚都是劝人少食的。

十九是忌用筷子当牙签（俗称“剔筷”）或用手指当牙签。要用真正的牙签剔牙，用牙签时要背过身，并以手、手帕或纸巾遮掩口鼻。

二十是忌吃饭串门。乞丐讨饭是这家讨要点，那家讨要点，讨到就吃，边讨边走，边走边吃。吃饭串门形同乞丐，不吉利。

仔细揣摩以上餐规，我们发现，这些餐规同其他地方的餐规大同小异，把这些餐规铭记于心后，在饭桌上便能从容自如。

猜拳行令有规则

饮酒，是民间的一大快事。自酒祖仪狄造酒以来，中国人就把酒和祭天、祭地、祭神、祭祖联系在一起，把饮酒摆在日常生活的重要位置，而饮酒的风俗习惯也在这推杯换盏中逐步形成。宴席上，主人以酒敬宾客，称为“献”；宾客回敬主人，称为“酢”；主人劝饮，称为“酬”；互相对饮，称为“酌”。而酌到酒兴正浓时，总会想起“花间一壶酒，独酌无相亲”，此时，猜拳行令就会搬上桌面，成为助酒兴、活氛围的重要方式。酒令源于古代的“燕射”等传统，是我们祖先在日常饮酒时创造出来的一种聚人气、结人缘、促人和、交朋友的通俗文化，是文化入于酒而形成的一种特有的酒文化。酒令有丰富的形式、高雅的内容。然而，时过境迁，当今一些喝酒之人，在饭馆、酒肆借酒滋事的吃客行为，已非文化，而是恶俗。

中国酒令自汉代开始就已有之，其名目繁多，五花八门。综合起来有雅令、筹令、通令三类。灌南的酒令传承着古风，并在古风中加入时代特点，但从未走出雅、筹、通三种形式。

饮酒行令要设“令官”，即裁判；参加游戏者必须有酒量、有酒兴、通酒令、善言辞、有酒德，有的还要求有文采，能吟诗作对。

雅令是文人饮酒助兴的文字游戏，以出诗句、对对子、接飞花为主要内容。首令人先出，其他人接首令之意续令，所续必须在内容和形式上与首令相符，引经据典，即席应对，续不出、续不符则要罚酒。王羲之等人于会稽山兰亭，依溪而席，曲水流觞是行雅令的典范之一。古海西人也经常在宴席间行雅令，只不过因缺少名人参与，憾未留迹。

筹令就是将古今名人轶事、小说、戏曲编成酒令，写在牌子（称为“酒牌”）上放入筒中，饮酒时轮流抽取酒牌，根据抽取所得酒牌上的酒令，即时吟诗、唱曲等，吟唱不出者罚酒。

通令是普通劳动者采用的通酒令，流传最广、参与者甚多。常见的形式有猜拳（也称“划拳”）、猜数、抽签、击杠子、掷骰子等。

在灌南，抽签和划拳两种形式最为流行。

抽签主要以抽棒子为主。席间，根据参与人数决定棒子数，找不到棒子就用火柴棒代替，将其中一根棒子制成短棒，其他棒子长度一致。行令时，一人将所有棒子攥在手中排成一排，上端对齐，露出少许。参加之人逐一抽取小棒，一人一根，抽到短棒者罚酒，若众皆未抽到短棒，则短棒必在持棒人手里，持棒人须自罚一杯。罚酒后，被罚人持棒再行下一轮。如中途有人提出退出，则提出者自饮一杯或数杯（按提前约定进行）退出。一般数轮过后，退出者居多。

划拳是出拳伸指，连比画带喊的一种行令方法。此令妙趣横生，很容易营造饮酒氛围。席间划拳有“内拳”“五行拳”“外拳”等。酒令也是出门十里各有不同，尤其是内、外拳酒令，更是叫法多样，如有的叫“一点红、哥俩好、三桃园（或三结义）、四季财、五魁首、六六顺、七个巧、八匹马、九（酒）中仙、十全来”，有的叫“一点点、宝一对、三才子、四如意、五魁首、六六顺、七个巧、八骏马、快喝酒（九）、全家福”，有的叫“独鳌头、咱俩好、三星照、四如意、五魁首、六六顺、巧得很、醉八仙、九连升（或九连环）、满堂红”等。

“内拳”是两人划拳时任意向对方伸出手指，同时喊出酒令，以不出的指头数相加计算，如不出指头数相加正好等于某一方喊出的酒令，则此方胜，对方罚酒。此行令方式流畅度不够，在席间多不用之。

“五行拳”是以五个手指各代表金、木、水、火、土五行之一，根据五行相克而产生的划拳形式。两人划拳时任意向对方伸出一个手指，同时喊出金、木、水、火、土酒令，然后根据“金克木、木克土、土克水、水克火、火克金”的五行相克的原理决定胜负。克的一方胜，被克的一方败，败者罚酒。此种行令方式不容易快速决出胜负（如一方出金，另一方必须出木或火才能有胜负），五行相克规律也不是所有人都懂，因此，席间也多不采用。

“外拳”是两人划拳时任意向对方伸出手指，同时喊出酒令，以伸出的指头数相加计算，如伸出的指头数相加正好等于某一方喊出的酒令，则此方胜，对方罚酒。如甲乙两人划拳：甲出三手指并喊出“八匹马”，乙出五手指并喊出“六六顺”，此为甲胜，因为甲的“三”和乙的“五”相加正好是“八”。在划“外拳”时还有“下马则输”的说法。所谓“下马”，就是两方伸出手指，同时喊出酒令，而两方出的手指数之和不可能出现其喊出的酒令数，此时则为“下马”。如甲出三手指，喊出“酒中仙”或“满堂红”，不论乙出几个手指，甲都“下马”，因为甲的“三”和乙出的数相加最多是“八”，永远不会是“九”或“十”。生手划拳往往会“下马”，有时还会出现双方同时“下马”的有趣瞬间。“下马”是否罚酒，视双方事前约定而定。此行令方式在灌南广泛流行，在席间多用之。

在划拳中还有许多规矩。如划“一好拳”时，两人要同时说出“哥俩好拳”后才能出拳；划“两好拳”时，两人要同时说出“哥俩好拳，再好拳”后才能出拳。如中途已经有输赢，但准备数杯一起喝时，不用停下来，只要在中间穿插一句“有（各）一杯，拳，拳不收，拳”，就可以接着划下去。出“一”的时候只能伸拇指，不可以伸其他手指，因为食指是“指责”，中指是“失败、一般般、不咋样”，无名指是“无名小辈”，小指是“小子”，这些都带有侮辱对方的意思；出“二”的时候不能同时伸食指和中指；划拳时双方要同时出、同时喊，迟了属于投机取巧，不仅会被罚酒，而且会落个“无拳德”的坏名声；输了罚酒要很爽快地喝掉，不然全桌人都会指责说“拳品太差”“酒品太差”。

另外，灌南还有刚出的行酒令方式，在青年人当中比较流行，如“人在江湖”“两只蝴蝶”等。

不得不说猜拳行令作为酒文化的组成部分，其时代烙印深刻。

猜拳行令实为劝酒之法，胜者不饮为快，输者喝酒受罚。虽其乐融融，但通常参与划拳者会撸袖振臂、叫号喧争、气粗体摇，这样难免风度失损、粗俗嘈杂。随着移风易俗，此令也几乎被淘汰，年轻人大多不谙此道。

食物入口有宜忌

俗以为，饮食不仅关系人的长相、禀性、吉凶、祸福、生死等，甚至还会关系周围的环境变化，影响到他人。这或是基于古时图腾信仰，或是出于后世的宗教信仰，或是一般的民间俗信，总之，人们对待食物食品时总是要认真鉴别一番，从阴阳、凉热、生克、补损等各方面，去判断哪些能吃、哪些不能吃、哪些犯克、哪些犯忌等。

在灌南，许多人食物入口有宜忌。纵观有四种情况：第一种是莫名其妙忌。有的人不吃食草动物的肉，有的人不吃无眼的东西，有的人不吃有眼的东西，有的人不吃猪肉，有的人不吃牛肉，有的人不吃鱼……凡此种种，他们也说不出所以然。第二种是洁忌。洁忌就是忌食自认为不洁净的食物。如有的人不吃动物内脏和血液，有的人不吃动物的头，有的人不吃黄鳝，有的人不吃鳗鱼……唯恐食不洁而不吉，生疾致病，招灾惹祸。第三种是“发物”忌。所谓“发物”，是指人吃了以后会犯病，或会引起旧病复发，或会中毒致亡，所以一般身体有疾之人、妇弱老幼均不吃“发物”。俗认为，有的食物单吃是“发物”，如鲤鱼、母猪肉、驴肉等；有的食物混吃是“发物”，甚至有毒，如鱼子与猪肝同食、葱与蜜同食、柿子与螃蟹同食、鸡与韭菜同食等。在灌南农村，凡是发现误食了有毒的食物，立即送医院。第四种是信仰忌。信仰忌有宗教信仰和俗信之分。有信仰佛教的，有信仰道教的，有信仰基督教的等，他们的餐饮宜忌会严格按照教规而行。少部分少数民族，他们在吃的方面有其独特的宜忌。灌南还有些人崇尚俗信，他们相信食物食品的自然属性会传染给吃者，这种观点与张华在《博物志》中所言的“食水者乃耐寒而苦浮，食土者无心不息，食木者多而不治，食石者肥泽而不老，食草者善走而愚，食桑者有丝而蛾，食肉者勇而悍，食气者神明而寿，食谷者智慧而夭，不食者不死而神”① 类

① 张华．博物志［M］．赵娣，评译．北京：北京联合出版公司，2016：55.

似。俗话说的“吃了秤砣铁了心”“吃了灯草芯，说得轻巧”等，虽然是一些比喻，却也表明“食物的素质能够转化为吃者的素质”这一俗信。

其实，本县许多的食物禁忌都是出自食者自身的习惯或是一些约定俗成的习惯，往往是“习惯成自然”，才会对不喜欢、不常食的东西厌恶、反胃。

第二节 礼客待宾讲敬重

中国自古为礼仪之邦、食礼之国。《春秋左传正义》云："中国有礼仪之大，故称夏；有服章之美，谓之华。"① 古时，礼仪和饮食密切相关，《礼记·礼运》中载曰："夫礼之初，始诸饮食。"不管在何地，招待客人热情礼貌是必备的，无论家境如何，待客食品往往优于日常食品。而在诸多的礼客待宾的饮食风俗中，传承的依然是古礼中的"敬重"二字。

传承于古礼之中的民俗风情

古人讲"礼者，敬人也"，礼仪是一种待人接物的行为规范，也是交往的艺术。它是人们在社会交往中，由历史传统、风俗习惯、宗教信仰、时代潮流等因素编织而成的，既为人们所认同，又为人们所遵守。大到国家，小到个人，无不彰显礼仪的独特魅力。《周礼·春官·肆师》："凡国之大事，治其礼仪，以佐宗伯。"②

现代人认为，礼仪是对礼节、礼貌、仪态和仪式的统称，是人们在社会交往活动中，为了相互尊重，在仪容、仪表、仪态、仪式、言谈举止等方面约定俗成的、共同认可的行为规范。在古海西的民俗风情中，人们把磕头、鞠躬、拱手、问候、敬酒、供食等，作为对人、对己、对鬼神、对自然表示尊重、敬畏的方式。

尊老敬贤、仪尚文明、礼貌待人、仪容整洁等已然成为当今灌南民俗风情的精华。这些精华在饮食文化里得以进一步传承和发展。家宴、便宴要以"长"为主，宾宴要以"客"为主，这是宴礼主线。无论是婚宴、丧宴、寿宴、乔迁宴，还是谢师宴、升学宴、聚会宴等，在宴席上，排座必须遵循以长为先、以师为先、以

① 佚名．春秋左传正义［M］．北京：中华书局，［出版年份不详］：2272.
② 周公旦．周礼［M］．郑玄，注．陈戍国，点校．长沙：岳麓书社，2006：46.

老为先、以远为先、以官为先的原则，论资排辈，按辈排座。待长、师、老、远、官坐定，其他人方可入座，遇到“人小骨头重”（年纪小的长辈）也不例外。在宴席间，主人、陪客与长、师、老、远、官的交流要长些，敬酒要躬些，献茶要勤些，介绍他们的优点要多些，以代表众人对他们的赞赏和尊重。

“孝”“德”“诲”是传承于古礼之中的民俗风情中的精华。

在饮食上，“孝”强调“生则养”，“养”的第一位是“吃”，这不仅是孝敬父母的最低纲领，也是强调孝道对老年长辈在物质生活上优先性的基本要求。《孝经》中的“孝子之事亲也，居则致其敬，养则致其乐，病则致其忧，丧则致其哀，祭则致其严”① 更是对“孝”做出进一步要求。不赡养老人，会被指责为是“忤逆不孝之人”。

“德”是一种品行，一般认为，在饮馔中，“让、度、俭”是“德”的具体体现。“让”是相互谦让。一方面，不要争着要、抢着吃，好吃的要先让别人吃，哪怕被吃光也不能有怨气，要做到礼让为先。另一方面，入座、下箸等也要谦让，尤其是自己不熟悉的，更要礼让。“度”是适度，要求喝酒、吃饭要有度，不能暴饮暴食，更不能劝酒无度，自饮至醉。“俭”是节俭。在吃、饮上不要好全喜多、铺张奢侈，更不能浪费。古有“隋文帝庆生举国食素”“梁元帝庆生宫中斋讲”，今提倡“光盘”和“吃不了兜着走”，这是对“俭”的一种升华。

“诲”是饮馔方面的教育、教诲。通过口传身教、耳濡目染，对下一代潜移默化地传教老规矩、古礼俗，并根据社会时尚向孩子们提出新的吃饮要求，让孩子们知道哪些能做、哪些不能做，寓教于吃中，逐步实现“见贤思齐焉，见不贤而内自省也”。灌南俗语“作践谷物，必遭雷击”“小时剩碗底，长大娶麻妻”“不吃光，会生疮”“不掉碗跟脚（剩饭），长大有饭吃”等，也是对“诲”的通俗表达。

---

① 纪昀．四库全书精华 1［M］．长春：吉林大学出版社，2009：179.

古礼中沉淀下来的宴客之道

饭桌上的礼仪文化，雅一点称作“饮馔文化”，说白了就是宴客礼仪、待客之道。这些宴客礼仪都是从古礼中沉淀下来的。粗考古礼，我们发现“五礼”和“九宾之礼”对宴客之道影响最大。

古礼今道

古代的“五礼”，即吉礼、凶礼、军礼、宾礼、嘉礼。《周礼·春官·小宗伯》：“掌五礼之禁令与其用等。”① “五礼”中的“宾礼”就是接待宾客之礼。

“九宾之礼”，是我国古代最隆重的礼节。它原是周朝天子专门用来接待天下诸侯的重典。周朝有八百个诸侯国，周天子按其亲疏，分别赐给各诸侯“公、侯、伯、子、男”五等不同的爵位，各诸侯国内的官职又分为卿、大夫、士三等。诸侯国国君则自称为“孤”。这“公、侯、伯、子、男、孤、卿、大夫、士”合起来称为“九仪”或称“九宾”。周天子朝会“九宾”时所用的礼节，就叫“九宾之礼”。按古礼，“九宾之礼”只有周天子才能用，但到了战国时代，“九宾之礼”也为诸侯所用，再到后来，这“九宾之礼”不断派生演化，一些礼制逐渐被民间采用。如叩首、空首、褒拜、吉拜、揖拱等都是从这些礼制中演变而来。

“跪拜礼”（叩首、叩头），早在原始社会就已产生。进入阶级社会后，特别是在封建社会里，“跪拜”是臣服的表现，即使是平辈跪拜，也有彼此恭敬的意思。发展至今，在民间用“跪拜礼”是晚辈对长辈行的最大礼。春节拜年时，晚辈要给长辈叩首；结婚时，新人要给长辈叩首；拜寿时要给寿星叩首；请长辈到家做客或长辈来访，家中晚辈男子要给长辈叩首……

“揖让礼”，是民间最常见的行礼方式。“揖”是作揖，双手抱拳打拱，身体向前微倾；“让”表示谦让。这是一种大众化的礼节，宴请时，宾主相见一般用此礼，平辈间在比较随便的场合也较常用

---

① 周公旦．周礼［M］．郑玄，注．陈成国，点校．长沙：岳麓书社，2006：45.

此礼。“打躬作揖”既是一种引见，也表示寒暄问候。

“握手礼”，已经成为礼宾待客的普遍礼节，熟悉的、不熟悉的，在握手的瞬间情感得以升华，甚至仇家都能“握手言和”。

“虚左礼”，就是乘车、宴请时将左边留给尊贵客人的一种古礼。“虚左”表示对人的尊敬。“虚左以待”成为尊重人的一种礼节，其礼在宴客中最能体现。不过随着时代变迁，加之受国外一些礼节的影响，“虚左礼”已经不多见，甚至变成“虚右礼”了。

“请、叫、提”之道

邀请客人是设宴的第一步。宴客数日前，主家要根据所叙之事反复斟酌所请之客，人员定下后，发帖传话。俗话说，“三天为请，两天为叫，一天为提”，“请、叫、提”都是从古礼中派生演变而出的。越早越表示敬重和诚意。“请”要下帖，帖也叫“请柬”，帖子写好让人送给客人叫“下请帖”。帖的格式非常讲究，写帖时字要自上而下，从右至左；字要工整，不能潦草；要在帖子里把设宴时间、地点写清楚，有的还要把事由写清楚；开头要顶格，落款要接底；要有“恭候”“候光”“候驾”“拜”等表示尊重的字样。请帖一般用红纸，只有在下帖之人家中有丧事时才改用其他颜色的纸。“叫”和“提”相对于“请”要随便得多，宴请前一天或当天，派人通知即可，不用下帖。现在宴请，大事提前通知，闲聚、小聚临时召集，相处越是熟悉的越是多“提”、少“请”、经常“叫”。无论大事小事，一般见不到请柬，打个电话、发个短信即可。

迎客送客之道

迎来送往，是社会交往接待中的重要环节，是表达主人情谊、体现礼貌素养的重要方面。常言云，“请客望客到”。这里的“望”，不仅有“希望”之意，而且有“远眺”“远迎”之实。客人赴宴不能太早，也不能太迟。太早会有失风度，太迟主人会不高兴。客人应邀赴宴，主人要到大门外迎接（现在到机场、车站、路口迎接则更显主人的热情、周到），见到客人要抱拳躬身（现为握手），邀引客人进堂入屋。到门口时，主人要退到客人身后，让客先行；进屋后，主人要将客人礼让至堂中上首落座，奉上烟、茶，待正式宴席开始，再按“序坐”重新入座。古风俗礼中有“女不迎客”的要求，从民谣“两扇门来一扇开，只为夫君邀客来。客入门中奴旁闪，门后一角隐裙钗”中可以发现，女主人在客人进入家门时会主动回避，这一俗礼同现在女主人主动跟客人打招呼、问好相比，显得俗陋无比。

“序坐”是赴宴遇到的第一关。灌南人把赴宴叫作“坐桌子”“吃酒席”。入席就座前不仅要看主家桌子的摆放位置，还要知来宾身份，要懂“序坐”。一般主人不安排，不要随便坐，否则会闹出笑话和不愉快。“序坐”就是来客中的尊卑长幼在一起用餐时所应就位的桌次、座次。一般是辈分高的、年长的、职位高的坐上席，即按辈论座。一般情况下，客人就座前总要再三推辞谦让，不敢唐突上坐，生怕引起非议，就算是被推让到尊位的人也要对在座的人拱手致意，表示感谢众人抬举。在灌南，人们把辈分看得很重，即便年纪小，只要辈分高也要安排在尊位，俗称“人小骨头重”，而且特殊日子里有特殊规定，如孩子过生日、结婚等，孩子的舅舅要坐在第一席，其他人不得坐；再如“会亲”（婚后第二天或第三天，新娘的父兄到新郎家做客），新娘的父兄要坐上席。待上席坐定后，其他人方可入座。入座后坐姿要端正，与餐桌的距离保持得宜，忌跷腿（把腿支起来或一只脚踩着凳子）、伸臂（将手臂放在邻座椅背上）。席间，主人多会一一介绍来宾，当介绍到自己时，一般要起身作揖，同时说“幸会幸会!”以表达对他人的尊重。在封建社会，有“女人不入席”之说，不管什么规格的宴席，女人一律不得入席，这是旧时男尊女卑的陋习所致，现在女人不仅入得席，大多时候还会安排上座。

席间亦有诸多讲究，如器皿规制、上菜斟酒顺序、献酬礼节等。其中，“夏瓷冬锡”是对酒壶器皿的要求，瓷壶一年四季都可使用，锡壶只在冬日寒冷之日使用，主要是用来温酒；“头尾相顾”是对上菜、斟酒顺序的要求，不能“顾头不顾腚”；“献（敬）酒逢双”是对献酬礼节的要求，意即要和“好事成双”“事事如意”

"六六大顺"等吉祥寓意相吻合。

宴至尾声，先吃完的人不要立即离席，要把筷子握在手中（现在大多是放在筷架上），全神贯注地静候他人用餐完毕；或一手端碗一手拿筷子，将筷子放在碗上方作小幅度摆动，起身向在座的人一一示意，并说道："有偏，有偏，我已吃好，请大家慢用。"随后放下碗筷，静等他人用餐完毕。也有的地方会把筷子放在碗上，等全桌人吃完再拿下来。如果先用完餐的人确需提前离席，则必须恭敬地同没有吃完的人拱手打招呼，告知自己要先行一步，请他人"慢用""慢饮"，没有吃完的人会用"您宽坐""您慢行"等予以回敬。在席中，主人不能先客人吃完，否则会有催食、吝啬之嫌，属于"怠嗔人"。用餐全部结束后，须等尊位客人离席后，其他宾客方可离席。

客人离别时，主人要再三挽留。送客出门，主人要将客人送至大门外，作揖告别，道"平安"、说"慢走"、话"顺风"、邀"常来"，目送客人远去后，再转身返回。

第三节　渔民祭祀论规矩

一般认为，祭祀以祖灵祭祀和神灵祭祀为主。为了表示对“灵”的虔诚和友善，人们会把食物贡献给“灵”，俗称“献食”“上供”。祭祀的食物绝对不可以被人先食用。人们把祭品当作人神相通的中介，认为食用祭品就可以得到神灵的福佑，所以，无论何地，祭祀饮食规矩最为严苛。

常言道：“靠山吃山，靠海吃海。”大海养育了祖祖辈辈的弄潮人，渔家相信水中有神灵，神灵会保佑丰收，也会使人劳而无获，能使人得福，也能使人遇难，所以要诚心敬奉、祭祀这些神灵，不敢有半点怠慢和得罪。渔民祭祀习俗是渔民在长期生产生活中形成的传统习俗，主要内容包括悬挂神像、敬香、献供品和祭酒、船头挂红、祭海、祭龙王等。除了祭祀有太多规矩和禁忌外，渔民在船上的吃饮也有颇多禁忌。无论祭祀还是吃饮，每一种禁忌都关系人、船的安危，关系到一家人的生计，绝对不可违犯。

灌南的渔民主要集中在堆沟港，渔家一年中大多时间生活在船上，行船出海总是同风险作伴。俗话说：“带肚婆娘（孕妇）七分命，跑马行船三分命。”在趋吉避凶的意识形态里，渔民总是提心吊胆、处处小心、事事讲究。

堆沟港渔民的一些祭祀活动和禁忌有域外渔民禁忌的影子，如造船讲究“头不顶桑，脚不踩槐”，船在作业时严禁在船头小便，外人脚不洗净不得上船头等。但有的活动，地方味比较浓，排船、祭船等就在其中。

堆沟港渔民建新船，不说建船而是说“排船”或“修船”。在排新船时，建到船底时一般要求比较高，要用上等的麻丝，伴着铜油和石灰泥往船底缝里填，边填边打排斧。过去打排斧很讲究，船家要做好吃的给木匠吃，吃好喝好排斧才打得响、打得时间长。不但要吃好、喝好，而且要给喜钱（红包）、喝糕茶、给喜烟，船主家要放鞭炮。打排斧时，领头的人喊好，其他跟着呼应。打排斧的人还要说喜话，如“主家官船有财相，我为主家修船帮。一天挣个大元宝，顺风顺水鱼满舱”，“主家官船有气候，我为主家修船头。船头尖尖破浪行，锦衣玉食不用愁”，“主家官船挂红绸，我为主家装船楼。前舱装满鱼和虾，后舱人人皆高寿”。老师傅有板有眼地喊着，每一句后面都有大家配合着和音衬句：“嘿呀，好呀，福啊!”号声此起彼伏。打过排斧的船，下水后，才能抗击风浪，才能安全行驶。

祭船是渔家祭祀活动的重头戏之一。渔家对祭船特别重视，一年至少要祭三次船，除夕祭、出海祭、修新船时祭。每次祭船，都要做得很认真、很虔诚。祭船之前要买来一头猪（现在用猪头、猪蹄、猪尾代替，猪一定要带尾巴，意味是一头整猪）、一只公鸡、一条鱼，还有糕果、香、纸等。船老大还要亲自用芦柴或者芝麻秆扎一个一米左右长的把子，俗称“财神把”，把子上要夹桂皮、大香等。祭船一般选择五更天，东方微微发亮时，船头向东对准大海，船员用船上特有的小桌子摆上猪头和其他供品，然后由船老大执刀拿起准备好的公鸡，走到船头，把公鸡杀掉，将鸡血顺着船头两边流下，这叫“挂红”。如果鸡血滴成一条直线，表示今年一帆风顺，如果说弯弯曲曲则意味着有风险。接着烧纸、敬香，船老大叩拜祈祷，望海龙王保佑，赐予丰收、平安。最后船老大点燃“财神把”把船上的角角落落照个遍，把未燃尽的财神把扔进大海，船上所有人对着大海磕头。祭船之后，中午船上人一起将供品做好煮熟，大家分食吃完。

在过去，除了祭船以外，渔家还要祭神、祭龙王、祭“大老爷（鲸鱼、鲨鱼）”、祭海。

祭神在除夕进行，祭祀用品一般有猪、公鸡、鱼、花糕、水果、酒类等。讲究点的人家会把花糕做成各种图案，用红枣、红豆等装饰，做成“花开富贵”“并蒂莲花”“双龙戏珠”“菊”“梅”“鱼”“虾”等，形象逼真，令人叫绝。祭祀时，渔家会把神像挂在墙上，然后开始上香摆供、献酒，全家人磕头行礼，祈求神保佑全家平安顺利。

祭龙王一般要到龙王庙或海边进行，供品和祭拜仪式同祭神差不多。

祭“大老爷”一般是在出海捕鱼作业中进行。“大老爷”经过时，百步之前会有各种鱼蹦出水面，这是“大老爷”的“跟班”。行船作业时若见到“跟班”出现，船底或船边有异常响动，船上必须祭拜。祭拜时将准备好的鸡、米等供品扔撒到海水里，然后焚香、献酒、鸣锣、叩头、祷告。

祭海时，在船头贴“得胜旗”堪称灌河口独有的习俗。将拔下的鸡尾毛贴于船头，把鸡尾毛叫作“得胜旗”。这种习俗与一种叫“得胜”的鱼有关。“得胜”，在灌南，即为刀鱼，灌南人还把它分为“河刀”（生长在河里）和“海刀”（生长在海里）。

除了祭祀之外，渔民在捕捞作业时禁忌也不少，在吃饮上更是非常讲究。筷子不能搁在碗上，讳“船搁浅”；忌说“筷子”，讳船散成一块一块的，要把“筷子”说成“篙子”；不能把碗、碟、酒杯、调羹等反扣着放，讳“翻船”；吃鱼要先吃鱼头（往往是先给船老大吃，表示对船老大的尊重），意为头头顺利、一帆风顺；吃完鱼的一面后要吃另一面时，不能说“翻身”，要说“调一樯”（调个身子）；吃剩的饭菜一般不倒入海中，如确需倒入海中不能说“倒掉”，要说“过鲜”；食物吃完了不能说“光了”“没了”，要说“吃满”了；不能说“盛饭”，讳“沉”，要说“装饭”“添饭”；不能说“倒水”，讳“倒”，要说“清水”；第一顿饭在船上什么位置吃，以后每顿饭都要在这位置上吃，称“不挪窝”……渔民日常食物以五谷杂粮为主，在海上则多吃鱼虾，但吃的都是“次品”鱼虾，好鱼好虾留着卖钱换粮。

渔民的众多习俗流传下来的已不仅仅是禁忌形式，更是一种文化积淀。在历史长河中，渔民通过这样的习俗传达着久远的文化，表达着对美好生活的期望与憧憬。

第四节　特殊食俗谈浓意

在结婚嫁娶、繁衍生育、耕耘劳作等特殊的日子里，食饮古俗更显斑斓。一幅幅古朴浓郁的宴俗画卷，展示着难以言传的意境，勾画出与众不同的地方风情。

结婚嫁娶，喜庆惬意

婚姻是人类社会进入到一定发展时期后的产物，是为当时社会制度所认可的、家庭产生的前提，是家庭和社会的“总开关”。婚姻涉及经济、人事、宗族等诸多方面。总体而言，从古到今，结婚嫁娶是吉事，喜庆惬意是主旋律，在这主旋律里，与“吃”有关的事依然是最响的音符。

我国古代有“六礼”之说，“六礼”即纳彩、问名、纳吉、纳征、请期、亲迎，这每一步里都有“食”的影子。现今，只有部分地区还有这个习俗。实际上，各地区民间约定成俗的婚礼习俗并不完全为这“六礼”所限，灌南就是如此，有的去繁就简，如“合八字”“合髻”（也称“结发”）等流程多已省略；有的则更加重视，如加入“催妆”“会亲”等。

取八字、下帖子、换帖子一般被视为婚嫁的“序曲”，目的在于“询察天意”，这一婚俗行为表示“婚姻天定”的观念，在父母之命、媒妁之言的年代，这一步是不能省的。下帖时，送帖之人和媒人要喝糕茶。这是“媒八嘴”吃的第一嘴。现代人多半不相信这一套了，即便有些迷信的父母，自认为是对儿女的婚事负责，往往也是在“过礼”前请算命先生推算一下，看双方的生辰八字是否相合。

“换帖”“合八字”后，媒人要选个好日子，带男方去“过礼”定亲。“过礼”定亲是大事，一般嫁娶的主动者要向另一方送一笔重礼，俗称“彩礼”。礼物至少要包括猪肉、鱼、酒、鸡或鹅、鸭（古时用雁），以及给对方父母的衣料、鞋袜，给姑娘的首饰等。另外还要包封“零花钱”给姑娘。现在多是以钱作为彩礼，根据男方的经济状况，从几千到数十万的都有（现在倡导婚事新办、喜事简办，抵制婚嫁恶俗），但一般都会取“6、8、9”这样数字，讨个吉利。“过礼”定亲时，女方要设宴招待媒人和送礼之人，以表谢意，这称为“头礼”“串柬”。

“过礼”定亲之后，男方要请媒人到女方家“说话”（表述男方想结婚的意愿），如果女方同意，会再向男方要彩礼，男方会把彩礼再次送去，称作“过二礼”。“过二礼”后男方要选迎娶的日子（现在都是男女双方商定日期）交给媒人送给女方，称为“择吉”或“送日子”。择吉一般请算命先生算，也可以自己看《通书》（雅称“历书”，俗称“家家历”，传统称为“皇历”）择日子。文化程度高的则可以自己推算，一般认为，只要“六合”相应，就是好日子。“过二礼”“择吉”“送日子”男女双方都要设宴招待媒人，表示对媒人来回奔波的酬谢。

择日完毕，双方确定了结婚日期，就发出婚宴请柬，请亲朋好友来参加婚礼。请柬一般由嫁娶者或其父母亲自送达亲友手中。亲友们接到赴喜宴的请柬后，除特殊情况可以只送礼不参加以外，一般都应登门道贺。道贺前，先要准备好礼物。礼物的多少视各人与主方关系的亲疏、交情的深浅、本人的经济条件而定。

过去姑娘出嫁，从收到男方的聘礼定下出嫁日起，其至亲好友知道后，要提前数日带姑娘去家里吃饭，俗称吃“晾家饭”（也有叫“浪家饭”的）。带姑娘吃“晾家饭”的人家，一般都要提前预约。出嫁日三天前，待嫁姑娘基本上就不外出吃饭了，不仅如此，还要控制饮食，不能大吃大喝，只能少吃点零食、喝点开水，有的人出嫁日前一天会滴水不进，灌南人管这叫“扣饭”“代饭”“带饭”（或许叫“怠饭”），有的人会提前半个月甚至一个月开始减食。姑娘出嫁为什么要“代饭”呢？据说，一是为了防止晕车、晕轿而呕吐，影响形象；二是过去做新娘，对新娘要求苛刻。不像现在的新娘只在婚礼上受点拘束，其他时间想干啥干啥。但古时候，新娘要坐三天，那时候家家只用马桶，新娘的马桶在没用之前叫“喜桶”，上面用红纸蒙起来，里边放有“五子果”（一般是花生、红枣、桂圆、栗子、白果）等物品，在这三天期间不能打开（有的地方有送房前“摸马桶”的习俗，“摸马桶”是由两童男子掀开马桶盖，将马桶里面的物品“摸”出来。有“摸马桶”习俗的地方，不忌讳“三天不开桶”）。别人来看新娘，首先进门先看喜桶。新娘在这两三天内不得如厕。“代饭”就是为了应付待嫁姑娘三天三夜不如厕这一关。

佳期在即，男女两家都要杀猪宰鸡、准备喜宴，还要请好厨师、傧相（俗称“知客”）、“全福姑娘”（伴娘）、“全福奶”、抬轿搬礼人员、账房及其他帮忙办事的勤杂人员。这些人应聘后，应在迎娶的前一天（男方叫“催妆日”，女方叫“待嫁日”）即到主家开始工作，做好迎亲、送亲摆宴等准备工作。“催妆”时铺新床环节比较讲究，不仅要选择时辰，而且必须是全福人才能铺。铺床之前先是缝被子，缝被子要两个全福人，要用红线缝，一根线缝到头，中间不能断线或者有接头，被子只缝四周，被子的四角不缝，留给新娘第三天自己缝。被子四角里边放进双数“五子果”。铺好床，全福奶开始装“喜桶”。在喜桶里放上糕果、“五子果”、糖果等，然后找一张红纸将其蒙上。在新房里点上红烛，再在新房的桌子上放上糖和糕，还有两条鱼，鱼要用红纸盖上，俗称“喜鱼”。新房布置好，闲杂人不能再进入新房。晚上，主家会摆“催妆酒”（女方摆“出嫁酒”或“待嫁酒”），款待帮忙人员，同时会邀请部分至亲好友一同吃饮。

迎娶当日称为“正日”。一切准备就绪后，男方迎亲之人开始喝糕茶，糕茶一般为四样，由糕、果、饼干、白糖组成。喝糕茶结束，鸣炮奏乐，发轿迎亲。旧时，乐队前引，媒人先导，新郎紧跟，花轿随后，伴娘扶轿，礼盒殿后。

女方家在花车（轿）到来之前，要准备好喜筵。姑娘要由母亲或姐姐梳好头，用丝线绞去脸上的绒毛，化好妆，谓之“开脸”，然后饰上凤冠霞帔（农村人大多是红衣、红裤、红袜、红鞋子、红裤带），蒙上红布盖头（现在基本见不到），从头到脚清一色的红，等待迎亲的花车（轿）。

花车（轿）一到，男方先燃放鞭炮，女方家动乐鸣炮相迎，众亲出门迎看（到女方出礼称为“看花轿子”，由此而来），接着女方亦安排“糕茶”为男方接亲人员洗尘接福。时近中午，女方家动乐开筵。席间，新郎虽上坐，但必须小心亲戚朋友中的平辈和晚辈青少年在自己身上戏耍、搲酒，有的厨师还会争要“喜钱”，俗称“贺新客”。此时，新郎绝不能生气、发火，或同主客吵闹、扭打。

午宴过后，男方迎亲人员会放短鞭催新娘上车（轿），俗称“催轿鞭”。新娘家并不着急，一般在新郎掏出让女方满意的“搬箱礼”后才会同意发车（轿）。新娘上车（轿）前，先拜别父母，然后与哥或弟吃“分家饭”（也叫“分手饭”）。“分家饭”有的是饭，有的就是以喝糕茶代替，只是一种形式。随后即奏乐鸣炮，起车（轿）发亲，同时安排新娘的兄弟在迎亲队伍前后送新娘一程，俗称“送亲”。

接亲的队伍将要到达新郎家门口时，新郎家要鸣炮动乐相迎。花车（轿）停在新郎家的门前，会有一些人拦着门不让新娘进门，向喜爹喜奶（新郎的父母）讨要喜烟、喜糖。

新娘进新房后，要洗脸、喝糕茶，随后随新郎出来，到厅堂拜见公婆和其他长辈，拜后由伴娘或全福奶搀扶回转新房。接下来所有宾朋开始坐定吃菜喝酒，俗称“吃喜酒”。新郎要接待贺客。现在，在宾馆、酒家宴宾，夫妻双方都得出去会见宾客并向宾客敬酒。

吃完喜酒开始闹洞房。在过去，由于很多新人婚前都不太熟悉甚至不相识，新婚之夜要他们生活在同一空间，心理上可能会感觉不自在。闹洞房，无疑可以通过公众游戏让新人消除隔阂，捅破羞怯的“窗户纸”。而在现代，闹洞房主要是向新人表示祝福之意。闹洞房的人进入新房要说喜话，如“跨进新娘房，看见织女会牛郎，亲朋随我来道贺，快拿喜烟和喜糖”，“众人随我来闹房，恭贺新娘和新郎，一对喜鱼嘴靠嘴，一对夫妻百年长”。闹洞房的游戏有很多，跟饮食有关联的常有“取筷子”（将一双筷子置于酒瓶中，只露出很短一截，让新郎新娘全力用嘴唇或舌头把筷子取出）、“吃苹果”（将苹果切成小片，用皮筋将苹果片吊于新郎跃起能够到的高度，新郎用嘴拉下苹果片，然后和新娘共同把它吃完）、“亲甜心”（新郎仰面躺在床上，然后把糖果放在他的额头、脸颊、嘴、脖子上，让蒙着眼睛的新娘用嘴去找这些糖果）等。闹洞房的人走出新房还要说喜话，如“一出新娘房，喜气绕身旁，喜烟叼在口，喜糖兜里藏”。

闹洞房结束，进入吃团圆饭环节。吃团圆饭是新娘进入新的家庭和全家人一起吃的第一顿饭。参加吃团圆饭的人，按辈分席次坐好，新娘由全福奶搀出，站在自己的位置上，面前放一只碗，里边放一点饭，全福奶开始介绍席位上的人，新娘认过家人之后，全福奶开始夹菜放入新娘的碗中。全福奶一边夹菜，一边要说“喜话”（吉利话），如“新娘吃鱼，富贵有余；新娘吃块肉，生儿疼不够（或‘新郎疼不够’）；新娘吃块鸡，生儿笑嘻嘻（或‘合家笑嘻嘻’）；新娘吃个坨（肉圆），养孩爹爹抱奶奶驮（或‘养儿进金銮’）；新娘吃块膘（皮肚），生孩是块料（或‘幸福又长寿’）；新娘喝口汤，阖家团圆笑哈哈”。

全福奶夹完菜，搀挽新娘进新房，同时把刚才装饭菜的碗一起端到房里。其他人继续喝酒吃菜，不亦乐乎。对于新娘来说，吃团圆饭只是一种过场和形式。

送房是婚礼的最后环节，送房也要请全福人。送房同样和“吃”分不开。送房人首先要洗脸、喝糕茶，其次是要礼品，要喜糖、喜烟，待心满意足开始送房。进到新房，送房人先给新人敬酒（斟酒给新郎、新娘喝），边敬酒边说喜话，如“头杯酒敬新郎，满身福气喜洋洋，二杯酒敬新娘，来年生个状元郎”；接着是“撒床”（将花生、红枣、桂圆、栗子、白果等撒到床上），“撒床”也是边撒边说喜话，如“一撒栗子，二撒枣，来年生儿满床跑，三撒三阳开泰，四撒事事如意，五撒五子登科，六撒六六大顺，七撒七子八婿，八撒八方来财，九撒福星高照，十撒十全十美”。旧时灌南最后是戳窗户，戳窗户时要拿红竹筷子，站在窗户外，透过蒙窗户的红纸，把筷子戳向床上，要边戳窗户边说喜话，如“手拿红喜筷，站在红窗外，戳得快养得快，养儿长大做元帅”等。

正日第二天叫“分朝”。这一天新娘要早起，先扫地，再上锅做饭，叫“新娘上锅”。新娘盥洗过后，一手端鱼，一手端豆腐走到灶旁，煮鱼、烙饼、煎豆腐一件不能少。有的乡村新娘上锅也要说喜话，如“一把草，生小小；二把草，去赶考；三把草，赶考得中了”，“一搂金，二搂银，三搂儿女一大群”，“一撒（撒盐和调料）荣华贵富，二撒金玉满堂，三撒福寿安康”。新娘上锅不能动刀，婆婆事先准备好葱、姜等，豆腐也是其他人准备好让她烧的。婆婆烧火新娘烙，烙饼要勤翻，饼不能烙煳烙焦，形状要好看。饼烙好后，再炸葱煮豆腐。豆腐烧好后，接着烧鱼，鱼是新娘房里的喜鱼，这鱼做好了，还要把前天晚上吃团圆饭时全福奶端进新房的饭菜热一下，饭菜热好端到自己的新房里，同时用围裙包起刚烙的饼，和新郎一起吃。

早餐过后（有的地方是婚后第三天），新娘便要偕同新郎一起回娘家，俗称“回门”。“回门”要带上礼品，礼品一般有糖（多为糖果）、糕、猪肉（猪肉要完整一块，从中间切一刀，上面连着，下面断开，俗称“双刀肉”）、酒四件。“回门”时，女方家里要置办酒宴招待“新姑爷”。“新姑爷”坐首席。饭后，新娘陪父母聊一会儿就要告辞回家，绝不能在娘家过夜。

“回门”过后，女方父亲或兄弟，在男方父母的邀请下，择日到男方家会面，俗称“会亲”。“会亲”时，男方要置办酒席招待亲家，同时邀请一些宾朋作陪，叫作“陪新亲”。席间，“新亲”（新娘的父兄）要掏红包给厨师，钱数不计多少，越多越好，俗称“献赏”。厨师拿红包时要单腿跳起，手举红包，嘴里道谢，俗称“谢赏”。

现在人结婚，大多安排在酒店，大家随礼祝贺，豪吃海饮，起身离席，握手致谢，乘兴而归。

生育吃食，掺喜拌忧

繁衍后代是人类的头等大事，生育礼仪烦琐复杂，其中，饮食习俗更是无法列全。

部分人认为胎儿的成长，以及日后生下的小孩的形象、禀性都与孕妇的饮食有关，因此，孕妇的饮食一定要注意，不能吃下影响胎儿健全发育的食物。在灌南，妇女怀孕期间要做到“七不吃”。一不吃兔肉，灌南人认为，兔子是三瓣嘴，孕妇吃了生出的孩子会豁嘴唇，这可能受《论衡・命义》里“妊妇食兔，子生缺唇”[①]的影响；二不吃麻雀，灌南人认为，孕妇吃了麻雀，生出的孩子脸上会生雀斑；三不吃驴、马肉，灌南人认为，孕妇吃了驴、马肉，不仅会使孕期延长（《千金方・妇人方上・养胎》：“食驴马肉，令子延月。”），而且生出的孩子脸可能会像驴脸、马脸，不好看；四不吃鳗鱼，灌南人认为，鳗鱼吃了不吉利；五不吃鸽子，灌南人认为，孕妇吃了鸽子，生出的孩子是“对眼”“斗鸡眼”；六不吃螃蟹，灌南人认为，孕妇吃了螃蟹，会使胎儿横生难产，古有“食螃蟹，令子横生”[②]之说；七不吃鳖肉，灌南人认为，孕妇吃了鳖肉，生出的孩子会短脖子，“食鳖肉，令子短项”[③]。

在灌南，妇女生完孩子后的一个月里，家人不让其做事，不出房门，基本上坐在房里照看新生儿，这一个月叫“月地”“月子”，也叫“坐月子”。在“月地”里，吃是很重要的，不仅要考虑周全，而且要有仪式感。妇女刚生完孩子时要吃煮鸡蛋或荷包蛋，俗称“填膛蛋”，一般生男孩吃三个，生女孩吃两个。“填膛蛋”要婆婆或其他年长的女性煮，并要送到产妇床边，产妇要坐在床上把鸡蛋吃完。“月地”里平常吃的以煮（泡）馓子或煮饼、馒头为

---

① 王充．论衡［M］．长沙：岳麓书社，2015：16.

② 魏祖清．树蕙编［M］．林士毅，周坚，李青卿，等校注．北京：中国中医药出版社，2016：27.

③ 吴谦等．医宗金鉴［M］．闫志安，何源，校注．北京：中国中医药出版社，1994：312.

主，煮（泡）好以后要加红糖，不可以加白糖，据说吃红糖是为了补血，而馓子是当地公认的美食，从“月地不吃馓子，亏得慌”“月地不吃馓子，亏大了”的俗语中能知晓馓子在当时是用来补亏的，是好食物，其重要性可见一斑。除了婆家人要及时采购馓子外，娘家人在看望坐月子的女子时，也必须带上馓子和馒头。现在灌南妇女已经讲究科学坐月子了，好多旧习陋俗已不再沿用。

大户人家的产妇每天早餐前要加一餐，俗称“吃早茶”，早茶多是鸡蛋花，也叫“鸡蛋米”。“月地”里忌食咸、辣、硬、酸的。据说，吃咸会得“齁病”（咳嗽病），吃辣会得胃病，吃硬的和吃酸的会损坏牙齿。在过去，有产妇因一个月不吃盐而落下许多毛病的。坐月子的最后一天称为“满月”，在“满月”的这一天，产妇要吃七顿饭。灌南民间相信，坐月子的人月子里能把平时身上的疾病“带掉”，病会自然消失。而坐月子期间，因为见红冲了门神、久坐不动疲了身子，会有新的疾病、晦气、懒惰发生，吃七顿饭则可以把“月地”里的“疾、灾、讳、惰、贫、苦、累”一起吃下去、带出去、抛弃掉，从此吉祥安康。

另外，给新生儿哺乳也有讲究。过去，新生儿出生七天内不能吃母乳，只喂以甘草水，说是为了排除新生儿体内之毒，使其不染“七朝疯”（七天内因脐带感染得的破伤风）之病，七天后方可喂食母乳。过去在灌南农村，妇女生孩子都是接生婆接生，断脐带的工具有食刀、镰刀、剪子、瓦片、芦柴篾子等，还有用牙咬的，由于没有消毒，脐带伤口多会感染，致使新生儿生病。

现在人早已把这些残俗陋习抛到九霄云外，把营养、健康摆在了第一位。

新生儿出生七天后，婆家要向产妇的娘家报喜，报喜要送鸡蛋，俗称“送喜蛋”。喜蛋要染成红色，生男孩送单数，一般为 9，生女孩送双数，一般为 6。娘家接到报喜后要尽快择日派人探望坐月子的人。有的人家向产妇的娘家报喜后，还要给其他近房亲戚报喜、送喜蛋，送的喜蛋也是红色的，一般生男孩送 3 个，生女孩送 2 个。亲戚接到报喜后要准备出月礼。

灌南有的乡村至今还保留有新生儿出生十二天送礼的习俗，俗称“小满月”礼。礼物一般有六样：红糖、馓子、挂面、鸡蛋、新生儿帽子、新生儿毛边褂子（俗称“毛衬”）或小抱被。

新生儿满月、百日、周岁时都要置办酒宴庆祝一番。尤其是过周岁，庆贺得十分隆重。宴席期间还要举行“择仕”（俗称“抓周”）仪式，把书、笔、印、钱、食物（如糖果）等众多物品摆放在桌子上，酒宴开始前让孩子抓，据说抓到什么就对应预示孩子长大后的仕途方向。这寄托了家人对孩子的殷切希望。

第八章

“老酒”“新宠”　显现发展魅力

灌南人杰地灵，古韵深厚，湖光粼粼，河影交错，稻香水美，风景旖旎。在这片土地上，不仅有“开坛十里香”的汤沟“老酒”，而且有菌菇、藕、山药、小龙虾、大闸蟹等众多极具营养价值的食材，这些食材经过产业化种植或养殖，不仅极大地丰富了人们的餐饮品种，而且因融入了绿色理念，成为人们餐桌上的“新宠”，灌南也因此被称为“酒乡”“菌都”“浅水藕基地”“淮山药之乡”……

第一节 汤沟酒

咏汤沟酒

启功

一啜汤沟酿，千秋骨尚香。

遥知东海客，日夜醉斯乡。

灌南盛产汤沟美酒，酒得名于古镇汤沟，“老酒以镇为其名，古镇因酒闻于世”。汤沟酒以其“香而不艳、净而不寡、绵而不淡、甜而不腻”的酒体风格和“饮时顺畅、饮后舒畅”的品质特点成为浓香一脉，是江苏著名的“三沟一河”（即汤沟酒、双沟酒、高沟酒、洋河酒）之一。

汤沟镇酿酒历经千年沧桑，从明清时代的酿酒作坊，逐渐发展成为中国名优酒厂、江苏白酒代表企业。

江苏汤沟酒厂

汤沟酿酒有史料可考的，可以追溯到北宋年间。《灌南县志》记载，北宋时汤沟酿酒糟坊众多。明天启年间，境内新安镇、汤沟镇就有玉生、香泉、天泉、美泉等十三家糟坊酿造高粱酒。现在还在使用的十个老窖池始建于明代，清代陆续扩建，占地二百平方米，是酿造汤沟优特美酒的最佳曲种之源，是国内屈指可数的百年老窖池之一。

清康熙年间，社会安定，经济日益昌盛。由于汤沟地处三县交汇处，东靠柴米河，西倚六塘河，河多水深，在以水运为主的古代，算得上是交通要冲。四方商贾云集汤沟，南来北往的商贩利用京杭大运河支流六塘河、柴米河与清江浦码头仅距百里的自然优势，发展水运，将汤沟酒及当地农副产品销往全国各地。酿酒业的繁荣，促进了地方经济的发展，汤沟古镇先后出现德兴祥、福永昌、宏泰祥、鼎泰祥等十多家较大商号，货品繁多。当时有一艘名为“滨海殷福记号”的五条桅杆的大海船，经常往来于汤沟贩运汤沟酒，不仅把汤沟酒运到国内其他地区，还运到日本的四国岛、菲律宾马尼拉等。

清康熙三十七年（1698 年），著名戏剧家、诗人洪昇北上拜会剧友孔尚任，途经汤沟，忽为一股浓郁扑鼻的酒香所陶醉，畅饮汤沟酒后，写下“南国汤沟酒，开坛十里香”的名句，赠予酒家，留下千古美名。从此，汤沟酒便有了自己的字号，名扬四方。

随着时间的不断推移，汤沟古镇逐渐诞生了玉生坊、义元坊、胜泰坊、大元坊、丁头炮、广聚元和玉泉七家有一定规模的糟坊。清道光年间，沭阳人王钦霖在京城做官，在官场大力宣传汤沟酒，还为汤沟酒树碑立传，题写碑文《熏陶翰林三千仕，香透京城八万家》。

汤沟酒早在 1915 年，在莱比锡国际博览会参展时，就从四十多个国家的百余件展品中脱颖而出，获得银质奖。1924 年，玉生坊被国民政府实业部命名为“义源永记酒厂”。从此，汤沟酒业以企业形态问世。抗日战争全面爆发后，汤沟境内酿酒业遭到严重摧残。1938 年，汤沟镇的大小糟坊，有的被日寇焚毁，有的遭日寇抢劫，汤沟酿酒业遭到毁灭性打击。到 1948 年，全镇的年产量不足五吨，汤沟古镇几乎酒断香消。

中华人民共和国成立后，党和政府十分重视汤沟大曲的生产。1952 年 12 月，灌云县曙红区政府将汤沟镇分散经营的六家私营糟坊合并，成立公私合营汤沟酒厂。1958 年，灌南县成立后，公私合营汤沟酒厂划归灌南县管辖。1963 年，公私合营汤沟酒厂与灌南县酒厂合并，改名地方国营灌南县酒厂，厂址仍在汤沟镇。1973 年，灌南县组建汤沟酒厂革委会，成立地方国营灌南汤沟酒厂。1987年，地方国营灌南汤沟酒厂更名江苏汤沟酒厂。2000年，江苏汤沟酒厂改制为江苏汤沟酒业有限公司。2004年9月，注册成立江苏汤沟两相和酒业有限公司。

1979—1988年，十年间，灌南汤沟酒厂进行四期扩建技术改革，发展迅速，跻身年产逾万吨曲酒的全国酿酒大型企业行列，并获“全国500家、全国轻工系统200家和全国同行业50家经济效益最佳工业企业”称号。在此期间，汤沟酒屡获殊荣，先后获轻工部酒类质量大赛金杯奖、轻工部优质酒、全国旅游产品“金樽奖”、国家质量银质奖、优质产品出口金龙腾飞奖等奖项。此后，汤沟酒并没有停滞不前，仍然一路高歌，踏歌而行，再获“国家优质酒”“国家银质奖”“全国轻工业博览会金奖”“中国名优酒博览会金质奖”“中国国际酒类商品博览会金奖”“布鲁塞尔国际博览会最高金奖和特别金奖”等奖项。2006年，汤沟两相和产品被中国酿酒工业协会等部门评为“中国白酒工业十大创新品牌”；2007年，汤沟酒酿造技艺被认定为江苏省非物质文化遗产，酒厂被中国酿酒工业协会评为企业信用评价AAA级信用企业。企业通过了ISO9001国际质量管理体系、ISO14000国际环境管理体系认证、危害分析与关键控制点（HACCP）体系认证。汤沟白酒被国家质量检验检疫总局（现为国家市场监督管理总局）认定为国家地理标志保护产品，汤沟两相和酒业被商务部认定为“中华老字号”企业。

汤沟酒不上头、不刺喉、饮后不渴的独特风格，与产地的气候、土壤、水质等自然环境密不可分。汤沟镇位于灌南县境西北部，属暖湿季风气候，雨量充沛，日照充足，气温适中，湿度较大，四季分明。在沧海桑田的变迁中，这块土地经历过“风吹草低见牛羊”的大草原、“境无鸡犬有鸣鸦”的沼泽地和“喜看稻菽千层浪”的千顷良田等不同的地质年代，湖海相填，炭积层积累起丰富的有机质，形成今天水甜黍香的地系地貌。汤沟地下水色清透明、微甜清爽，富含人体必需的有益微量元素及矿物质，经江苏省天然矿泉水技术评审鉴定委员会鉴定，定名为含锶、偏硅酸复合型

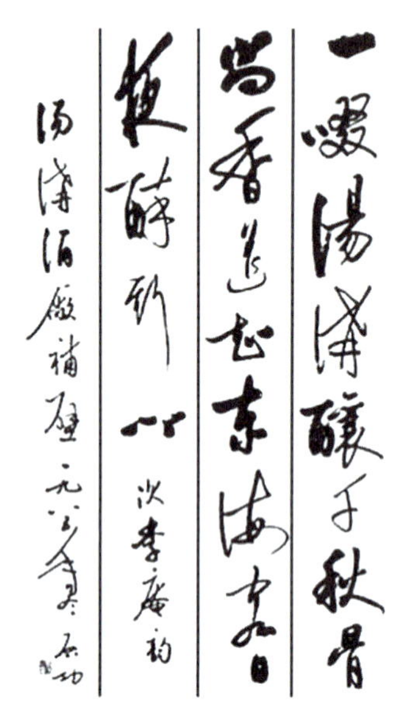

启功先生书法

饮用天然矿泉水，为全国罕见。

汤沟酒销到哪里，灌南酒文化就被带到哪里。众多国内外嘉宾喝了汤沟酒，都盛赞酒的品质。1985 年，著名诗人、书法家启功先生在北京参加汤沟酒会，即兴赋诗两首，酒席开始便脱口而出：“嘉宾未饮已醰醰，况复天浆出灌南。今夕老饕欣一饱，不徒过瘾且疗馋。”先生还自嘲“老饕”，将汤沟酒喻为“天浆”。酒兴时先生又题诗一首，一边写，一边念道：“一啜汤沟酿，千秋骨尚香。遥知东海客，日夜醉斯乡。”“千秋骨尚香”，“日夜醉斯乡”，这是启功先生的感受，更体现了汤沟酒的醇香。启功先生平生喜欢饮酒，品尝过众多美酒，但对汤沟酒有如此赞誉，实为难得。

如今，汤沟酒业以“中国白酒守艺人”为使命，守住中国白酒的传统工艺，守住中国的传统酒文化，又推出“汤沟国藏”“汤沟世藏”“汤沟窖藏”系列，古窖古藏、古韵古意，吉祥平安、地久天长。

酒文化已经渗透到灌南人生活的方方面面，酒礼酒俗成为灌南传统文化的一个重要组成部分。新时代，灌南县委、县政府正以一种责任、一种担当、一份情怀，传承和发展以汤沟酒为载体的光辉灿烂的酒文化。

2021 年，江苏汤沟两相和酒业有限公司举办首届汤沟酒开坛节，这是传承酒文化的一个很好的创意。开坛节，不仅是酒文化节，更有着丰收节的意蕴。首届汤沟开坛节的成功举办，既传承了历史上的酒文化传统，又能奏出时代的最强音，让汤沟酒永远飘逸着丰收的喜悦。

第二节　食用菌

蕈子（节选）

［宋］杨万里

空山一雨山溜急，漂流桂子松花汁。

土膏松暖都渗入，蒸出蕈花团戢戢。

说起美食，食用菌自然是少不了的。食用菌是一种非常重要的食材，它遍布全球各个角落，生长的种类非常多。由于其营养价值非常丰富，现在各种食用菌的人工种植规模非常大。根据联合国粮食及农业组织的调查研究发现，“一荤一素一菇”是最佳的膳食结构，将菌菇与荤菜、素菜进行合理搭配，对饮食结构的改善和提升具有重要作用。

早在人类诞生之初，自然界形形色色的菌菇就与人类结下了不解之缘。被古人视为美味珍馐的“越骆之菌”，便是我们现在餐桌上常见的香菇。

食用菌非常鲜嫩可口，有较高的营养价值，是一种具有养生作用的绿色保健食品。食用菌不仅味道鲜美、风味独特、营养丰富，同时含有多种益于健康的生物活性成分，可作为传统膳食食用，还可以作为营养滋补品，以养生为目标定量摄入。菌类中的大量植物纤维有防止便秘、促进排毒、预防糖尿病及大肠癌、降低胆固醇含量的作用。

食用菌高蛋白、低脂肪、低热量，富含维生素、矿物质和膳食纤维，在成为营养美味食品的同时，对维护人体健康具有极高的食用价值。同时，多种食用菌都是传统中药材，不仅有当代进入《中华药典》的冬虫夏草、灵芝、茯苓等，还有银耳、舞茸菇等，其富含强大的抗氧化剂——硒元素，能有效清除体内自由基，增强人体免疫功能。

灌南雨量充沛、气温适中、湿度较大的气候特征为菌菇提供了得天独厚的生长条件，同时灌南县特有的土壤结构和充沛的木屑原料也为菌菇的生长提供了充足的营养。

2007 年年初，经灌南县分管农业的时任副县长杨以波等同志的积极努力，外引内联，灌南食用菌产业从无到有、从小到大，逐步规模化、产业化，不仅在本地名气斐然，而且蜚声全国。灌南因此被称为“菌都”。生活在“菌都”的灌南人，吃食菌菇已成为时尚，大型菌菇宴更是让“菌都”美名在外。2010 年，灌南建成了全国首家以“菇菌、人与社会”为主题的苏北菇菌文化展览馆，同时规划建设了“中国菌都花城生态旅游区项目”，放大了菌菇文化等旅游特色。

第三节 淮山药

咏淮山药

厚文

一茎生在何荡旁，身披斑瑕藏锋芒。

时出犹能骄富贵，尘埃削尽骨尚香。

灌南县地处暖温带向亚热带过渡地区，气候条件优越，温光资源丰富，素有“淮山药之乡”的美誉。淮山药，又名“薯蓣”“长芋”，属于薯蓣科，具有很高的食用价值和药用价值。淮山药的品种有河南淮山药、济宁米山药、紫玉山药等。

山药虽貌不惊人，可在灌南，关于它的传说却是版本众多，充满传奇色彩。

一说，“竹林七贤”游至某竹林时，看到管竹园的人在挖一种树根一样的东西，就问：“挖的是什么？有何用途？”看管竹园的人告诉山涛等人：“这是野山芋，又叫‘薯蓣’，可以食用，具有滋阴壮阳的功效。”看园人拾来干柴竹枝点起篝火，烧烤野山芋，不长时间，便飘出香味，吃到口中，滑腻绵软，不麻微甜。山涛因为种地多年，知道老家武陟和这里土质气候差不多，就向看园人讨要了一些野山芋，带回老家试种，结果长势旺盛，收成很好。乡亲们品尝后都说好，于是，大面积种植起来。因为野山芋既能当菜、当主食，又能当药，是山涛从山边竹园移栽到家乡的，人们就改称它叫“山芋”或“山药”了。

二说，古时候，两个国家交战，正值大雪纷飞，逃进深山的将士们饥寒交迫，许多人已经奄奄一息。绝望之际，一名士兵抱着几根树根样的东西跑过来，说是自己在地里挖的，甜甜的，很好吃。将士们一听有东西可以吃，立刻动手挖掘。大家刀剑并用，很快就挖了一大堆。将士们饱餐后，感觉体力大增，就连吃那种植物的藤蔓和叶枝的马也精神无比。之后，将军一声令下，士兵们如猛虎般冲出山林，夺回了失地，保住了国家。后来，将士们为了纪念这种植物，给其取名“山遇”，意思是绝望时在山中遇到的东西。后来，随着更多人食用这种植物，人们发现它具有治病健身的效果，遂将“山遇”改名为“山药”。

三说，西晋罗含在其著作《湘中山水记》中记载，东晋永和初年，有一个采药人来到衡山，迷路粮尽，坐在悬崖下休息。忽见一老翁，虽头发已白，但面色红润，不见老态，正对着石壁看书。采药人以饥饿告之，老翁给他薯蓣（即山药）吃，并指点他出山之路。采药人走了六天才回到家，而仍不知饥饿，由此方知薯蓣功效神奇。

淮山药，是人类食用的最早的植物之一。早在唐朝“诗圣”杜甫的诗中就有“充肠多薯蓣”的名句。淮山药块茎肥厚多汁，又甜又绵，且带黏性，生食、热食都是美味。

淮山药是山中之“药”、食中之“药”。其肉质细嫩，含有极丰富的营养保健物质。不仅可做成保健食品，而且具有调理疾病的药用价值。《神农本草经》谓之“主伤中，补虚羸，除寒热邪气，补中益气力，长肌肉。久服耳目聪明”①。近些年来的研究表明，淮山药具有诱导产生干扰素、增强人体免疫功能的作用，是人们所喜爱的保健佳品，是不可多得的健康营养美食。

淮山药的药食方法很多。如对脾胃虚弱症，用鲜淮山药二百克、大枣三十克、粳米适量，煮粥加糖调服；或用鲜淮山药一百克、小米五十克，煮粥加糖食用；另用淮山药配扁豆、莲米等煮粥服用亦可。对肺虚久咳、肾虚遗精等症，可取鲜淮山药十克捣烂，

---

① 滕弘，撰．顾观光，辑．神农百草经　神农本经会通［M］．周贻谋，易法银，点校．长沙：湖南科学技术出版社，2008：26.

加甘蔗汁半杯和匀，炖热服食。从明代流传至今的益寿食品——八珍糕，是将淮山药、山楂、麦芽等八种原料研为细末，和以米粉制成的糕，用于治疗老人和小孩的脾胃虚弱、食少腹胀、面黄肌瘦、便溏泄泻之症。淮山药属于补益食品，又有收敛作用，但有湿热寒邪及便秘之症的人等不宜食用。

在灌南，人们的餐桌上一年四季都能见到淮山药的影子，“山药炒木耳”“山药炖排骨”“山药炖老母鸡”“山药银耳羹”等菜品是灌南人餐中的“常客”。不仅如此，灌南人还将淮山药进行深加工，让它走出灌南，奔向四面八方。

淮山粉：以新鲜的淮山药为原料，加工成具有淮山药天然风味和固有营养价值的产品。它的传统工艺流程为清洗、去皮、切分、热烫灭酶、晒干、粉碎、过筛、包装。淮山药淀粉不仅可以作为婴儿强化营养米粉的原料，而且可当其他冲调食品的配料，它有较好的吸水膨胀性、糊化性。

淮山药干片：选择外形圆整、表面光滑、瘤少、无病虫害、无冻伤的淮山药块茎放在水中浸泡约二十小时，刷去泥土等杂质，用清水多次冲洗，轻轻刨去淮山药表层，切成厚度为三厘米左右的片块。将淮山药片一块块铺在烘筛上，经干制机干燥。应注意，淮山药片暴露在空气中较长时间的话会吸湿回潮，应放入干制机中再次干燥。

第四节　浅水藕

采莲曲

［唐］王昌龄

荷叶罗裙一色裁，芙蓉向脸两边开。
乱入池中看不见，闻歌始觉有人来。

根据对水深度的要求，莲藕分为浅水藕和深水藕。浅水藕的藕节和叶均短小，适宜在水深十五厘米的浅水中栽培；深水藕茎叶高大，藕节细长，适宜在六十至一百厘米的深水中栽培。

在南北朝时期，莲藕的种植就已相当普遍了。在大多数人的印象中，莲藕都是长在池塘里的，满塘的荷花与荷叶，深深的水层，雪白的莲藕扎根在一两米深的泥土中。在没有池塘也没有深深的水层时，只有浅浅的水泥池子，池子中碧绿的荷叶，白的、红的、粉的荷花，星星点点的小莲蓬把水池装扮得分外妖娆。

莲藕全身是宝，它的根、茎、叶、花、果都有经济价值。莲藕还是中医常用的药物，藕节、莲根、花瓣、雄蕊、荷叶等都可入药。

荷叶有消暑利湿、散瘀止血的功效。荷叶可以制成荷叶茶，荷叶茶中含有荷叶碱，可改善脂肪的代谢，减少脂肪的吸收，促进脂肪的分解，有清热解毒、减肥、利尿的作用。

莲须性平、味甘带涩，中医认为其清心固肾，可用于辅助治疗因肾虚导致的头晕、耳鸣、脱发、精神不振、阳痿、早泄、遗精、滑精等症状，还具有止血收涩的功效。

莲芯，又名“莲子心”，有悦颜色、乌须发、利尿、降压和释压除烦之妙用，又为滋补强壮剂，是治慢性肠炎、神经衰弱、遗精、失眠和益肾、清心之佳品。

莲子中含有淀粉、蛋白质、多种维生素，是优良的水生蔬菜和副食佳品，可供生食、熟食、加工罐藏、制作蜜饯等。

莲藕有很多种吃法。灌南人常用的烹饪方式有炒、蒸、炸、炖四种。

炒莲藕：将莲藕切丁，泡豇豆切丁，泡椒切小段。锅烧热，倒少量植物油，待油热后下泡椒、泡豇豆、干花椒炒香，最后加入藕丁，翻炒几下，加入适量盐、味精即可。成菜：藕丁爽脆，香中带辣。

糯米糖藕：将莲藕切片，将糯米事先泡一下，把红糖熬成汁与糯米混合均匀，将糯米填在藕片的孔洞中，摆盘，上锅蒸三十分钟左右即可。成菜：吃起来甜甜的、糯米软软的。也可以不加糯米，直接将红糖跟藕片一起上锅蒸。

炸莲藕：将猪肉剁成肉泥，加适量盐、少量胡椒（不放也可以）。将鸡蛋与适量面粉调和成浆，浆不能太稀（太稀挂不上），也不能太干（太干挂浆不均匀，而且太厚），加适量盐。将猪肉填充在藕片的孔洞中，再将藕片挂浆，下油锅炸至略显金黄色即可。

炖莲藕：将藕切块（斜切），姜拍一下。先烧一锅水，将洗净的排骨焯水，以去除排骨中残留的血沫，然后捞出再次洗净。净锅，在锅内放入排骨、藕、姜，炖约一个小时，加入适量盐，再炖半个小时即可。成菜：汤味鲜美，起锅时可以再放点葱花（小葱）点缀。

近几年，灌南人将盛产的浅水藕进行深加工，制成藕粉，让藕的营养得到进一步升华。

第五节 小龙虾

咏小龙虾

梁德山

虾兵竟也敢称龙，蟹爪长须势汹汹。

钻洞崩埂顽小技，终为食客放蒸笼。

近年来，灌南人在稻田里套养小龙虾，并习惯地称之为“稻田虾”。小龙虾，学名为“克氏原螯虾”，也叫“龙虾”“红色沼泽螯虾”，它具有虾的明显特征，分类上属于节肢动物门甲壳纲。

小龙虾的生命力与繁殖力极强，具有易饲养、食性杂、生长快、抗病力强、疾病少、成活率高的特点。通常仔虾孵出后，在适宜的温度、充足的饲料的供应下，经过六十天就能长成商品虾，以其肉质细嫩、味道鲜美、营养丰富，深受国内外消费者的欢迎。

在水产品中，小龙虾以其高蛋白、低脂肪、低热量为人们所称道。目前，市场上常见的小龙虾有青虾、青红虾、老壳红虾三种品类。青虾虾身淡青、透明、虾壳薄，肉质饱满，每年三四月份上市。青红虾虾身青红色、肉质饱满，每年五至七月份上市。老壳红虾（俗称“红虾”）虾身红黑色、壳硬，虾螯钳大尾巴小，虾身底部较脏，每年八至十月份上市。

好的食材是餐饮行业经营、生存的根本所在。所以，灌南的饭店一般会选购肉质饱满、虾黄多、腮白的龙虾，给食客完美的体验。挑选小龙虾主要是看、捏、挑、选。看是看虾身底部是否干净，以虾腹部的肉质清澈透明为上乘；捏是用大拇指压按虾腹部、虾尾，以感觉结实、有骨感为上乘；挑是对龙虾进行挑拣分类，扔掉死虾；选是在挑的基础上，将小龙虾按照不同的规格进行分装、储藏、制菜。

在灌南，人们制作的小龙虾菜品一般有“麻椒小龙虾”“川香小龙虾”“十三香小龙虾”“冰镇小龙虾”“蒜蓉小龙虾”。

麻椒小龙虾：将小龙虾放进蓄水池（或大盆）中，放些水进去让其吐出脏物，用软毛刷将每一只龙虾都清洗干净，剪去头，去掉虾肠。将韭菜薹和小香葱洗干净切条，姜和蒜切成片（或条）。锅内下油后放进麻椒和干辣椒，炒炸出香气后倒进龙虾快炒入味，随后添加适量清水，待水收干前放进适量盐和甜辣酱，继续翻炒至水干即可。

川香小龙虾：将小龙虾清洗干净，将酸辣椒剁成末，用白砂糖、醋、鸡精、酸菜、芡粉做成川香汁。先在锅里放水烧开，将虾下锅，放米酒，焯水捞起。净锅，在锅中加点油烧开，投入姜、蒜和酸辣椒炒出香味，接着放入龙虾煸炒，烹入米酒、盐、白胡椒粉，放入川香汁烧至龙虾完全入味、料汁稠浓时出锅装盘，撒上葱段即可。

十三香小龙虾：将小龙虾清洗干净，去掉虾肠。将小香葱洗干净切条，姜和蒜切成片或条。锅内下油后放入盐、姜、蒜、干辣椒、八角炒，炸出香气后倒进龙虾快炒，随后添加适量清水，加入十三香调料，继续翻炒收汁，待汁还剩些许时再加入适量清水，放入小香葱，用中火烧煮约二十分钟即可。

冰镇小龙虾：将小龙虾清洗干净后，放在蒸笼里蒸熟，出笼摆放在大盘的“冰山”（形似山的冰块）上即可。“冰火两重天”可以充分地锁住虾肉的鲜香。

蒜蓉小龙虾：制作蒜蓉小龙虾，最重要的就是清洗，要把小龙虾的头和虾线清理干净，清理不到位不仅影响口感，还会影响身体健康。把蒜打成蒜泥或剁成细小的颗粒，把生姜、葱等切段。在锅中加入植物油，把生姜、葱、蒜蓉一起放入锅中炒香，再加入蚝油、白糖、盐等搅拌均匀，此时的火候一定要控制好，不能太大。接着把火调大，把清洁干净的小龙虾放入锅中，快速翻炒，待汁收得差不多之时，就取出小龙虾，摆放好后放入蒸笼，蒸二十分钟左右即可。

小龙虾再好吃，也不能过量食用。另外虾黄中亦含有高胆固醇、高嘌呤类物质，高血脂、高胆固醇、痛风患者尽量少吃或不吃。

第六节　大闸蟹

硕项湖位于灌南县境内。硕项湖一带自古物华天宝、人杰地灵，生物资源多样，特产极其丰富。湖里芦苇成片、群虾聚集、鱼大蟹肥、野鸭成群，湖边古木参天、花果飘香。传奇硕项湖，湖鲜名扬天下，游名湖、尝湖鲜从古至今都是时尚。清乾隆时期，冯仁宏有诗《硕项渔灯》赞曰：“古来硕项是名湖，内隐渔樵活画图。无数扁舟浮碧浪，夜灯万点醉酣呼。”

20 世纪六七十年代，在灌南新安镇西郊的原硕湖乡渔场村一带出土了大量的古城墙砖、陶瓷碎片、窖藏铜钱等，这是硕项湖一带古人生产生活的遗存。

硕项湖大闸蟹养殖基地位于湖区南侧。硕项湖气候宜人、水质清新、水草丰美茂盛，加之喂养科学，硕项湖大闸蟹“个大、膘肥、味美”，青壳白肚、金爪黄毛、肉质膏腻。农历九月的雌蟹、十月的雄蟹，性腺发育最佳，煮熟凝结，雌者呈金黄色，雄者如白玉状，滋味鲜美，营养价值很高。

在灌南，人们烹制硕项湖大闸蟹一般都是清蒸。将蟹倒入蒸锅（蟹的肚子要朝上），然后再加入清水。开大火蒸约十五分钟，然后关火再焖上三分钟即可。取黄酒、香醋、生抽、姜、蒜等，放到锅里煮沸，制成蘸酱，这是吃蟹时必不可少的佐料。

大闸蟹怎么吃最好吃？俗话说：没有最好吃，只有更好吃。对于老饕们来说，每个人的口味和喜好都不同，所以每个人认为最好吃的方式也不同。对于喜欢吃辣的人来说，“香辣大闸蟹”可谓是不错的选择，它与“清蒸大闸蟹”不同的是，要将大闸蟹切段，加入黄瓜、花椒、葱、姜等佐料炒熟，最后放入能给这道“香辣大闸蟹”注入灵魂的香辣酱。这道又香又辣的大闸蟹配上黄瓜的清香，让人回味无穷。

大闸蟹好吃，可有些注意点还要熟记于心。

死蟹、生蟹或夹生蟹不能吃；胃痛、肠炎、腹泻、皮肤过敏者慎食，否则将使旧病复发或加重病情；孕妇忌食；身体比较虚寒的人不宜吃大闸蟹；胆固醇过高的人士也不宜吃；大闸蟹不能和柿子一起吃；尽量做到啤酒不与大闸蟹同吃。另外，大闸蟹有四个部位不能吃：一是大闸蟹的蟹胃，俗称“蟹和尚”“大闸蟹蟹尿包”，是裹在大闸蟹蟹黄中间，形如三角形的小黑块；二是大闸蟹的蟹肠，是位于大闸蟹蟹脐中间，呈条状，由大闸蟹蟹胃通到大闸蟹蟹脐的一条黑线；三是大闸蟹的蟹心，俗称“六角板”，位于大闸蟹蟹黄中间，紧连大闸蟹蟹胃；四是大闸蟹的蟹腮，俗称“大闸蟹蟹眉毛”，是大闸蟹的呼吸器官，在大闸蟹的前部两侧，为眉毛状的两排软绵绵的东西。

如今，在灌南，硕项湖湖滨生态湿地游览、湖鲜作业观光、美酒湖鲜品尝等已经成为硕项湖大闸蟹的“魅力延伸”，让“吃在灌南、饮在灌南、乐在灌南”成为外地人的“口头禅”。

第九章

轶事趣闻　采撷雅俗情怀

“轶事纵传何必详，元功极贵同泯亡。”在历史的长河里，许多趣闻随风飘逝，许多轶事化烟泯灭。烙印在人们脑海里的趣闻轶事，在亦真亦假中得以传承。饮食文化的雅和俗，也在这轶事传承中融进人们的生活，在酸甜苦辣的裹挟下，散发出迷人的地方韵味。

第一节 缘结大海

地处黄海西岸的堆沟海域，不仅是本地人捕鱼的渔场，海边滩涂历史上还是海盐的产区。在漫长的历史过程中，堆沟人书写着世世代代与大海共生共存的故事。

大盐“生”盐河

古时，灌南的堆沟一带多为海边滩涂，人们多以海水晒盐为生。当时，他们用最古老的方法来生产海盐。盐夫们把海边滩涂垄成一垄垄的埂子，称“盐池”，然后把原盐均匀地撒入盐池，称“盐种”。接着导入海水，使盐种吸纳海水中盐的成分，盐的结晶体变粗增大，让太阳暴晒，蒸发去水分，剩下的就是一层洁白的海盐。再通过较长时间不停地翻晒，去水分，最后制成干燥的盐，习称“晒盐”。

海盐，又称“大盐”。其营养价值优于“井盐”“湖盐”，富含人体必需的钙、镁、钾、硫、铁及锌等元素，具有补充人体的营养、美容护肤、增进食欲等功效。

海盐，是古代朝廷管控的重要商品，其营销中利润丰厚。为控制民间私自贩卖和市场垄断，打击暴利行为，搞活市场流通，自唐代起，朝廷下令开挖了一条北起连云港新浦（现海州区），南贯南六塘河、北六塘河、灌河等，抵达淮安的运河，使堆沟及周边所生产的海盐，经灌河转运至该运河，再内销全国各地。因该运河承担运盐的作用，故称“盐河”。

“靠海吃海”

俗话说：“靠山吃山，靠海吃海。”堆沟人情依大海，享受着大海给予他们年复一年、循环往复的馈赠。

古往今来，堆沟多数人以在灌河和黄海中捕鱼为生，他们使用的渔船为木制帆船。时至 1956 年合作化时期，时属灌云县的堆沟成立了以张怀月为社长的“前进渔业社”。1958 年，随着灌南县的成立，更名为“灌南县前进渔业社”，并于次年更名为“灌南县捕捞公司”。

1962 年，灌南县捕捞公司将以机械为动力的帆船投入海洋渔业捕捞生产中，海产品的捕捞产量逐年递增。随着生产的需要，灌南县捕捞公司变更为全民所有制性质，杨庭风被任命为经理。为扩大生产经营规模，境内所有的机械帆船集中由灌南县捕捞公司管理与使用。捕捞公司分设下属单位“渔业大队”，为集体所有制性质，付维祥任队长。1976 年，灌南县捕捞公司更名为“灌南县第一捕捞公司”（简称“捕捞一公司”），渔业大队升级为“灌南县第二捕捞公司”（简称“捕捞二公司”，经理为孙克明）。

1998 年，两个捕捞公司以“租旧建新”的形式改制，捕捞一公司的经理为卢开年，捕捞二公司的经理为王海军。

自灌南县捕捞公司成立后，捕捞作业从传统的木帆船发展到机械帆船，再发到大型钢质渔轮，生产能力逐年提高。从近海黄海中捕捞的马鲛鱼、鳓鱼、黄鱼由国家“统配”供应南京、徐州的市场。南下，东海的舟山群岛海域以捕捞带鱼为主，由国家“统配”供应上海、徐州的市场。北上，在渤海以捕捞中国对虾为主，出口创汇。甚至远航至太平洋岛国帕劳捕捞金枪鱼，出口日本，创取外汇。同时，还捕捞多种鱼类、虾类、贝类，供应外地和本地市场。

1988 年前，渔民们捕捞的海产品多以海盐腌制，供应市场。此后，随着钢质渔轮的投入生产，冰冻保鲜的海产品从此登上灌南人的餐桌，挑起了人们舌尖上的味蕾，改善了人们的生活。

无法忘却的海产养殖

饮食资源是人们生存的物质条件，也是历届灌南县委、县政府领导关注的民生头等大事。随着人民群众生活水平的不断提高，对海产品的需求也逐渐增长，1988 年，经原多种经营局研究成立灌南县水产养殖公司，潘静海同志被任命为经理。

公司总部设在灌南县城新东南路海峰楼。该公司从小到大、从弱到强，发展至今，在堆沟港镇拥有600吨级大型冰库和大型养殖场，成了一家以海淡水养殖、蟹苗培育、冷冻加工、海洋捕捞、经营销售、饭店宾馆一条龙服务的综合性企业。

1993年，原淮阴市人民政府投资120万元，创办灌南河蟹育苗场（隶属灌南县水产养殖公司），成东昌被任命为场长。1994年，经过多次试验的河蟹育苗技术难题终于被攻克，得以投入运用，填补了淮阴市该项目的空白，推动了淮阴市的河蟹养殖产业的发展，强劲地支援了洪泽湖螃蟹产业链的延伸与补给，取得了可观的经济效益和社会效益，当年就收回了投资成本。成东昌也因此受到江苏省水产局和淮阴市人民政府的嘉奖。

灌南县水产养殖公司在潘静海总经理的领导下，不断创新经营理念，拓展业务范围，企业经营红红火火，为灌南县财税、创汇、海淡水渔产品供应、人民群众生活保障做出积极的贡献。该公司于1998年改制，成立海峰水产养殖有限公司。

（文/成树华）

第二节 “小盐”的传说

“小盐”是百禄人的专用词。“小盐”的由来和流传与灌南县百禄镇的一段传说密不可分。话说百禄镇在宋朝就已有“小市”，明朝中期小镇已初步形成，由于人杰地灵、商贸发达，素有“苏北古镇”之称。当地上点岁数的人都爱叫它“白卤沟”“北卤沟”“步沟”。这是怎么回事呢？

相传很久以前，百禄镇的大南村、盆窑村、桥东村，以及涟水县的南禄一带是一眼望不到边的绿野，土肥景美，人寿年丰。有一天，二郎神带着西海龙王给的“礼品”——盐，前往家乡灌江口，准备将盐分给家乡父老，就在此时他接到玉皇大帝圣旨，命他前往花果山捉拿孙悟空。

二郎神随手将盐袋子挂在腰带上，手持三尖两刃刀，驾云前往花果山。二郎神和孙悟空大战数百回合不分胜负，打斗到百禄镇东南方上空时，二郎神腰间的盐袋子被孙悟空的金箍棒打落，袋中的盐撒个精光。二郎神无暇顾及盐袋子，继续和孙悟空鏖战。可是这盐撒到地上，绿野一下子变成了白茫茫的盐碱地，庄稼全都枯死，乡民啼饥号寒，只能挖野菜、摘树叶、剥树皮充饥。

后来二郎神得知此情，化身一位白胡子老者来到百禄，他对这里的人说道：“可叹世人真无用，遍野白银废田中。此虽不能填饱肚，换钱果腹御寒风。”说着，他把地上的盐碱土刮起来，放在水缸里，灌满水，用棍棒搅拌，待土沉淀后，把缸中的咸水放在锅里熬煮，一会儿水干盐现，色白而粒细。二郎神让围观的人把盐放到嘴里尝一尝，人们尝了以后方知是盐。那年头，盐可是金贵之物，是官府管控之物。在人们欢呼雀跃之时，二郎神化着白烟而去，在空中对着众人说道：“此白卤可制盐换得钱粮，尔等要勤劳细作，可绝挨饥受冻之苦。”当地人闻言，纷纷学着“白胡子老头”的做法，刮盐碱制卤，把卤水放在锅里熬（发展到后来，多是放在太阳下晒），把熬晒而成的盐拿去换钱换粮，并将这又白又细的盐称作“小盐”，用以区别官盐。

有了“小盐”，人们的日子一天天好起来。后来人们知道是二郎神化身救众，为了感激和纪念二郎神，就把这个有白碱又可制卤成盐的地方叫“白卤”。再到后来，为了方便取水，人们都把用来过滤盐卤的盐池建在水沟旁，水沟也被叫作“卤沟”“白卤沟”，并逐渐演变成当地人口中的地名。当地人还把“卤沟”分成“南卤沟”（现涟水县南禄村）和“北卤沟”（现灌南县百禄镇）。而“北卤沟”用地方方言快读，常会被外人误听成“步沟”。

20 世纪 50 年代开始，人们逐步把盐碱荒滩改造成肥田沃土，种上庄稼，“北卤沟”变成鱼米之乡、顺旺之乡、百福之乡。熬晒“小盐”也随之淡出人们的生活。人们把地名“白卤”“北卤”先后改成“北六”（取意“六六顺旺”）和“百禄”（取意“百禄百福”），以表达对美好生活的向往。

“小盐”虽然逐渐被人们淡忘，但由小盐卤点作而成的、百禄饮食“五绝”之一的“卤水豆腐”，让人难以忘怀。

（文/薛凡）

第三节　“鸭蛋当先”和“第八碗汤”

在老海州有“萝卜当先”之说，灌南的汤沟、张店等地至今还保留这一食俗。在灌南的百禄、新集等地却保留着“鸭蛋当先”和“第八碗汤”的习俗，这是为何呢？

相传，明永乐二年（1404年）六月二十九日，八仙去给东海龙王拜寿，路过硕项湖，时近午时，众仙皆有饿意，何仙姑提议：“明日方是龙王寿诞，今迟些时刻到达也无妨。现已午时，吾等不若吃些当地美食聊以充饥，诸仙友觉得如何？”众仙皆道“可以”，遂寻得湖边一大户人家，讨吃佳肴。主家看八仙个个仙风道骨、飘逸洒脱，尤其是张果老倒骑毛驴而来，便猜想：莫非此八人是传说中的八仙？于是，不敢怠慢，立命家人设宴款待。八冷菜先后上齐，鸭蛋摆在最上席位置。铁拐李坐在第一席，审视鸭蛋良久，不解其意，遂问主家：“老丈，何缘此蛋当先？”主家曰：“此物乃湖中之仙鸭所出，湖中仙鸭乃天庭仙鹤被贬之身，此仙物甚贵。此蛋成鸭可飞天入水，观余者七菜皆无此本领，必由仙鸭领之，方可登堂上桌。”铁拐李听罢暗想：吾名李洪水，八仙吾为首，主家用水中之物摆尊为一，又言余七菜必由仙鸭领之，七菜当是暗指七仙友，此老丈定是知晓吾等身份，刻意为之。想到此，铁拐李默不作声，领众仙举筷推杯，鼓腮动颊，大快朵颐起来。

众仙吃完第七碗热菜时，见主家迟迟没有再上菜，吕洞宾忍不住问主家：“尚有菜否？何缘不上也？”主家曰：“尚有第八道菜，亦是最后一道，应片刻即上，吾去后厨催做。”说完往厨房而去。片刻，主家领家佣端上一碗青菜蛋花汤，蓝采和望着汤，不知为何上的是汤，忙问主家：“老丈，是否家中无菜，以汤代之，打发我等？”主家笑道：“并非家中无菜，宴待八仙，当用八碗八碟，此汤实乃因老朽意愿而做，望众仙青云直上、踏花而去之时，佑我乡民顺顺当当，富足安康！”八仙闻言，点头笑允，起身作揖，化烟东去。从此，“鸭蛋当先”和“第八碗汤”的食俗就在当地流传开来。

（文/薛凡）

第四节　白开水变“茶”的由来

在灌南，有客人到家，主人会倒“茶”招待客人，其实倒的并不是茶，而是白开水。这一习俗似乎成了当地饮食文化的独特现象。为什么灌南人会把白开水称作“茶”呢？有两种传说。

一种传说是此为外地舶来。相传在明朝，一个举子进京赶考，晚间忙于赶路，错过了住宿，于是借宿于乡民家。此家主人亦是读书之人，二人一见如故，十分投缘，礼让坐定，主人吩咐小女沏茶待客。不巧家里已经没有茶叶了，小女儿不想让父亲扫兴，即倒了盏白开水，给举子奉上，还故意拉长声音说：“先生，请喝茶。”父亲见状厉声喝道：“我让你沏茶，怎倒白水待客？”女儿没有辩驳，给父亲使了个眼神。看到女儿使的眼神，父亲立即意识到是家中无茶，心领神会，立刻道：“请喝这无色之‘茶’。”举子见状，也知道主家定有难言之隐，遂顺水推舟，呷了一口道：“真是好茶！淡而净，此味同读书，亦同科考也。”两人把盏而饮这无色之“茶”，相谈甚欢，直至深夜。后来举子金榜题名，专程回访此农家，在农家与男主人再饮这无色之“茶”，畅叙当日之情。之后，白开水就有了“茶”的说法。

另一种传说此乃土生土长的当地“产品”。相传，乾隆皇帝南下私访，路过海州，在海州小住一宿然后继续南下，行百十余里，到达一镇，命人打听，知晓此镇名叫“新安”。乾隆皇帝见天色已晚，遂令随行官员安排吃住。因皇帝是微服私访，安排吃住的官员不敢声张，在悦来集觅一客栈安排皇上歇脚。一行人安顿下来，乾隆皇帝带着纪晓岚闲逛，只见新安小集，牌巷纵横，闾檐相望，坊肆林立，华灯相映，小河两旁柳色如烟，主道之上车水马龙。乾隆皇帝内心甚喜，同纪晓岚寻了一家雅致酒馆坐下小酌，边喝酒边出对联、字谜，不知不觉过了两个时辰。君臣二人皆有酒意，觅路返回客栈。一路上君臣之间吟诗作对，颇有趣味。就在此时，不远处响起钟声。乾隆皇帝戏道："此非姑苏，何以闻得山寺钟声？"纪晓岚道："此地悠悠，堪比姑苏；此声悠悠，可通寒山。"君臣二人一时兴起，乘酒性循声而去。不一会，见一片苍翠竹林，修竹丛丛、绿叶婆娑、摇曳生姿，给人一种虚怀有节、幽雅恬淡之感。穿过竹林，一座寺庙映入眼帘，真是竹径通幽处，禅房花木深。寺庙山门半掩，门前一对石羊静卧，门匾上书有"引羊禅寺"。君臣二人推门而入，前院里几棵挺拔苍翠的菩提树显得尤为庄严。古木小径，飞金宇阁，楼台殿阁，古朴典雅。古老的寺庙在夜笼月映下，显得分外沉寂、肃穆。君臣二人立于院中，静寻钟声，这时，一老和尚走了过来，躬身道："阿弥陀佛，不知二位施主夜访敝寺，所为何事？"乾隆皇帝道："刚才在市集中闻得此处钟声，我二人循声而至，并无他事。"老和尚道："阿弥陀佛，贫僧怎未闻钟声，莫非施主错闻？"君臣二人皆觉诧异。纪晓岚灵机一动道："我二人适才多饮几杯，此时甚觉口渴，到寺中讨口茶喝。"老和尚听罢，遂引二人至禅房。本来和尚夜间诵经、抄经，都是靠喝茶提神，可这老和尚不喝茶，只喝白开水。他让乾隆和纪晓岚坐定，倒了两杯白开水敬放在他俩面前。纪晓岚端起杯呷了一口，皱眉道："此非茶也！何故？"乾隆也品了一下，没有作声。老和尚道："阿弥陀佛，禅亦是茶，水亦是茶，禅茶味苦，皆因其性；禅水味淡，皆因其清也。贫僧不善饮茶，以水代茶，亦可参悟禅真！"纪晓岚闻言甚觉惭愧。就这样，君臣二人在寺庙中同老和尚促膝长谈，了解引羊禅寺的前世今生。至夜深，君臣二人起身告辞。在交谈中，老和尚感觉二人谈吐优雅，气宇轩昂，非凡夫俗子，遂在乾隆和纪晓岚辞别时，恳请他们留下墨宝。乾隆皇帝没有推辞，提笔写了"引羊寺"三字，把"引羊禅寺"的"禅"去掉。落款写道："禅茶一味，茶水一味，禅在心中，无须明言，乾隆题。"老和尚见罢，立即叩拜谢恩、谢罪。后来，当地人就把白开水称作"茶"。

其实，传说终归是传说。过去管白开水叫“茶”的地方都相对比较落后。有的人家家徒四壁，根本没有银子买茶叶，家里来了客人只好用白开水代替。现代人发现，白开水不仅解渴，而且最容易透过细胞促进新陈代谢，调节体温。因此，待客礼宾喝的是不是茶似乎不重要了。

（文/薛凡、厚文）

第五节　吴承恩夜卧旗杆村

吴承恩小时候就勤奋好学，不仅爱好读书、精于绘画、擅长书法，而且喜好填词度曲、觅奇猎异。吴承恩虽多才多艺，然而科举不利，至中年始为岁贡生。60岁时出任长兴县丞，又因与长官不谐，拂袖而归。由于看不惯官场的黑暗，他愤而辞官。此时，他搜求的奇闻已“贮满胸中”。辞官后，他回到故里，居家著写志怪小说《西游记》。官场的失意、生活的困顿，使他加深了对封建科举制度、黑暗社会现实的认识，促使他运用志怪小说的形式来表达内心的不满和愤懑，他自言：“虽然吾书名为志怪，盖不专明鬼，实记人间变异，亦微有鉴戒寓焉。”在创作过程中，每每遇到创作瓶颈，他总会以出游的方式来寻找灵感。据说吴承恩在出游中逐渐爱上了吃、饮，《西游记》里的许多吃饮灵感都产生于其“游吃”的过程中。

相传，吴承恩北上花果山，路过灌河，见河里小舟片片、帆影交错，船上人员撑篙摇橹、拽绳扯网，忙得不亦乐乎。吴承恩遂疾步上前，问一老者：“敢问兄台，吾观众人浸、扯白袋于河中，非渔网，定非捕鱼，此番劳作旨在何为？”老者答道：“此众皆祖居岸边，以捕捞为生，当下虾籽甚旺，众皆捕之。”老者边回答边把一桶虾籽提送到岸上。吴承恩上前仔细观察，桶里虾籽形似鱼子，然色显淡青，竟不知何物。吴承恩甚是好奇，问老者道：“此河虾籽甚多，它河却无，何故？”老者道：“此乃海中‘大老爷’送于我等村民之食。‘大老爷’每年至龙王庙拜谒龙王，届时，两岸民众皆取自家好食之物献于‘大老爷’，无论年丰年荒，从未断之。‘大老爷’为感激岸边民众，每年此季，驱海里之虾至此河产籽，让岸边民众捕而食之。此事年久，无人知晓其源。它处尽无此物，唯此有之。”吴承恩道：“此物填口如何？”老者道：“好吃，好吃，不输海鲜也。”吴承恩又道：“何处可购得些许一尝？”老者道：“北去数里，有一小庙，庙旁‘陈记酒家’可购得，方圆数十里，唯独他家的虾籽品多味佳。”

吴承恩辞别老者，往北而行，来到旗杆村，远远看见一根高耸的旗杆，杆顶旌旗随风飘扬。吴承恩加快步伐，不多时走到旗杆近处，只见旗杆前竟然有一座小庙，庙后还有三间坐西朝东的青瓦小屋，小屋里不时传来木鱼声。吴承恩见天色尚早，就循声进了小屋。屋里摆设极其简单，一灶、一桌、一椅、一榻、一柜。榻边一老和尚坐在蒲团上念经击鱼。老和尚见有人进屋，忙站起身请吴承恩于椅子上就座。一番寒暄过后，两人攀谈起来，不知不觉已到日落西山之时，吴承恩想起自己是为吃虾籽而来，于是暂别老和尚，独自寻至“陈记酒家”。刚进酒家，他就觉得异香扑鼻，忙问店小二：“何物散出如此香味？”店小二道：“我店正煎烙虾籽，应是虾籽之味。”吴承恩道：“给我上一壶好酒，烧一份上好虾籽。”店小二道：“店里今日雪菜用尽，吃不到我店最好的‘雪菜炖虾籽’也，今日吃虾籽只有青菜拌烧的。”吴承恩道：“汝店里的虾籽都有哪些吃法？道来听听。”店小二道：“有雪菜炖煮、白菜清烧、加鸡蛋煎烙后入青菜拌烧，不知客官中意哪一种？”吴承恩道：“上个煎烙拌烧的吧。”片刻，店小二将酒菜拿来。因加入鸡蛋调制煎烙，那原本淡青的虾籽变成金黄，在青菜的衬托下愈发鲜亮。吴承恩迫不及待地举筷而食，满口鲜香，忍不住赞道：“甚好，甚好。”吃饮过后，吴承恩问店小二：“明日可否有虾籽吃？”店小二道：“此季天天皆有，明日雪菜到家，客官不妨再来尝尝雪菜炖煮的。”吴承恩道：“今晚至庙中借宿一宵，明日午时再来品尝。”说完，他起身离店，到小庙向老和尚借宿，老和尚将自己的床榻让给吴承恩休息。吴承恩和衣而睡，想着虾籽的香鲜，回味着老和尚讲的有关小庙的故事，再想到自身的经历、百姓的生活，辗转反侧，终是彻夜未眠。

（文/薛凡、厚文）

第六节　“小孩吃鱼子不识字”一说的由来

灌南许多地方有这样的习俗：不给小孩吃鱼子。有人说：“小孩吃鱼子不识字。”据说，流传这一习俗的地方多数是从不食“孝鱼”的。“孝鱼”，就是黑鱼，也叫“乌鱼”。传说黑鱼产下鱼子会终日守护着鱼子，不吃任何食物，待鱼子孵化变成小鱼后，老黑鱼的眼睛便瞎了，自己无法找食吃。小黑鱼为了不让老黑鱼饿死，纷纷围在老黑鱼嘴边，只要老黑鱼一张嘴，小黑鱼便往老黑鱼嘴里跳，让老黑鱼吃掉自己。因此，大多地方都把黑鱼称作“孝鱼”，且从不吃黑鱼，更不吃黑鱼子。因为他们认为，吃了黑鱼子就等于吃了小黑鱼，会让人不孝顺。从不吃黑鱼子逐渐演变成不让小孩吃鱼子，认为小孩吃了鱼子会变笨、变愚，长大不孝顺、没出息。

在灌南，“小孩吃鱼子不识字”还有另一种说法。

传说，清朝同治七年（1868 年）春节后的一个早晨，北风凛冽，冰雪盖地。反清灭洋的捻军首领赖文光和任柱率部抢渡流经现灌南境内的六塘河，河中凌块相叠，顺流而下，“咔嚓”撞击声不绝于耳。捻军乘坐往返于两岸的几只小渡船，只能钻着流凌的空当，迂回前进。那当儿情势紧急，险象环生。渡船划到河心时，埋伏在对岸的清兵突然万箭齐发，劈头盖脸地射向船上的捻军。拥挤在船上的捻军躲闪不及，眼看就要葬身鱼腹。此时，就听赖文光大喊：“勇士们！跳水冲上岸去！”捻军将士应声纷纷跳入刺骨的六塘河，奋力泅渡向前。赖文光第一个冲上岸去，挥舞大刀，杀入敌阵。士兵们士气大振，军威倍增，个个争先恐后地扑上岸去厮杀，杀得清军丢盔弃甲，抱头鼠窜。

当地的老百姓听说捻军来了，还打了个大胜仗，高兴得奔走相告。他们纷纷把捻军官兵领回家中，生火取暖烤军衣，忙做饭犒劳捻军。

来到小李集的李大爷家中的正是捻军的首领赖文光和任柱。李大娘赶快把准备好的干衣服抱出让他俩换上，李大爷里外张罗生火取暖。李大娘想，捻军为了反抗朝廷，替穷苦人出气，忍饥受饿，牺牲流血，现在又冻得如此模样，怎么慰劳他们呢？她想着想着，想到鱼子，赶紧叫老头子把两坛鱼子拿出来烧给捻军吃。

李大娘家中哪来的鱼子呢？原来，李大娘在当地一户财主家提刷锅把子。财主家老少不吃鱼子，嫌鱼子硬，会钻牙缝。李大娘舍不得丢掉，平时暗暗地将鱼子带回家腌起来，到年终竟然腌了两坛子。李大娘使出拿手的烹调技艺，将鱼子红烧，油多多、辣稠稠、香喷喷、红通通的。这时，正在睡懒觉的小孙子被鱼子的香辣味呛醒了，他起来朝奶奶要鱼子吃，李大娘赶快将小孙子拉到背地，哄他说："小孩不能吃鱼子，吃了念书不识字，算账不识数！"赖文光等将士吃到了李大娘红烧的鱼子，人人都夸鱼子烧得好吃。

老百姓送走了赖文光的部队，但李大娘哄孙子"小孩不能吃鱼子"的话，被她的小孙子传出来了。一传十，十传百，渐渐传遍了四乡八镇，成为这带人的饮食禁忌。直到今天，灌南民间还有不让小孩子吃鱼子的习俗。其实，鱼子营养很丰富，医生说小孩吃鱼子还会增强记忆力呢！

第七节　百禄名食“五绝”

百禄镇是有着数百年历史的古镇，在宋朝就有人聚集而居，形成街市的雏形。

日寇侵略中国之前，百禄镇的百禄街异常繁华，古色古香的青砖黛瓦建筑，设计精巧、造型别致、飞檐斗拱、雄伟陡峻。三街六市，商贾云集，比肩接踵，热闹非凡。大德昌的药房、窦家的木坊、芮记的烟庄、皮记的烟店、嵇家的糟坊、秦家的冶炼、徐记的锻造等，都颇具规模，十分发达。但提起百禄街，最出名的当数“刘记香烤馒头”“赵记烧饼”“汪记手擀面”“徐记熏烧”“周记卤水豆腐”这“五绝”名食。

刘记香烤馒头：最大的特点是香甜脆爽，松软适度，浸水即化。曾经有人形容说：刘家的烤馒头，一口下去香掉鼻子。刘记香烤馒头的制作方法在刘国富后就失传了，据说他家的馒头不是普通的“糟头”（类似于发酵粉）发酵，而是用“大糟头”发酵，再经过香火慢烤而成。这“大糟头”究竟是何物，现在无人知晓。“刘记香烤馒头”还有一个别称——“四月八香烤馒头”，这叫法源自四月初八的庙会。过去，百禄街不但街市华丽，而且古刹林立，庙宇繁多（后所有庙宇被侵华日军的战火摧毁），北有大佛殿，南有三元宫，东有三帝宫，西有延寿庵。每逢农历四月初八，周边十里八乡的群众扶老携幼赶到寺庙烧香拜佛，祈求幸福安康。在焚烧的香味中还夹杂着各种食品散发出的香味，甚是诱人。小孩子抵不住食香的诱惑，尾随父母，一路哼着要买这买那。最引小孩嘴馋的，便是那香烤馒头。香烤馒头是将事先蒸好的馒头用竹棒或木棒穿起，或穿成串，一两个或数个不等，然后放在香火里烤，烤时馒头要不停地翻动，防止烤焦、烤煳，待馒头烤至金黄，趁热吃，皮香而脆，瓤软而甜，实是好吃。由于馒头是用敬佛的香火烤制而成的，又是在四月初八这天烤的，因此，被外乡人称作“四月八香烤馒头”。

赵记烧饼：色美味香，脆而不硬，酥中带甜。赵双寿是赵记烧饼技艺传承中的代表人物之一，他用烫面拌发酵面制成圆形饼，在饼上压制出独有的内旋型圆圈，圆圈似一根线从外向里旋，一直旋到烧饼中心（据说是烧饼创始人表示对皇上的忠心，取意“一心不二”），最后涂上一层糖色，放入特制的木炭炉里慢烤，待香气外溢时取饼出炉。

汪记手擀面：主要是薄、透、爽、滑。在汪记手擀面的传承中，汪玉楼算得上是一把好手。他在制作手擀面时，选用精麦粉，加入少量食用碱，淋水和制面坯，和制时间及面坯稀稠都要把控有度。面坯制成，用双擀面杖手工擀制成薄片，待薄片似纸、透光明亮时将薄片切成细条，把面条放到开水锅中稍煮片刻即装碗，再加入特制的汤料，撒少许青蒜点缀，一碗色香味俱佳的手擀面宣告完成。

徐记熏烧：货销三江，名扬四海，主要品种有“熏烧猪四件（猪头肉、猪耳朵、猪舌头、猪爪）”和“熏烧套肠（猪大肠、猪小肠套在一起）”，色泽鲜美，香味奇特，不油不腻，熟烂适度，老少皆宜。

周记卤水豆腐：提起豆腐，自然会想起一句俗谚，即青菜豆腐保平安。豆腐价廉物美，寓意吉祥，全国各地都把豆腐作为餐桌上的常用食品。在五花八门的豆腐中，百禄的“周记卤水豆腐”独树一帜，其色泽似和田白玉，味感如蛋羹，看似“老”，食而“嫩”，有“过墙不散，入口爽嫩”之说。据说“周记卤水豆腐”制作时并没有什么独门绝技，也是采用传统手艺，主要是“点卤”把握得好。先把豆子泡好，用石磨碾碎，把碾好的豆沫放在缸里，兑上一定比例的水，搅拌、杀沫、滤汁、制浆、烧浆、点卤。点卤时，周家用的是百禄特有的“小盐卤”，耐心细点，待豆浆结成豆腐脑后，上包控水压形。

（文/薛凡）

第八节　“雪花菜”的传说

“雪花菜”，闻其名就会让人垂涎欲滴，若能美美地吃上一顿，实乃人生快事。其实，“雪花菜”并不是什么山珍海味，而是极其普通的一道菜肴，它的主要原料是豆腐渣。豆腐渣是做豆腐时剩下的下脚料，是豆沫滤浆后的渣滓。过去，灌南家家粮食不够吃，人们惜粮如命，豆腐渣是绝对不会丢弃的，都想方设法要把它吃下肚。点豆腐渣、炒豆腐渣是两种常见的吃法，炒豆腐渣被美化后，即被称作“雪花菜”。

点豆腐渣就是把豆腐渣连同青菜、大白菜（过去多用菜皮或野菜、菜干）、山芋丁、胡萝卜丁等，只要是人能吃的，统统放在大锅里一起煮烧，放点盐，放少许油（过去大多没有油）即成。由于没有调味品，这道菜又苦又涩，味同嚼蜡，难以下咽。

炒豆腐渣就是将豆腐渣放入锅中，配以油、盐等佐料炒制而成。炒制时火候要把控好，勤翻勤炒，不能炒煳炒焦，味道的好坏全看佐料如何。佐料好，虽吃起来满嘴碎渣，也会回味无穷。

一道简单的炒豆腐渣，何以称为“雪花菜”？传说这缘起朱元璋。话说明朝开国皇帝朱元璋，安徽凤阳人士，小时候家境贫寒，放过牛，当过乞丐。有一年冬天，北风呼啸，大雪纷飞，天寒地冻，滴水成冰。已经两天没有吃东西的朱元璋，冒着大雪出门讨饭，连讨数家没讨到一点饭，饥肠辘辘的他饿得连路都走不动了。最后，他来到一家豆腐坊。一老者看到快要饿昏的朱元璋甚是可怜，给他装了半碗炒熟了的豆腐渣。朱元璋狼吞虎咽，转眼吃完，老者又给他装了半碗，朱元璋同样转眼吃完。朱元璋向老者致谢，并问老者：“请问老爹，这是什么饭啊？竟如此好吃，我从未吃过。”老者望着漫天飞雪，沉思片刻道：“此乃‘雪花菜’。”从此，朱元璋将“雪花菜”的名字铭记在心。多年后，朱元璋做了皇帝，时常想起讨饭时吃过的“雪花菜”。有一天早朝过后，朱元璋又记起“雪花菜”，忙传旨御膳房，让御厨制作。御厨们从未听说过“雪花菜”，更不知道如何制作，个个急得满头大汗。传旨大臣见状，回奏给朱元璋，朱元璋也没有为难御厨们，命大臣差人到凤阳寻找这户人家，吩咐把老者全家接进宫里。可由于多年兵荒马乱，当年的豆腐坊早已不在，做豆腐的一家人也不知去向了。

后来，经徽商传播，“雪花菜”传到灌南一带，人们在不点豆腐渣的时候，会炒上一碗豆腐渣作为下饭菜。

现在，在饭店还会见到炒豆腐渣这道菜，味道鲜美。人们在津津咀嚼之余，已经忘记了它有一个非常美的名字——“雪花菜”。

（文/薛凡）

第九节　新安镇“借”盐而兴

传说，明太祖朱元璋登基之初，怕大族丛居谋反，便差使各道武员率骑兵击散，世称“洪武赶散”。此举皇家子孙相袭，传至嘉庆，苏州周姓，无锡惠姓，以及常州刘、管、金等姓皆被赶到朐南。当时朐南一带，芦苇丛生，渺无人烟，他们来到朐南境内，插草为标，圈地为业，进行开荒创业，繁衍子孙，人口日渐稠密。

朐南一带，地虽荒芜，然古海湾时期形成的硕项湖盛产鱼虾，加之靠近大海，制盐业颇为发达。时有徽州商人在渔场口（今新安镇辖地）以贩盐为业，获利甚厚，日积月累，遂成富户。其中十余家想在渔场口建立集市，以拓展商业，增加贸易。有一个叫程鹏的富商，原是安徽歙县名儒，博才多学，在徽民中素有威望，便对众人道：“我等徽人欲在此创立大业，须寻找土地肥沃、土质凝重之地；土地肥沃，则能五谷丰登；土质凝重，架屋盖房，才能坚固耐久。事关子孙长远，不可轻率。”于是，众人称土，发现渔场口土轻，今新安镇土重，便央人与当地惠、周等大族恳商，以重金购买土地一块，供其立足、经商之用。这块地就是今日的新安镇所在地。

徽商以米、酒、布、麻与当地人易换食盐、鱼虾，遂在贸易之地建立一集市，取名“悦来集”，取其每月相聚贸易一次之意。后来，徽民人口大增，明隆庆六年（1572 年），他们又购一块地，建街设市，生意兴隆，取名“新安镇”。之所以以“新安”为名，是因为徽州宋时名叫新安，徽民惦籍念宗，永志不忘，故取此名。明万历二十四年（1596 年），新安镇已初具规模，集市按五行、八卦建成，“状若长龙，镇市计分八牌，环列五庄”。其时，新安镇域东至莞渎（古官盐集散地），西至沭阳六塘河界，北至湖坊镇界，南至安东渔场镇。东西宽 19 里，南北长 19 里，真可谓是一个大镇。

镇上庙宇殿堂、亭台楼阁，规模宏伟；九庙十八庵，琉璃碧瓦，飞檐斗拱，蔚为壮观。因为地广人多，物产丰富，生意兴隆，当地人认为以徽人故里“新安”为镇名有失乡人体面，欲易名为“朐南镇”。诉讼至海州府，知州亲临视察，见新安镇状若长龙，规模宏伟，认为既已定名“新安”，何以非要改为“朐南”不可？于是，劝当地人罢诉息讼。然而当地名门大族不听，常有排挤徽人之言行。程鹏率众徽人据理力争，诉讼双方各持己见，致使缠讼达40年之久。明崇祯九年（1636年），海州知府陈维恭升堂审理这起历史上遗留下来的积案。他听罢双方的陈述，沉吟许久，认为以新安为镇名，并无不妥，况且生米已成熟饭，木已成舟，遂裁定不予更名，并正式宣告以“新安”为镇名载入海州府版图。由于徐州市辖的新沂县城也有人叫其“新安镇”，人们为了区分，有时不得不以地理位置冠以“东新安镇”“西新安镇”字样，这就是今日新安镇的由来。

（文/刘海英）

第十章

艺食同根　浸透食苑艺源

艺术的形象，靠线条、色彩、文字等，依据客观的事件，通过主观的体验，来展现它的艺术魅力；美食的形成，则是通过厨师对食材的精心选择、刻意加工，然后将佳肴呈现在食客面前，那集色、香、味、形于一体的感受也是主观的。所以说，艺、食是同根，无不浸透着食苑艺源。这里的随笔、楹联，篇篇牵系故乡情结，副副笑谈人生趣味；这里的书画、方言，张张品撰国风神韵，句句勾画民俗过往。

第一节　美食与随笔　牵系故乡情结

都说文人会吃。朱彝尊、袁枚等不仅是诗家、学者，也是一枚枚可爱的“吃货”，他们嘴不停，手也不停，于是《食宪鸿秘》《随园食单》先后问世，流传至今，仍被人们奉为经典。年希尧为《食宪鸿秘》作序云：“闻之饮食，乃民德所关。”① 把饮食推崇至关乎社会风化的高度。现当代的学者中也不乏“骨灰级”的美食家，周作人、梁实秋、林语堂、陆文夫、汪曾祺、邓云乡等文人墨客都曾用精彩的笔墨记录品尝美食的体验，并解读美食和文化之间的丰富内涵。灌南的几位文人学者同样把家乡的美食吃出了别样的味道。这味道，便是“故乡情结”。

家乡花糕

做花糕，是苏北人家一年的重要工作；吃花糕，是苏北人家的一个重大典礼。花糕虽小，但讲究很多。那时候，每到年底，家家户户都要做花糕。条件困难的，或者图省事的，可到街上去买。但那样的花糕吃起来感觉是不一样的。花糕呈梅花形状，一般十块一叠，三叠或四叠为一捆。上面点着像梅花的颜色，很是好看。用煮熟的细蒲叶捆成一捆，很结实，不会散。

做花糕是一件细活。先要准备上好的米粉（最好是糯米粉）待用，其次准备好专用的模具。模具一般是由榆木刻出来的，大小有十厘米见方，中间刻出梅花状的凹槽，约三厘米深，内外壁打磨光滑。一般这样的模具要十个左右。另外还要准备好刮板，大约二十厘米长，薄薄的。除此之外，还得准备好带屉的蒸锅。蒸锅里放好水，锅底下面放好炭炉，点上火烧水待用。这样，一切就绪后，就

① 朱彝尊．食宪鸿秘［M］．北京：中国商业出版社，2020：序．

等着做糕了。先把模具的里面刷一层油，然后往模具的凹槽内倒入米粉，用刮板一刮，旋即连模具一起放入蒸锅，一连做十个来回后，盖上锅盖，蒸三分钟。打开锅盖，取出一个模具，迅速用力在板上一拍，一块黏软的花糕就出来了。然后趁花糕很热、黏性很强的时候，迅速地把它们按同向依次叠起来，等稍凉的时候，它们就粘在一起，变硬了。做花糕是个细活，需要人手麻利，从放粉、刮粉，再到拍糕、叠糕，直至最后的捆糕，都要极娴熟。手脚麻利的，一个上午能做近千块。只见云蒸气腾，手掌翻飞，一会儿工夫，一筐的花糕就做成了。花糕要出彩，上色是必不可少的程序。一叠花糕，只装点最上面的一块，有专用的颜色和印，沾上颜色，在最上面的一块上盖上印，便出彩了。给花糕上色是农村人最实用的美术。

吃花糕也是很有讲究的。坐月子的妇女，是少不了要吃的；家里来了尊贵的客人，要吃花糕；新年初一早上，全家人要一起吃花糕。吃之前，一般要把花糕放在蒸锅里蒸热、蒸软，装碟摆好，蘸白糖吃，口感绵软香甜，非常可口。来客或春节时吃花糕，还要配上条糕、江米条、绵白糖等，泡上糖水，一人一碗，分宾主坐下来吃。其实这只是个待客之礼，主人热情邀请，客人便吃上一块花糕，喝一口糖水，然后就放下了，谁也不会真的放开肚子吃。如同城里人家来了客人，冲咖啡、泡茶一样，这是苏北农村特有的礼节。约莫十分钟后，撤下茶糕。宾主开始嘘寒问暖，唠起家常来。因此，花糕是苏北人家人际交往的桥梁和纽带。

（文/郑黎明）

灌南豆腐

忘不了小时候

站在家门口的那两棵梧桐树下

看着母亲摇晃着手中的木架

用细细密密的纱布

将洁白晶莹的豆浆

过滤成一道道幸福的源泉

…………

多少次出差的时候，在他乡的饭桌上都会忍不住点上一份豆腐或者豆腐汤，但是每当饭店的豆腐端到桌上时，又开始后悔起来。

因为看着那个形状或色泽，就知道不是灌南豆腐特有的味道，吃起来，便也没有那么起劲了。

说起豆腐，记忆深处总是有那么一点儿亲切和温暖。

记得小时候，豆腐对于平日的我们来说，算是一件奢侈品，平日里勤俭的母亲从来都是舍不得买的。但是一到过年，母亲总会早早地泡好自家精选的大豆，带上两个大水桶，带着我去离家一里多地的加工厂加工豆浆。

回到家后，母亲将从邻居那里借来的晃浆杆子和纱布吊在门前的大树下，开始晃浆。洁白的豆汁从密密匝匝的纱布眼里缓缓地渗漏出来。但其实，我们看起来挺有意思的活儿，很耗费大人的体力。

年三十的时候，饭桌上一定会有一盘豆腐、一盘鱼，寓意“陡富”“年年有余”。大年初一的早晨，也必然是豆腐汤就馒头，一直要吃到正月十五。那个时候没什么好吃的，但是豆腐绝对是春节期间的主打菜。其实不仅仅因为老人经常说：过年吃豆腐，都“富”！还因为在那物资匮乏的年代，豆腐是仅有的既便宜而又拿得出手的菜肴了。

长大后，我们也将这样的习惯传承了下来。年前虽然不做豆腐，但是绝对会提前买上十块二十块钱的豆腐，摆上除夕和大年初一的餐桌，这也算是一种文化的传承吧。

说到买豆腐，在县城生活的这些年，我最喜欢吃的就是镇南社区惠连方家做的豆腐了。我知道，很少有灌南人没有吃过他们家的豆腐，因为县城区几乎所有的饭店都曾用过她家的豆腐。

初夏的清晨，在新安镇镇南社区盐河岸畔的一处院落里，今年60多岁的惠连方早早地就开始忙活了起来。她每天凌晨两三点起床，开始加工浸泡好的豆子，伴随着粉碎机的轰鸣声，洁白的豆浆从机器的出口缓缓流淌到一个大桶里。

两张敞口的大锅，伴随着柴火熊熊燃烧的“噼啪”声，不大会儿，豆浆就开锅了。这个时候得赶紧将沸腾的豆浆倒进早已准备好的大缸里，要不然豆浆就会溢出锅台。

接下来就是点卤了，将调制好的卤水，一点一点地倒进烧开的豆浆里，同时用一只长长的勺子，伸进大缸里不停地搅拌，直到所有的豆浆都变成美味的豆花。“我们家的豆腐之所以好吃，就是因为卤水点得好。放多了，豆腐会老；放少了，豆腐容易散，量一定要拿捏得好。我们家绝对不用石膏点。”惠连方说，“点卤是最关键的一步。卤水点的豆腐，一斤黄豆只做二斤七两豆腐。如果用石膏做的话，一斤豆子可以做六七斤。但是石膏做的豆腐味道不好，而且对身体没有好处。我们虽然是小本生意，但是得讲究诚信。”

接下来，等上半个小时，再将这些豆花倒进早已准备好的豆腐盒子里，包好以后压实。“压上一个小时就可以了，如果时间太长，豆腐会变老，会影响口感。”惠连方的大儿子洪飞指着一屋子的大豆，骄傲地说，“食材决定食物的品质。我们家用的都是本地最好的大豆，所以我们家的豆腐几十年如一日，从来没有改变过味道！”

洪飞和媳妇杨燕都很能吃苦，他们陪伴着母亲，同时也接过了这祖传的手艺。岁月在变，可是吃着他们家的豆腐依然能品出几十年前的那股香甜。惠连方的儿女中，大女儿大学毕业早已工作，最小的两个是双胞胎兄妹，小女儿洪阳在英国南安普顿大学做博士后，儿子洪星在美国孔子学院做老师。

惠连方一辈子坎坎坷坷，但是她最感激做豆腐的这门手艺。就在她最小的两个孩子同时考上大学的那年，她不小心摔了一跤，结果腿摔断了，左胳膊也摔折了，养了将近一年，却落下了残疾。第二年，老公又突患脑出血，在床上一直躺到了现在，老夫妻俩前前后后花了几十万元，一家六七口人的日子举步维艰。要不是因为家里一直做豆腐，可能连日常的生活都难以维持，更不要说供孩子读书了。

“我们家从20世纪60年代就开始做豆腐了。老太爷年轻的时候手艺好着呢，那个时候都是磨盘，全部都是手工晃豆浆，忙了一夜，做出来一大包豆腐。可是经常第二天一早上就有村干部过来把豆腐给没收了，因为那时候不让个人做小生意。后来改革开放了，我们家的豆腐生意才步上正轨，专注做豆腐、千层和豆腐干，因为手艺好，所以我们家的豆腐一直都是供不应求。”忙得满头大汗的惠连方觉得很满足。

等到所有的豆腐都做好了，已经是早上的八点钟，儿子洪飞忙着洗刷机器，儿媳妇杨燕会将豆腐划成一块一块的，五斤一袋，然后分头送往各大小饭店。日复一日，年复一年，正是这一个个方方正正的豆腐块，供出了全家三名大学生，也还清了从亲戚朋友那里借来的医药费。

让我流下眼泪的，其实不仅仅是这豆腐人家的坎坷故事，更是因为这一方方白白嫩嫩的豆腐，包含着太多我儿时温暖的记忆。是的，不管是吃一口外焦里嫩的家常豆腐，还是咬一口香喷喷的豆腐卷，抑或是喝上一口滑爽的豆腐羹……那一份浓浓的香甜，其实就是母亲深沉的爱，是家的味道，更是灌南在外游子味蕾深处泛起的浓浓的乡愁……

（文/孙苏）

新集千张

如果说走进汤沟镇，就能闻到一股酒糟味道的话，那么走进新集镇，整个乡村飘散着的则是豆腐制品的香味。这对于新集当地的人来说，是幸福的味道，更是熟悉的家的味道。

“左一层，右一层，叠成方块千千层。”千张，又叫“千层”，每个在外地的灌南人都会说，灌南的豆腐最好吃，而千张就要数新集的手工千张最好吃了。它不仅可以裹着油条当早餐、凉拌，还能做成大煮干丝或切成细丝炒菜等，它也是火锅的主要配菜之一。

新集的手工千张已有一百多年的历史。在清朝末期，新集镇当地居民就有一套完整的千张制作工艺。后来经过不断的发展，当地形成了较大的千张制作规模，出现了以新集镇大前村陈亚中家为代表的上百户千张制造家庭，后逐渐流传到灌南县所有乡镇，为当地经济发展做出了不少贡献。

循着香味儿，我走进了一个普通的农家小院。

上好的本地黄豆，经过井水的浸泡，一个个早已颗粒饱满。将它们放进碾碎机以后，经过分离处理，豆渣和豆浆自然分开。乳白色的豆浆，散发着清新的气息。农家人一般会把豆渣用来喂牲口，或者作为肥料，其实豆渣也是一道美食，同样含有丰富的蛋白质和纤维素。

磨好的豆浆首先要放进硕大的土锅灶里煮熟。快要煮沸腾的时候，一定要有人站在旁边守着。因为一旦豆浆锅沸腾了，就得赶紧将熟豆浆起锅，倒进特制的大缸里，而此时如果朝外面舀豆浆的速度稍微慢一点儿，熟豆浆就会溢出来。

这个时候的豆浆最美味了，抿上一口，回味无穷。喜欢吃甜食的人，在豆浆里加上一些白糖，能一口气喝个饱。

灵巧的农家人将调好的卤水搅拌均匀，细细地注入熟豆浆当中，在极短的时间里，这些豆浆就变成了另外一种美食——豆腐脑。用勺子舀出一大碗，放上一些醋、酱油、辣椒酱、花生碎、香菜和麻油，吃起来嫩滑无比、鲜爽可口，那香气直沁人的心脾。

这个时候的豆腐脑如果直接放入豆腐包中压实，就变成了美味的灌南豆腐，而要想制作成千张，还需要更多的工夫。

农家人将豆腐脑搅碎，在千张模子中放进一卷特制的干净的白色纱布，展开后，铺在千张模子的底部，在每一层上都放进两勺搅碎的豆腐脑，然后将纱布展开盖好，并继续重复下一层。如此反复，等装满了一盒子，用板子盖好、压实，经过几个小时后，千张就做好了。而这样的工作，往往要从下午开始，一直做到晚上八九点。

第二天凌晨四五点，就要起床将做好的千张从纱布中一页一页理出来，然后将纱布清洗干净晾好，以备第二天再用。

千张的手工制作技艺烦琐而复杂，但是勤劳淳朴的农家人，用日复一日的劳作，为舌尖上的灌南增添了一份属于自己的色彩，也收获了属于自己的幸福生活。

“老板，来一盘大煮干丝!”这是饭店里常听到的灌南人最为豪迈和熟悉的吆喝，因为这浓郁的千张的香味，不仅体现的是新集农家人的淳朴的民风，还是孩子味蕾可以分辨出来的母亲的味道，亦是灌南人对故乡无比的向往，更是在外游子时常泛起的浓浓的乡愁……

（文/孙苏）

那一声吆喝

从乡下迁居小城有十多个年头了。小城爆米花般地急剧扩张着，俨然成为大都市的一角。你看，路旁高楼林立，霓虹闪烁，街头人摩肩接踵……你听，卖花的、卖糖葫芦的、卖茶叶的……各种叫卖声此起彼伏，已分不清是从哪儿传来的，让人品足了时下小城的喧嚣。儿时过大年的盛景也不及如今。

在纷杂的叫卖声中，那一声吆喝虽没有“深巷明朝卖杏花”的诗情画意，但绝对可以称得上经典。如今，它已是回旋在小城人们心坎上的一首温馨的歌谣。

“豆腐脑、八宝粥、粢饭咪，来一碗咪啊!”这声音从老远的地方传来，浑厚、绵长、婉转、悠扬，清晰地送入耳鼓，缓缓地跌落在心头，和韵着孩童的欢欣，和韵着青年人的脉搏，和韵着上了年岁人的思旧情怀。

一声吆喝（尹步军画）

初来小城时，我家租住在旧巷的一个小院子里。饭时前后，间或会听到这一吆喝声，中气十足。淳厚的腔调中带着些磁性，显然是一个壮汉子发出来的。有几回，饭菜已端到桌上，读初中的女儿听到这吆喝声，还嚷着要买一碗豆腐脑吃。

在小巷口，我第一次看到了这声吆喝的原创者，那是一位身材高大的汉子，一条汗巾挂在脖间，臂膀上腱子肉凸起，假若不是满脸堆着笑意，真如电影中的硬汉。他骑着一辆半新不旧的三轮车，车上摆放着几只保温桶。若有人喊卖，就立即停下车，问客人要多少。于是接过客人递上的钱，掀开其中一只桶的盖子，用勺子舀出豆腐脑，装满了客人带来的碗，又递给客人佐料，再细心地将桶盖实，便蹬着三轮车离去。阳光下，那健硕的身影能裁就一幅绝佳的剪纸画。不多时，那吆喝声已回响在老街的深巷里。有几回，在晚饭后的大街上还听到那带着些沙哑的吆喝声。

一段时间，也有人模仿着他的叫卖声，但没多久便销声匿迹了。当年，小城的人们在茶余饭后，或者在他刚走过以后，总会开心地学着他的腔调来上一两句："豆腐脑、八宝粥、粢饭咪，来一碗咪啊！""豆腐脑、八宝粥、粢饭咪，来一碗咪啊！"有一回，听一顽皮小儿奶声奶气地学着他的吆喝声，笑翻了在场的每一个人。

一次，在马路上听到他的吆喝声，好像改了词："豆腐脑、八宝粥、粢饭咪，你不吃，我要走嘞啊……"依旧是那么浑厚、绵长、婉转、悠扬，有点《刘海砍樵》调子的味道，多了几分俏皮。

后来，他开始骑上电动三轮车在小城的小区前、马路上、工地边等到处转悠。无论烈日当空，还是漫天飘雪，我隔三岔五地仍会听到他那熟悉的吆喝声，偶尔也能碰见他那有些疲惫的身影。只是那声音是从小喇叭中频繁地播放出来的，听来确实少了些韵味，但有谁去苛求为生计而整日奔波的人呢。

两个礼拜前，几个棋友闲聚在一路边门市前对弈，月上半空，还未收枰，早已过了饭时。一位年轻的棋友居然用手机把他呼来，我们远远地就听到："豆腐脑、八宝粥、粢饭咪，你不吃，我要走嘞啊……"

我捧着那碗温热的豆腐脑，望着那远去弯曲的背影渐渐地模糊在月色下的小巷口。

（文/武红兵）

老街绿豆粉

有些味道注定会成为一种长久的记忆，譬如说，新安镇老街王家绿豆粉。

一条石头路通向老街，秋树两行，小雨时飘，颇生凉意。石头路的尽头有一家绿豆粉店，门面简约，与老街一样，毫不出奇。如今的老街“人家尽枕河”的旧影已如云烟，哎！遐想中的充满诗意的江南小巷何处寻觅呢？

下午三点多钟，老街睡意方消，街头的行人渐渐多了起来。这片卖绿豆粉的小店就是王家的，低矮的柜台前站着三四个顾客。只有老王一个人在忙碌着，手不停，嘴也未闲，麻利地切称、分碗，刨一些黄瓜丝，撮一点碎花生米，捡几叶香菜，浇一勺汤料……

“要大蒜、辣椒吗？”

“不要蒜！”一位操着外地口音的姑娘说，又补上了一句，“就看这儿利靓！”

老王重复着：“是的，利净、利净。”

不同的口音、方言在小小的店铺中跳跃、触碰，一边听着，一边回味着，时光不觉地慢了下来。

我上下打量这间小店：一台空调立在东南角，四张长短不一的小桌子紧贴着东、北两面墙，桌子旁边还有六七个塑料墩子，桌上摆着板浦滴醋、海天酱油、水辣椒、小包纸巾等，摆放的调味品大约是为方便口味不同的人吧。正对门的墙上挂着小镇名家书写的“王家绿豆粉”的书法匾额，柜台后墙上是一张外卖海报，有“江浙沪”字样。我不禁想起了前些天在南京所读的《食宪鸿秘》饮食之道：常物务鲜，务洁，务熟，务烹饪合宜，不事珍奇，而有真味。小店真的很“利靓”，也很“利净”。

三个青年人进店来，每人要了一碗绿豆粉，每碗六块钱，坐在桌边慢慢地吃着、聊着，说到孩子上学的事，老王就顺口说起了孙女上“实小”之事，不经意中，主客之间便有了共同的话题。

一会儿间，十来个顾客时进时出，买好凉粉，带走了，其中一位少妇还买了一瓶水辣椒，看来是熟客。

一个五六岁的小女孩蹦蹦跳跳地进来，兴奋地到我面前，待看到她爸爸走向柜台，才知道好吃的凉粉在那买，但那回眸还在揣度着……我不由得想起了两三年前的一幕：小孙女抢在大人前跑到柜台边，尽力地踮起脚，高高地举起自己挑的那袋零食。与此不也神似吗？孩子对食物的味道最挑剔，儿时的味道会成为一生的记忆。

一位上了年纪的老奶奶蹒跚地走进来，要了十块钱凉粉，边走边说："家里请人做事，留客吃饭，儿子、媳妇都喜欢吃，自己也喜欢吃……"老王随即应答了几句，老人似乎自言自语："糖尿病不敢多吃了……"

又来了一位，嘴一张，就知道是老街坊："下雨天，生意还这么好！"老王说："混穷！"如此便有一搭、没一搭地斗起嘴来，又说起了街坊的生老病死等。

也不知小毛雨几时停了，小店马上又要上客了，我抓住这短暂的空隙和老王聊了起来。我问了几个最关心的问题，他都一一作答，言语间十分的自豪。

王家绿豆粉都是零卖的，从来不搞批发。这个季节每天两三锅就够卖了，不像春夏旺季，随做随卖。前两天，几个单位食堂订购了几百斤，就比较忙些。近几年，过年过节需求量大，特别是年初、清明、国庆，紧做不够慢卖的，外地回乡的人多，吃了不算，还要带三五斤走。

看来，有不少人好这一口，这不就是美食的乡愁吗！难怪王家还有绿豆粉外卖苏、浙、沪业务，真是与时俱进了。

我想起了一位电视嘉宾所说的话，大意是古人隔越千山万水，乡愁才有了诗意。如今科技如此发达，视频、高铁……哪有什么距离感。我突然又想起儿时夏日吃凉粉的情景，凉粉是父亲做的、装在大铅盆里，过井水，凉凉的、滑滑的就下肚了……儿时的味道、故乡的味道不就是古人诗意里的乡愁吗？

如今，午后时光，坐在老街的这间小店里，要一碗绿豆粉，听着滴滴答答的雨声，吃着吃着就发呆……这原汁原味的故乡情调在他乡能品尝到吗？

又听老王说起家史。老王叫王德明，他的父亲叫王友会，日寇入侵新安镇时，他家还以做绿豆粉为生，后来就歇业了，直到1964年才重操旧业。老王也不大清楚祖上是来自阊门还是徽州，只知道自己的老太爷辈已在马桥巷居住了。屈指一算，四代人，一百几十年，已可回溯到清朝时期了。

遥想当年，盐河为盐课要道，穿街而过，街分八牌，“人家尽枕河”，新安镇成了朐南商旅辐辏之所。京、淮、徽、鲁等地的小吃摊贩在街头、桥头、庙宇前叫卖，那一声声吆喝便将江南塞北的味儿洒落在盐河人家的心头，又穿越了几百年时光。

如今新安镇的汪家、吴家、凌家、毛脸家等的凉粉经营者也都是从石磨时代走来的，和王德明家一样，守候着这一份老少咸宜、浓淡随意的风味小吃。

天晴了。从老街进入四牌巷，弯弯绕绕，仿佛走在过去的时光里，走在江南小巷的深处。老王家临近马桥巷东口，一个大杂院里住着几户人家，小院虽旧，但收拾得很利落，几口水缸都盖着盖……

老王说，祖宗的手艺不能丢。现在王家绿豆粉作坊主要由老王的儿子经营。他儿子叫王兵兵，2004年参军，2016年退伍，放弃了事业单位的“铁饭碗”，和老王一起经营起这份祖业。父子同心，坚守传统的工艺制作，如手工晃浆、柴火烧浆等。

边屋里支着一口大锅。一个极狭窄的烧火间中码着一堆高过人头的干柴，如军人床上的被褥般整齐。烧火间与锅台间有一扇光洁的玻璃推拉门，为防烟尘之用。《食宪鸿秘》序云：“盖大德者小物必勤，抑养和者摄生必谨”。

一碗王家的绿豆粉不仅能让人咂出浸透其间的故乡烟火味，也能让人品味到几许古朴、简约、宁静的本真生活味。

（文/武红兵）

于家猪头肉

从某种意义上说，美食犹如一本古代的图经，散发着一个地方

隽永的人文风味，诱人向往，又勾人回忆。

于家猪头肉

新安镇是灌南县的一座县城，一条古老的盐河穿城而过。明清时期，这里扼海州、安东交界，有鱼盐之利，为商旅辐辏之所。那时，天南海北的风味就在“人家尽枕河”的街巷中飘荡。

于家猪头肉便是其中一味。对于我而言，它是口中的最爱，因为它与新安镇的人文历史一样，让人愈嚼愈有滋味。据老街坊说，“周、于、惠、管”为老新安镇四大姓。于姓一族从山东而来，至今已有几百年的历史。其后裔于步法开创的“于家猪头肉”百年老店一直传承至今。今天的于家猪头肉已名列灌南县非物质文化遗产名录，传承人叫于秀丽。

正是因为地域、历史、家族等因素，于家猪头肉既有齐鲁美食的醇厚，又有淮扬小吃的闲适，久而久之，成了一个地方的风味名品，如今已是灌南地区一座耀眼的美食地标。

疫情防控期间，我被困在南京几十天，常去菜场买六合猪头肉换口，几次品尝之后，实在是不解馋，之后才晓得六合猪头肉也是当地的名品。现在想起，那几家的猪头肉不仅色质暗淡，而且太咸，居然还要另加配料……是南北口味的差异吗？我不由得思念起家乡的猪头肉。

刚出锅的于家猪头蒸蒸热气，不须着色，肥若凝脂，香气四散，如贵妃出浴一般，自有七分雍容，还带三分素雅；切一块，放入口中，咸淡适中，肥而不腻，香酥细嫩，又咀嚼出一种随遇而安的平和、闲适。

在新安古镇，于家猪头肉有三个店铺，都在盐河东，一个在新安镇老街上，一个在城东菜市场东南门对面，一个在聚龙商贸城。据说南京、苏州还设有分店，网上也有售卖。前两个店我常去，不管是一间门面，还是两三间门面，店内外都收拾得很利落。我想

《随园食单》中写的“至于口吸之烟灰，头上之汗汁，灶上之蝇蚁，锅上之烟煤，一沾入菜中，虽绝好烹庖，如西子蒙不洁，人皆掩鼻而过之矣”和《食宪鸿秘》中写的“常物务鲜，务洁……”，大抵是一个意思。我曾多次购买于家猪头肉，用真空包装，寄给在外地工作的孩子。不光是因为口味特别，也是因为于家的干净。

近些年来，无论是餐饮界，还是坊间吃货，都将于家猪头肉列为灌南特色小吃，其美誉度愈来愈高，我不由得产生了一个刨根问底的想法。据了解：于家猪头肉注重食材选择，所用的猪头、猪大肠、猪爪等全部采购于大型食品企业，为一线的著名品牌。这正印证了袁枚所谓的“大抵一席佳肴，司厨之功居其六，买办之功居其四”。

于家猪头肉讲究老汤炖煮。现有汤汁为传统老汤，配以八角、花椒、桂皮、香叶等二十多种配料，按照祖传的秘方配比，熬制而成的卤汁每日回锅温热，保证其新鲜度与活性。当然，配料之比、汤汁之浓淡等是制作于家猪头肉的核心秘诀，不宜外宣。

于家猪头肉坚守传统工艺。猪头肉的制作过程说是简单，其实十分复杂。在制作过程中，需要在不同的火候下，放入不同的配料，让配料汤汁和主食材完美地融合，以产生最佳的口味。

“熟物之法，最重火候。”火候也是猪头肉制作过程中的关键，个中自有诀窍，要靠个人的经验，非十朝半月就能领会的。古代美食家对火候多有论述，如苏东坡谪居黄州时，当地猪多，于是独创了一道美食，自得其乐，句云：

“黄州好猪肉，价贱如粪土，富者不肯吃，贫者不解煮。慢着火，少着水，火候足时他自美。每日起来打一碗，饱得自家君莫管。”

说到这里，我想起了诸多往事，就在此赘述一些。

儿时，老家称烧炖猪头为“烀猪头”，一个“烀”字仿佛听到大锅里汤沸的声音。土灶烧炖猪头是需要准备些硬火——干柴的，那年月，家家早已刨挖了几个大树根，晒干、劈开，专为过年蒸馒头、炸圆子、烀猪头之用。那时猪头肉的口感好坏主要靠火候，儿时哪里知道其中的奥妙。对于“非遗”传承人于秀丽来说，这简直是小菜一碟！

《食宪鸿秘》中的“蒸猪头”：猪头去五臊，治极净，去骨。每一斤用酒五两，酱油一两六钱，飞盐二钱，葱、椒、桂皮量加。先用瓦片磨光如冰纹，凑满锅内。然后下肉，令肉不近铁。绵纸密封锅口，干则拖水。烧用独柴缓火（瓦片先用肉汤煮过，用之愈久愈妙）。

《随园食单》中的“猪头二法”：……一法打木桶一个，中用铜帘隔开，将猪头洗净，加作料闷入桶中，用文火隔汤蒸之，猪头熟烂，而其腻垢悉从桶外流出，亦妙。

…………

这些比较稀奇的猪头肉做法说得也很详细，不知和于家的做法是否相同？还是让有心人去探究吧！

猪头肉是天下最寻常的美食，浸透着浓浓的人间烟火味。今天，我们不妨找几许空闲，静下心来品评，老家的这一美味也会让人心头一阵悸动。

夏晚，老街门前，一张小桌，三两老街坊，一碗豆腐、一碟花生米、一盘绿豆粉，还有半斤于家猪头肉……咂一口汤沟老窖，夹一片猪头肉入口，蒜的辛辣和肉的醇香混合在一起，刺激着味蕾，品咂着、回味着……时光已穿越了几十年、百余年，乃至上千年。

（文/武红兵）

夏家的肉圆

小窑肉圆是很有名气的，在县城的大大小小的宾馆饭店里，在乡间村庄的红白宴席上，都能品尝到小窑肉圆。小窑肉圆已经成为灌南饮食文化的一个符号，植在灌南人的心里。灌南人一提起小窑这个地名，就自然而然想到小窑肉圆。

灌南的菜肴属淮扬菜系。淮扬菜系讲究刀功火候，讲究形味俱佳，这些要求，小窑肉圆都能满足。而本地正宗宴席的八碗八碟，无论内容如何变化，都少不了象征团团圆圆的肉圆。这也是小窑肉圆声名远播的原因之一。

我喜欢吃肉圆，尤其是刚炸的肉圆，将圆圆的还“滋滋”冒着油气的肉圆，塞进垂涎欲滴的嘴里，猪肉的香掺和着姜、葱的香充盈着口腔，整个味蕾都被激发起来，幸福的感觉布满全身。这样的肉圆我一口气能吃七八个。

说来有点惭愧，生活在县城三十年，大大小小的饭店去过不少，高端的、中档的、地摊大排档都去过，吃过的肉圆也多种多样，猪肉圆、鱼圆、萝卜圆、豆腐圆……这些圆子有一些是外地运过来的，大多数来自本地特产，滋味也各有千秋，但总感觉没有刚出锅的圆子好吃。

前几天，有文友邀约去小窑吃肉圆，说小窑街上有一家姓夏的人家炸的肉圆特别好吃，还上过中央电视台《乡土》栏目。文友相邀正中我的下怀，三人驾车就奔着“美味”而去。车子刚拐进小窑街头，窗外就飘来炸肉圆的香味，是那种过大年才有的香味。文友说小窑街上炸肉圆的有十几家，家家味道不一样。我们要去的夏家比较熟悉，是和善之家，肉圆的味道更是心心念念的舌尖上的美味。文友说得我哈喇子都快要流下来了。

夏家的肉圆铺子就在小窑的老街上，两进两出的二层楼房，前店后院，店前还搭了一个很大的棚子，棚布上写着“夏记肉圆”四个大字，很是惹人注意。做生意嘛，就要懂得吆喝，像我这样，也就只有吃的份了。不过，话说回来，能亲口尝一尝正宗的热热乎乎的小窑肉圆，也是我等平常人生的一种小幸福呢。

夏家人果然热情，听说我们是慕名前来品尝小窑肉圆的食客，女主人立刻放下手中的活计，用竹签串了三颗刚出锅的肉圆让我们尝鲜。男主人夏国军一边忙着炸肉圆一边介绍炸肉圆的技巧：温度要控制在150℃，肉圆被油炸飘出油面的时候，漏勺要轻轻地搅动，防止受热不均，内里不熟、外部黑糊。

老夏的身边，有一个半人高的大铅桶，里面是搅拌好的肉糊，我好奇地问：“这桶里全是猪肉?”老夏听了笑道：“当然，而且全是猪后腿肉。再加少量的鸡肉提嫩、蛋清提鲜，还有姜、葱、油、盐增加香味。我们家的肉圆不添加任何色素，原汁原味。”我心想：这老夏，也太实诚了，竟然把做肉圆的秘密告诉一个外人，幸亏我不做肉圆卖。老夏说着，用漏勺捞起一勺刚炸好的肉圆：“来，刚出锅，尝尝。”金黄的、圆圆的肉圆子在老夏的漏勺里像花儿一样绽放。我忙不迭拿起一个来吃，是记忆里那种熟悉的味道，但味道更鲜、更嫩、更香。

夏家的后院是食品包装间，他的弟弟夏立选正忙着将炸好的肉圆真空打包，装进印有“夏记肉圆”的精美包装盒里，整整齐齐码放在货架上，等待快递员来取件寄往外地。老夏的弟弟说他家的肉圆有三四成销往外地，主要是销往上海、杭州、苏州、无锡等江南城市。在这些城市打拼的老家人多，有些人经过自己的努力奋斗，就在这些城市安家落户了，但家乡的味道不会忘记，走得再远，根永远在这里，乡愁永远在这里。“夏记肉圆”可以一解在外打拼之人的思乡之苦。

不知什么时候，老夏的老母亲坐在店面的一只凳子上，手上拄着拐，慈眉善目地看着她的儿子们在院子里忙里忙外。老人家叫周文华，今年已经82岁了，但精神矍铄。她拉着我们的手，说着从前的往事：“日子苦啊，老头走得早，留下六个孩子，没吃没穿。我先是在街上卖冷菜，再偷偷跟人学炸肉圆，这一炸就是三十年。我炸肉圆讲良心，从来不用死猪肉，人家吃着放心。慢慢地，回头客多了，生意好了，日子也越过越有奔头了。”看得出，老太太对自己的奋斗故事是很骄傲的，对现在的生活是很满足的。她奋斗的基因和打造的品牌在子孙手里被传承放大，她有理由骄傲和自豪。

老夏的锅灶前，是一个很大的标牌，白底红字醒目地印着一行字“靠人品做食品，用良心换放心”。他说这是老母亲谆谆教导子孙的口头禅，是他们一家做好“夏记肉圆”品牌的立足根基，也是他们做人的根本。

我们的车子走远了，但夏记肉圆的香味一直萦绕心头，祝愿他家肉圆的香永远飘在灌南每一家的餐桌上。

（文/梁洪来）

田楼"小肉狗"

我已离开田楼多年了，有许多故人和往事难以忘怀，然而最忆的却是田楼"小肉狗"。

田楼"小肉狗"

十五年前的八月，我和宋君、嵇君三人骑着自行车去田楼中学报到。当时正是炎炎夏日，因口渴得厉害，我们在田楼的水厂门前停下车，跑到一户人家讨水喝。主人很大方，递给我们一个大勺，让我们自己舀放在屋内大缸里的水喝。我舀水入口的第一感是"水真甜呀"，咕咚咕咚喝了几大口水后，清凉的水不但解渴，而且水的凉意自胃底升起，传遍全身。呵，还解暑！田楼人好，水也好。这是我对田楼的第一印象。

在田楼中学工作的第二年的秋季学期开学初，天降暴雨，连绵不绝的瓢泼大雨持续了数天之久。整个田楼乡都成了白茫茫的水世界。学校停课，学生在老师的带领下疏散回家。我们因离家远，就待在学校里吃食堂。因雨大，好多鱼塘都被淹没了，鱼儿四处游荡。乡民们张网捕鱼，鱼捕了很多，因交通不便，大多鱼都是在田楼街上被出卖。街上鱼多，价钱又便宜，食堂师傅便买了好多鱼回来烹饪。记得那几天，每天中午都吃鱼，宋君和嵇君都吃得倒胃了，而我吃得非常高兴。鱼是我的最爱！有一天中午，问一在食堂先吃过中饭的同事：今天中午食堂吃什么，回答是"小肉狗"。我以为竟要吃狗肉，打菜的时候，东张西望，没有看到狗肉，看到的却是黄澄澄的小鱼儿。我落座后，问宋君、嵇君，他们吃到"小肉狗"了吗？他们指着我碗里的小鱼儿说：这就是"小肉狗"。这时我才知道"小肉狗"是小鱼儿的名字，不是真的狗。我吃了一条"小肉狗"，感觉酥嫩可口，味道也鲜美，不禁连赞数声好吃，有口福了。讨厌吃鱼的宋君、嵇君将吃剩下的“小肉狗”倒入我的碗中。那一天中午，我饱餐一顿后，不禁对它好奇起来。原来，“小肉狗”因其长得浑身都是肉，就像肉嘟嘟的小狗，故得其名。

田楼位于灌河的北岸，境内沟河纵横，水皆汇通于灌河，而灌河东流入数十里远的黄海。灌河及周边的水域盛产鱼虾。据当地的老人们说，神奇的是只有田楼、五队境内南北向的两道半沟内出产“小肉狗”。成年的“小肉狗”长约一寸，土黄色，浑身肉嘟嘟的，有点像小沙光鱼的样子，生长在与灌河相通的淡水沟里。

“小肉狗”并不是捕上岸就可以烹饪食用的。要想吃到味道最美的“小肉狗”，需要提前一周与饭店预订。捕捞上来的“小肉狗”要放在清水里让它生活四五天，每天要换两次水，让它自己把肚子里的脏物吐出来，去掉泥土腥气。要吃的前一天，在水面上打上鸡蛋清，让“小肉狗”食用。这样等吃的时候，“小肉狗”的肚子里就都是鸡蛋清了。

“小肉狗”这道菜的做法比较简单：先把水中的“小肉狗”捞上来，再让“小肉狗”身上沾裹由鸡蛋和面粉调制的面糊，然后放在油锅里炸，注意油温不要过高，最后等“小肉狗”身上呈金黄色的时候捞出来，装入盘中，撒上红椒、芫荽、盐等作料，一盘外脆内嫩、味美肉鲜的“小肉狗”就做好了。

记得在田楼招待外乡的客人时，总会点上一盘田楼“小肉狗”，让客人尝尝新鲜。客人们每次品尝后都赞不绝口，这着实让田楼的主人们引以为豪。因为田楼“小肉狗”就在那两道半沟里出产，并且是野生、季节性的，所以产量低，能吃得上的人是很少的。我在田楼八年，也就吃过“小肉狗”五六次。街上很少有人卖，只因渔民张来的“小肉狗”都被人提前预订了。

离开田楼七年了，再也没有品尝过田楼的“小肉狗”了。听说那沟里的水已被化工厂的污水污染了，“小肉狗”很可能搬家了。

唉，田楼的“小肉狗”，在异乡是否安好？

（文/潘文俊）

白皂羊肉汤

老白皂羊肉汤很有名，灌南人都知道，周边县乡的人也知道。如今，在苏北这一座水城的美食街上，或一些小巷、小区边，或乡集、干道旁……随时都会看到写着“老白皂羊肉汤”字样的显眼招牌。

老白皂羊肉汤很有名，早已不是一两年的事了。近几年，在新安古镇，涟水灰墩的羊肉汤也渐有名气，因为灰墩与本县的硕湖、新集是近邻，自然会得到当地的一些食客的认可。单县的羊肉汤店铺入驻小城不久，宽敞、华丽，带着一种大户人家之气。藏书羊肉店采用的是类似麦当劳、肯德基的那种连锁式、程式化的经营方式，让人感受到一股强烈的商业气息，如今似乎风头已过，老白皂羊肉汤却是平民的身价、乡土的味道，给人一种随意、亲切的感觉。

说起美食，人们总喜欢寻根溯源。老白皂羊肉汤也是大有来历的。有人说，那一年，乾隆下江南时在淮安府清江浦驻跸，听说柴米河畔有个小镇的羊肉汤很有名气，就在回京途中，借口治河察水，沿柴米河绕道前来，观风寻味，吟诗挥毫。因为皇上夸赞“铁牛镇上白汤香”，从此，白皂羊肉汤闻名于世。还有人说，白皂是灌南建县时的一个乡镇，后来，因为撤乡并镇，人们就把原来的白皂乡称为“老白皂”了。自然，白皂羊肉汤就被加上了一个“老”字。

传说也罢，演绎也罢，美食遇到文化总是“纠缠不清”。美食文化一如煮汤，时间短就太淡了，作料多就太杂了；较真不较真，就看火候、口味。

其实，白皂的历史真的可以追溯到几百年前。据明、清两本《海州志》载，明末清初，横跨海州、涟水、沭阳的几万顷大湖渐渐淤积，于是大湖东北边缘成为陆地。因为每年洪水过境，这儿便形成了大大小小的河沟，其中一条就叫白（音“北”）皂沟。白皂沟连接着柴米河，蜿蜒流淌，通向村庄，两河交界之处就成了一个天然的码头。从此，运送柴米的船只经常在此停泊，一个小集镇便慢慢地诞生了，当年它叫“铁牛庙镇”。后来，海州的盐、柴，江南的布、药品，北方的牛羊肉、干货等在此集散，这一个河边小镇开始繁荣起来。再后来，安徽、山东、海州等地的生意人来此“淘金”，开起了各色店铺，其中，便有韩、李等几姓人家经营的羊肉汤馆。因为要兼顾南北方商贩的口味，所以白皂羊肉汤既有淮扬特色，又有齐鲁风味，汤白醇厚，鲜而不膻、肥而不腻，渐渐地形成了独特的风味。

说起第一次喝老白皂羊肉汤，还是在20世纪80年代末。那时，我在相邻的汤沟镇工作，因为每年中考监考及校际的交流，所以经常来白皂街。那时，白皂街有一家饭店，似乎没有名字，人们习惯地叫“李小二松家”。他家的特色是大鱼大肉：鱼是大青鱼，牛肉是方丁、大丁，猪肉是红烧肉块而或膀之类，羊肉切得很厚，烧大菜汤很白……青年时，酒席间，豪吃狂喝，哪能去细细品尝一地菜肴的独特风味？现在看来，这也算是口福上的一种遗憾吧。

多年前，新安镇老城区开起了一家饭店，大约在当年的小猪行马路对面。这家饭店印象中是白皂人开的，招牌菜肴为老白皂羊肉汤，店铺很大，食客也很多，当然大多数人是冲着老白皂之名而来的，相信不少人还有一些记忆。那时候，我对食物从不挑剔，但是对于羊肉汤，似乎还有着一种心理上的拒绝，因为但凡羊肉总有一股膻腥味，如今想寻此味，却是难得一回了。

那一年，应祥闪同学邀请，专程去白皂喝刚出锅的羊肉汤。我们走进柴米河北桥头的一家羊肉馆，好奇地看着一家人在锅前案后忙碌着，架上挂着几块羊肉，案上羊肉堆成小山。我心想：这么多的羊肉要卖多少天……待到围桌而坐，慢慢喝着地道的老白皂羊肉汤，吃着小饼，才渐渐地咂出老白皂羊肉汤的那一醇厚、香馥、绵长的味道。

后来，每到寒冬腊月，我总是惦记着老白皂羊肉汤这一种让人难以忘怀的美味。因此，每年常会和朋友去白皂两三趟，解嘴馋，实在没有时间，就会打电话托方便的朋友、亲戚捎带几斤，回家烧菜吃。少了原汤，又没学到当地掌勺人的祖传手艺，味道自然逊色得多，但一家人都夸老白皂的羊肉好吃。

上周日，应镇、村领导之邀，约了两位朋友，又去了一趟白皂街。一路上，免不了谈论起老白皂羊肉汤，那一只只馋虫似乎已在心头蠕动。只是遗憾，这个时节离喝羊肉汤的最好时候还有几个月呢。

这一趟是为挖掘地方文化而来，了解老白皂羊肉汤所蕴含的文化元素是首要之事。听了韩村主任的介绍、老街坊的讲述，以及两位当地文化人的论说，我才感悟到老白皂羊肉汤深厚的文化内涵和重要的社会价值：它不仅是老白皂街的一部变迁史，更是老白皂街一张亮丽的商业品牌和文化名片。

席间，那一碗羊肉烧酸菜虽然没有当年的分量，也没吃出冬日老白皂羊肉汤特有的滋味，但主人家那种厚道、热情的待客礼数，让我又一次想起了三十年前的白皂街。

真是“无巧不成书”。此间的主人叫韩正武，他竟然就是我们想访谈的李小二松的妹婿。他家的饭店很宽敞，有十多个羊肉火锅桌位，还有几个大桌堂，平常做做家宴。一问才知，饭店对面就是当年的李小二松家饭店的旧址。听他说，他孩子的舅姥爷——李小二松后来到南京发展，并定居那里了，但每年一定会回来几趟。有人就笑说他这是思恋老白皂羊肉汤了。

旧时，这里就是接龙桥头，即传说中的接驾乾隆皇帝的地方。如今，在这一块风水宝地上，一个新型社区正在规划之中。用不了两年，白皂老街将檐挂红灯，古朴重现；桥连水榭，新景更添……只待明月之夜，而或雪满林中，约三五好友来聚，一锅羊肉汤热气腾腾、汁醇味浓，香飘柴米河人家。

（文/武红兵）

百禄熏烧肉

提起百禄的熏烧肉，当数徐老大的熏烧肉最为出名。徐老大熏烧肉品质上乘、风味独特、远近闻名，是灌南县百禄镇卤货的一大特色，也是灌南县民间食品特色品牌之一。连云港电视台和江苏省内其他多家媒体多次报道，就连中央电视台也把它搬上了《乡土》栏目。

徐老大熏烧肉为何有这么大的名气？我怀着好奇心，来到百禄镇，决定寻脉探源，走进徐老大的熏烧肉店铺一看究竟。

徐老大的店铺收拾得很干净，一尘不染。货架上摆满了正在售卖的熏烧肉，有熏烧猪头肉、熏猪套肠、熏猪爪、熏猪口条、熏猪耳朵、熏猪尾巴等，一盘盘棕红光亮、诱人食欲，飘入鼻孔的是一股淡淡的烟熏之气，细闻起来又有一丝丝猪肉的浓香，令人垂涎欲滴。前来购买的人络绎不绝。

百禄熏烧肉

接待我的是店老板徐海波，人很精神，很健谈。我和他谈话的话题自然是他家的祖传技艺。

“我们家做熏烧肉已经有一百多年的历史了，从我家太爷那辈开始，传到我这代已经是第四代了。我家太爷先前在百禄街上开饭店，是位厨师，有一手做熏烧肉的绝活，颇有名气。之后，他把这个手艺传给了我爷爷徐国瑜。我爷爷没有辜负他的期望，在原有的基础上不断改进制作工艺，配方和火候的掌控精益求精，使熏烧肉的口感比原来更为适口。后来，我爷爷把这手艺传给我父亲徐新文，我父亲是初中生，算是有点文化，既能吃苦，又有创新精神。我父亲不时去新华书店买几本烹饪书籍、菜谱之类，一有空闲，便在厨房边做边琢磨，用现在的话来说叫‘研究’。功夫不负有心人，经我父亲对熏烧肉操作环节和技术的不断改进，产品深受消费者欢迎。不仅本镇人爱吃，而且就连周边的响水、涟水一带的人都过来买我们家的熏烧肉。耳闻目睹的这一切，深深地影响了幼小的我。”

见他这么健谈，我忍不住地问道："你兄弟几个呀？你父亲怎么就把这个手艺传给你一个人了呢？"徐海波回答道："我兄弟一个，中学毕业后，我受朋友和同学们的影响，去苏南打工。期间灌南的领导多次到苏南，在创业有成的老乡成立的商会组织中，宣讲'热爱家乡、奉献灌南'的思维理念，介绍近年来家乡的发展情况和土特产资源的开发优势。我听后受到很大的启发，心想，自家的熏烧肉就是创业致富的'宝贝'。辗转反侧之后，我决定回家乡创业，把自家的熏烧肉打造成金字招牌。"

我又问道："回乡后，你先从哪里着手的呢？"徐海波答道："我从小就跟父亲学了很多做熏烧肉的经验，但基础还不扎实，于是又向父亲认真学习手艺，更新制作工艺，规范制作标准，同时注册了'百禄徐老大'的商标。随着市场的需求增大，利用真空包装、礼盒包装、快递送货、网上订购的方式，我家的熏烧肉产量和营业额不断上升，产品供不应求。"

我再问："你有没有想过扩大经营规模，工厂化生产？"徐海波答道："镇里领导多次来动员，利用此优势投入资金，形成产业化生产的规模，但是我认为传承好老祖宗的手艺，坚守本真、守住正宗才能确保'百禄徐老大'熏烧肉的品质。如果规模大了，用蒸汽代替灶炉，用电锅代替传统卤制灶具，就保证不了原来的正宗口味和口感了。我就想在自己能掌控的范围内踏踏实实、认认真真地做一个长久的老字号。"

"百禄徐老大"熏烧肉，选料严谨，长期从大型肉联厂定制合格的鲜肉产品。肉联厂出售给徐海波家的猪头都是去毛的，其他猪内脏及猪爪等，也都是经过厂方正规加工处理的。徐海波制作熏烧肉的第一道程序是初步加工。把猪头、猪爪等分别收拾干净，用清水浸泡，捞出晾干水分，入沸水略烫。第二道程序是腌制入味。将略烫后的猪头、猪爪和内脏等，分别用秘方调料腌制入味。第三道程序是净化卤水。把祖传的老卤水烧沸冷却后撇去浮油，过滤去上次剩下的调料渣汁。第四道程序是卤制成熟。将腌制入味的猪头和内脏等投入老卤水中，先用大火烧开，再转小火烧煮熟。第五道程序是剔骨出肉。把捞出的熟猪头，趁热用手拆去所有骨头，要求是皮不破，保持形态的完整。其他不需去骨的口条、耳朵、猪爪等须用洁布擦去油水稍凉。第六道程序是熏制上色。在大锅内铺上适量的白糖，放上笼屉，将卤熟的肉品皮朝下，均匀地排放在笼屉上，盖上锅盖，进行熏烧。灶膛里用木草小火慢慢地烧，锅内的白糖渐渐地融化，此后，白糖随着火候作用，开始糊化、焦化，产生糖烟气体，慢慢地渗透到卤肉的表面，使肉吸附焦糖的成分，肉色被糖烟熏得赤色红亮。随着时间的推移，肉里的脂肪也慢慢地被渗透的热量“挤”压溢出，达到既增进肉的色泽和糖的焦香，又去掉肉中的部分油脂的目的。

熏制结束，取出熏肉制品。所熏的品种色泽金红、油光发亮。熏烟、肉香溢满厨房，令人垂涎。猪头肉、耳朵、口条、猪爪、套肠口感适中，肉香糯不腻，嚼之筋道，唇齿留香，回味悠长。

“百禄徐老大”套肠

徐老大家的套肠，是本地人的最爱，也是远销外地的名品。何为套肠？简单地说，是先将处理制净的生的猪大肠、猪小肠，烫去黏液，用盐抓拌，洗净，去除套肠的臊味，再用秘制不外传的调料腌制入味。将猪小肠穿入大肠内，投入卤中烧熟，再熏制即可。观之，色泽金红，体态丰腴；尝之，脆而筋道，鲜香可口，不肥不腻，虽是人工所制，却宛若天成。

相比南方酱烧、北方卤货，灌南的“百禄徐老大”熏烧肉确实有过之而无不及！

（文/成树华）

第二节 美食与联事 笑谈人生趣味

灌南，历史悠久，人文荟萃，古老的盐河穿境而过、通江达海，也是大运河上著名的支流之一。千百年来，伴随着新安、张店、百禄、堆沟、汤沟等运河文化带和集镇的不断兴起，各地的美食文化也蔚然兴起。从饮食典籍、稗官野史、街谈巷语派生出来的，流传于灌南一带的饮食楹联、故事趣味盎然，古联新对妙趣横生。

故 事

一、汤沟酒巧对小鳗鱼

潮河小鳗鱼，万尾一盘，鲜嫩悦目赛御膳；

汤沟大曲酒，一杯万意，绵甜爽口胜琼醪。

据说，乾隆南巡，驻跸皂河行宫，听着外面的雨声，忽想起批阅过的海州浚河奏折，随即传旨，要亲自去海州巡察。第二天，由大学士纪晓岚等一干人陪同，沿六塘河东巡。

乾隆和纪晓岚轻装简从，乘舟行至汤沟集，淮安府及下辖的海州、沭阳等地的大小官员早在汤沟御码头恭迎圣驾。州府大人领旨上船，奏禀六塘河、盐河的疏浚之事。

之后，沭阳县令钱汝恭奉上一坛汤沟老窖。乾隆便问：“此酒何如?”钱汝恭答曰：“绵甜爽口。”于是纪晓岚命人斟满玉杯，请皇上品尝。乾隆轻抿一口，便啧啧称好。接着海州知州又道：“此地为沭阳东境，距海州龙沟汛咫尺之遥，龙沟口下有北潮河，多产鳗鱼，久负盛名……”于是，御厨呈上了小鳗鱼一盘，将食，乾隆忽然停箸曰：“朕有一联，众爱卿来对，有赏。”随即命人倒满一杯酒，又命一翰林抄联：

潮河小鳗鱼，万尾一盘，鲜嫩悦目赛御膳。

众人皆知，大学士纪晓岚是联中高手，只见他端起酒杯，一饮而尽，脱口而出：

“汤沟大曲酒，一杯万意，绵甜爽口胜琼醪。”

从那年起，“一杯万意”的说法便在这片地区流传开。直到20世纪80年代，大潮河还盛产鳗鱼，每年开春不久，灌河口尽是“张”鳗鱼苗的渔船，鳗鱼苗大量地出口日本，挣来了外汇，因而被誉为“软黄金”。而汤沟酒也依旧坚守，以传统工艺酿造，成了白酒行业的“守艺人”。

二、大新集莲藕之喻

一弯西子臂，

七窍比干心。

大新集是灌南县境内一个很出名的老集市。古老的盐河曾从它的身旁流过，附近十里八乡以盛产莲藕著称，在《淮安府志》的安东县舆图上有显著的标注。

大新集的莲藕美食颇有来历。据说，“洪武赶散”时，自苏州阊门来的一户徐姓人家见这里湖塘密布、水草丰美，于是插草为标，占为民地，以种藕为业，繁衍生息。

一天，钦差大臣奉旨微服私访，考察苏北民风，路过大新集街时，恰巧看到卖藕摊上的一老者闲着无事在调教小孙儿：“《笠翁对韵》中曰：‘清对淡，薄对浓。暮鼓对晨钟。山茶对石菊，烟锁对云封……’”

钦差大臣听完，心知肚明，老者就是被“洪武赶散”之人，于是来了兴趣，见案上洗得干干净净的藕，随即就向老先生出联：

“一弯西子臂。”

老先生一听，大惊，抬头端详着来人，心想：十多年了，从未见过如此出言不凡之人。他顿时明白了几分：这位官人显然是来考察民风，也就是来巡察江南徙民是否安稳的。于是，心间盘算着如何应对，忽他眼睛的余光瞥见一节断藕，孔孔分明，立即心领神会，双手作揖而对云：

“七窍比干心。”

以比干之心为喻，表达了移民们的忠心耿耿之意。钦差大臣自然很满意，就在老先生家品尝藕圆、炒藕片等特色菜，第二天就回京上奏采风之事。

如今新集镇为灌南县著名的“莲藕之乡”，水质优良，所产之藕多是九孔，白净滚圆，肉质肥厚，嫩而无渣，口感甜脆。据说新集的“朱记藕圆”便是从明朝流传下来的江南名点。

三、北卤沟盐商悬联招亲

南卤沟，北卤沟，南北卤沟通南北；
东杨圩，西杨圩，东西杨圩据东西。

百禄街，最早叫“北卤沟集”，是淮安府安东县一个很有名的集市。广阔的盐碱地上盛产一种小盐，当地人把小盐叫“卤”，集市因临近一条卤水沟而名，其南边还有一条大沟，叫“南卤沟”。

很久以前，北卤沟集有一户嵇姓的大户人家，主营盐鹾，还开了几个商铺，在北卤沟集、佃湖一带都有他家的田地和店铺。大财主虽是商人，却也是一位饱学之士，因为有腿疾，只捐了个监生，平时好舞文弄墨。嵇监生家有一位千金，二八佳龄，貌若西施，琴棋书画，样样皆精。淮安府安东县城的豪门子弟都来上门提亲，可惜小姐一个都没有看上。冬去春来，眼看着女儿又长了一岁，这可急坏了嵇监生。家中师爷说：“既然小姐喜爱文墨才俊，不如张榜招亲。”于是，嵇监生悬联张榜于店铺前，可谓是“秦晋之好待佳联”。联曰：

南卤沟，北卤沟，南北卤沟通南北。

这天，江南大才子朱彝尊带着书童和手下来安东、海州考察河道，绕道朱头庄寻亲听说此事，在北卤沟集客栈歇脚，看到了征联。他仔细咀嚼一番，感觉实在难对。江南大才子被穷乡僻壤的人难倒了，要是传出去，实在没面子，于是就接着住了下来，分派书童和手下去陈家集送信并巡察。书童和手下回来之后，看见主人愁眉苦脸，待问清了原因，书童就笑起来：“这有何难！”随即对出了下联：

“东杨圩，西杨圩，东西杨圩据东西。”

原来书童送信的地方正是这个小潮河口的东西杨家圩，那是一处河汛之地，有汛兵据守。

朱大才子听到书童的对句，大喜却也十分失望。对联是对上了，但是小姐要被书童娶走了。看来，这一对是天赐的缘分。

几天之后，便是良辰吉日，书童肯定要留下来，做嵇监生家的上门女婿。嵇家有钱有地、有房有铺，拿什么做贺礼呢？大才子想来想去，只好把刚写好的《食宪鸿秘》作为礼物。

据说，百禄街的套肠、熏烧肉等做法就是那时从《食宪鸿秘》中流传下来的，只是今天有些改良。

四、鲈鱼对虾籽

鲈鱼四鳃，岂是松江一府；

虾籽无鳞，任游朐海三河。

乾隆年间，袁枚任沭阳县令，正值大旱之年，于是带领官员到庙宇祈雨抗旱，又率领沭阳民众捕杀蝗虫，得到了两江总督尹继善的表彰，自然十分地高兴。

袁枚是个“吃货”，遇到喜事就想尝新鲜的美食。他早就听说“潮河三鲜”，但一直没吃到嘴，心里十分痒痒。

一天，他借着考察六塘河之机，带着师爷顺着河道而下，来到海州龙沟河口，已是晌午之时，饥饿难耐，便泊舟上岸。岸边有条小街，小街上有一家小酒馆，于是走进小酒馆。师爷唤来店小二，点了“潮河三鲜”：清蒸鲈鱼、清煮小鲟鱼、大白菜烧虾籽。清蒸鲈鱼上桌后，袁枚忽然笑了起来，师爷被笑得莫名其妙。且听袁枚出口不凡：

“鲈鱼四鳃，岂是松江一府。”

可是，他半天都想不出好的下句，急得抓耳挠腮。师爷在衙门中混迹多年，耳濡目染，肚里颇有墨水，自然知道“螃蟹八足，横行天下九州”的原对句，但知道今天老爷想即景为句。

这时，店小二端着一碗大白菜烧虾籽上桌，他听到了客官的吟句，但他根本不知道眼前这位就是名满天下的袁枚，还以为是过路赶考的秀才，就顺口对了一句：

"虾籽无鳞，任游朐海三河。"

袁枚一听，大惊，才知道刚上来的这碗大白菜烧虾籽是"潮河三鲜"之一。他直感叹一个店小二都能出口成章，联意不凡，原来小小的龙沟河头也是藏龙卧虎之地，却又摇摇头，直叹可惜。

据说，店小二"虾籽"对"鲈鱼"，这个"籽"字犯忌了，因袁枚字子才。店小二当然不知道这些，所以《随园食单》上也就没有"虾籽"这一道地方奇珍。

（文/武红兵）

楹　联

一、小蒜炒蛋

携蛋品配兰肴，香飘十里胞衣地；

约春风摇麦浪，姿醉万千游子心。

（文/尹礼顺）

二、小尧贡丸

鲜却筋道，过屋顶摔而不隳，口中有牙无牙均能食此；

馥还雅醇，觅神方求之难得，村上殷户细户尽可为之。

（文/尹礼顺）

三、灌南美食

熏烧肉，红红火火，孩童入口皆王子；

酸菜鱼，白白清清，田叟沾唇即杜陵。

（文/王加华）

四、题百禄熏烧肉

一馔熏烧肉，

三年齿颊香。

（文/潘怀素）

五、题灌南浅水藕

怡心藕饼应时制，

爽口莲羹自古珍。

（文/潘怀素）

六、题小窑肉圆

小肉圆，随意烹饪，翘楚珍馐，可登丰筵雅座；
大名气，入品题，蜚声域外，堪聚胜友嘉宾。

（文/潘怀素）

七、堆沟眉毛坨

色如枣，状比眉，逢此子公指动；
鲜胜酥，味盈颊，食之使者涎垂。

（文/尹礼顺）

八、灌河虾籽

味超碧鲜浮游海西，遍天下难见；
形同针鼻穿入仙境，唯潮河有尝。

（文/尹礼顺）

九、灌南豆腐

清清白白是魂，名前加水因其嫩；
正正方方为志，席后称奇恃味鲜。

（文/尹礼顺）

十、蛙鱼

清凉食品人珍爱，
独特蛙鱼暑结缘。

（文/孟宪华）

十一、咏汤沟酒

沾唇点滴，瓷瓶玉液飘寰宇；
溢盏满杯，窖酒琼浆入热肠。

（文/袁立峰）

十二、赞大师成树华

控调火候，谦恭炒就无边景；
执掌银勺，潇洒挥开一片天。

（文/陈守桓）

十三、题成树华先生

老蚌怀珠人尽雅，厨艺常常惊四座；

大师抱璞品须高，爱心缕缕胜三春。

（文/林　农）

十四、题灌南美食（一）

待客先推新世纪，

佐餐首选老汤沟。

（文/倪春元）

十五、题灌南美食（二）

肉圆应是小尧嫩，

山药莫过何荡粘。

（文/倪春元）

十六、赞灌南美食（一）

闻名当数，南国汤沟酒；

好吃不如，小窑猪肉坨。

（文/陆月真）

十七、赞灌南美食（二）

滑嫩有筋，新安豌豆粉；

味鲜可口，白皂羊肉汤。

（文/陆月真）

十八、赞灌南美食（三）

大新集老千张，名扬苏北徐淮盐；

百禄街熏烧肉，味压江南宁沪杭。

（文/陆月真）

十九、赞灌南佳肴

美馔佳肴引商贾宾朋住硕项湖畔，

琼浆玉液聚文人雅士于灌河之滨。

（文/成树华）

二十、赞树华先生

三龙斋起步，冷菜摊前，开辟人生创业征程，迎来新世纪；

百载梦建功，烹饪界里，继承淮扬美食传统，坚守大情怀。

（文/林　农）

第三节　美食与方言　勾画民俗过往

方言，对很多人来说，是家乡的记忆。无论离家多远，只要耳边响起方言，家乡的感觉就会瞬间呈现。“乡音无改鬓毛衰”，这样的文化慰藉与情感纽带，无不安放着我们的乡愁，正所谓“有方言的地方才叫家乡”。

灌南境内的方言俗语，涉及自然与社会的诸多方面，内容丰富、形象生动、语言精练、脍炙人口。境内，北片接近海州话，南部接近淮安话。随着时代的变迁和社会的发展，特别是改革开放后，一些方言俗语慢慢地被普通话取代，比如，灌南人称呼最多、最亲切的“大、舅爹、舅奶、女门”已分别被“爸爸、外公、外婆、老婆”取代。

十里不同音，百里不同俗。灌南方言在不同的乡镇有不同的语音，各有特色。现选取以县城为主的、与饮食相关的部分方言，以示不忘乡音、乡愁。

半饱辣饥：没有吃饱。

稖面：玉米面。

稖多多：玉米面做成的窝头。

稖忽涂：玉米磨成糊做成的稀饭。

稖糈子：玉米去皮粉碎成的小颗粒。

饱痒嗓子：不上档次的饭不想吃。

吃粥馏饼：煮稀饭时上边蒸饼。

打打尖：先少吃一点，不吃饱。

大饺夹子：贴在锅边上蒸熟的大饺子。

皑面饼：没有经过发酵的饼。

饭后瘟：饭后不想干活，没有精神。

䅟麦：元麦。
锅里下把：用手直接拿锅里面的食物，也比喻做事不文明。
面和浪：用面粉做的小面的疙瘩。
精稀洸浪：很稀，多指稀饭。
苦渣：做豆浆剩下的渣子。
冷冷：小吃名，即将未成熟的麦粒磨成条状，用笼蒸熟。
猫耳饺子：馄饨。
面疙瘩：面搅成糊状，用筷子刮成长条放开水里煮熟。
浓稠稠：比较稠的稀饭。
肉坨子：肉圆。
山芋砣子：用山芋粉和熟山芋搋面，包入蔬菜的包子。
水饭、弯弯顺：饺子。
死锅塌子：将没有发酵的面贴在锅上做成的饼。
死面饼：没有经过发酵的饼。
望人汤：稀饭太稀了。
冒尖、捂起一大碗：碗里装很多饭。
小卷子：长圆形馒头。
小麦糊子：粗面粥。
一捞连：没有去皮的面粉。
油糍：油炸饼。
油鬼：油条。
油端子：以萝卜丝和面炸的小饼。
糟告、糟头：人工酵母。
糟面饼、涨面饼：经过发酵过的饼。
芝目蔴子：熟芝麻粉。
猪血料：猪血。
戳豆腐：将豆腐用筷子戳散加佐料，直接食用。
扨菜：用筷子搛菜。
苦咸：太咸。
没滋腊味：无味。

面猴头：面瓜，香瓜的一种。
千层豆腐：百叶。
青混子：草鱼。
“小肉狗”：一种无名小鱼。
四碗头：比较简单一点的菜。
莴苣苔：莴笋。
乌眼子：乌鱼。
稀饿：很饿。
小参苗：小翘嘴鱼。
小“没娘”鱼：一种无名小鱼。
油滋腊味：很香的炒菜香味。
蒸咸菜：煮熟的咸菜。
喝寒（闲）酒：没事小聚。
耙杠酒：喝酒比较强势的人。
齐工酒：工程完成的庆功酒。
山芋干冲子：山芋干酿的酒。
醉不胡汤：喝醉酒。
鼻塌嘴歪：形容吃得太多、喝得太多。
馋老鬼：好吃嘴馋的人。
吃一嘴两嘴的：已经吃过一两次了。
饿渣渣：就想吃东西。
饭执（塞）不住嘴：吃饭的时候还不停地讲话。
桂花嘴：看到好吃的就想尝尝。
好吃不带眼：注意力没有集中。
看人家吃豆腐牙快：别人肯定比你行。
辣馋：解馋。
卖饭碗：端着饭碗串门。
下品：吃相不雅。
掀锅摸灶：不做实事。
相嘴：看着别人在吃饭，多指小孩子。

寻吃寻喝：懒人。
嘴吊二梁上：没有饭吃。
嘴上顶真：整天考虑吃好的。
改案：庆祝小孩出生 20 天。
关目：礼俗关节。如做做关目。
浪家饭：姑娘结婚前，亲戚朋友请姑娘吃饭。
五月冬：端午节。
两双半筷子：用手抓。
笼头：蒸笼。
漏列子：蒸馒头时用的托子。
罩馏：漏勺子。
嗳嗝：打嗝。
差一把草锅不开：关键时就差那么一点。
到嘴不到肚：东西很少，不够吃的。
跟猫舔的：吃得太干净了。
锅不热饼不靠：双方没有感情。
锅上一把，锅下一把：没有帮手。
脚蹲锅门瓢卡脸：不见世面。
牛头有草饿不死牛：只要有东西吃就能保命。
瓢南食北：还没有准备做饭。
受犒：挨饿。
腿伸锅膛里：没有草烧还要求做饭。
眼不眼不的：小孩看大人吃饭时特别想吃。
胀饭：招呼不受待见的人吃饭。
撞撞：散步。
肉饭饱三天：吃一顿好的，好长时间都不感到饿。
不了不意：没吃饱，没喝好。

（金孝清、胡长荣供稿）

除了方言之外，书法与国画乃中国独有的传统文化，它们不仅记载着中国文明的历史社会发展进程，而且以独特的艺术形式与各行业的发展紧密相连。美食文化与书画艺术当然是密不可分的。大到餐馆的匾额及环境布置，小到家庭餐厅，无不以书法、绘画为先，其内容大多与饮食文化有关。

古往今来，活跃在灌南的书法、绘画爱好者们，也常常以美食的相关内容为主题，创作出一幅幅与环境相符的精美作品。

他们或以古代描述灌南饮食相关的诗词歌赋，或以灌南特色食材，或以烹调工艺为主题创作，形式多样，对联、小品画、中堂画、条幅、斗方应有尽有。作品既有书法、绘画独作，又有诗书画印组合之作。杯盏美味之间尽显文化格调，构成一幅幅百花齐放的美食文化画卷，展现于品味灌南美食之时。

灌南味道（孙建明篆刻）

食在海西（孙建明篆刻）

双鱼（庄思永篆刻）

醉美灌南（高天齐篆刻）

百里闻香十里醉，
天下美酒论汤沟。
（李伟篆刻）

百禄熏烧肉（相星辰篆刻）

汤沟（姜昊篆刻）

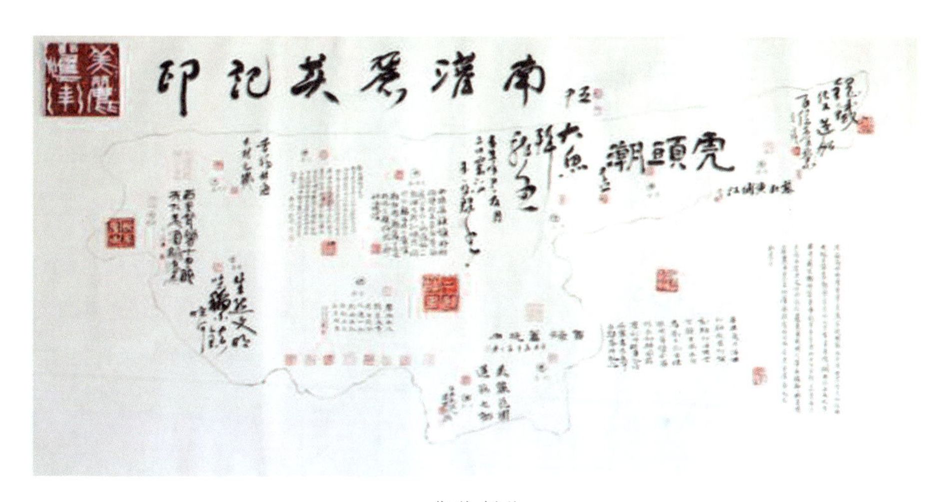

集体创作

一馔熏烧肉，三年颊齿香。
（潘怀素联，孙建明书）

灌南味道（陈建书）

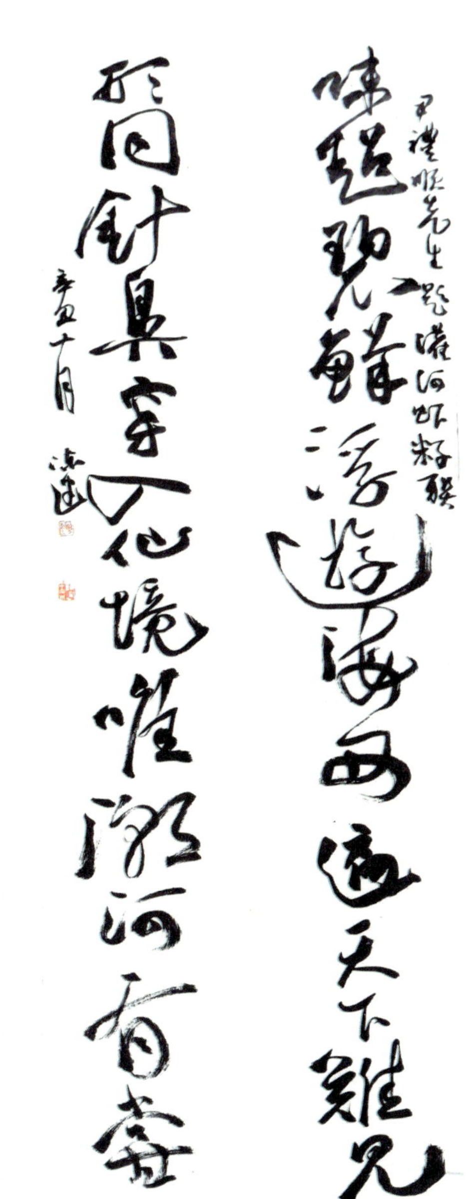

味超碧鲜浮游海西，遍天下难见；
形同针鼻穿入仙境，唯潮河有尝。
（尹礼顺联，陈建书）

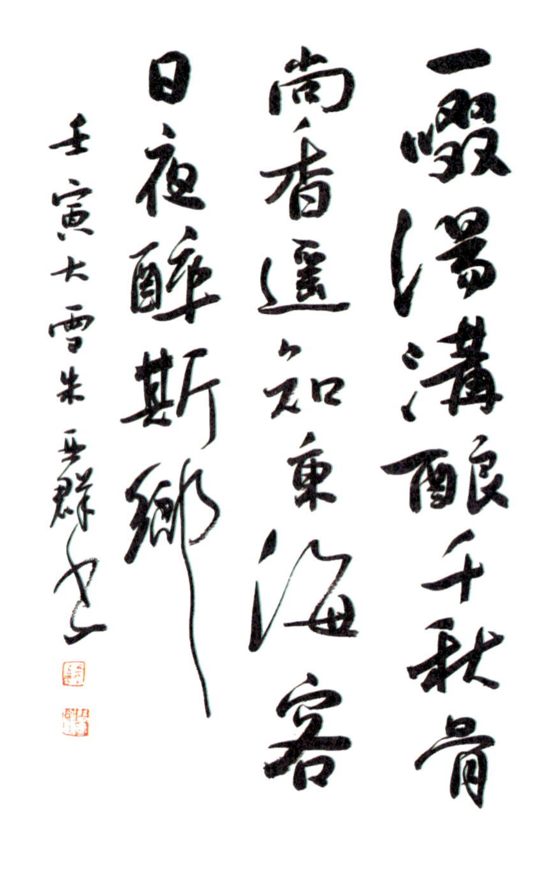

一啜汤沟酿，千秋骨尚香。
遥知东海客，日夜醉斯乡。
（启功诗，朱亚群书）

竹外桃花三两枝，春江水暖鸭先知。
蒌蒿满地芦芽短，正是河豚欲上时。
（苏轼诗，葛中亚书）

肉圆应是小尧嫩，
山药莫过何荡粘。
（倪春元联，李伟书）

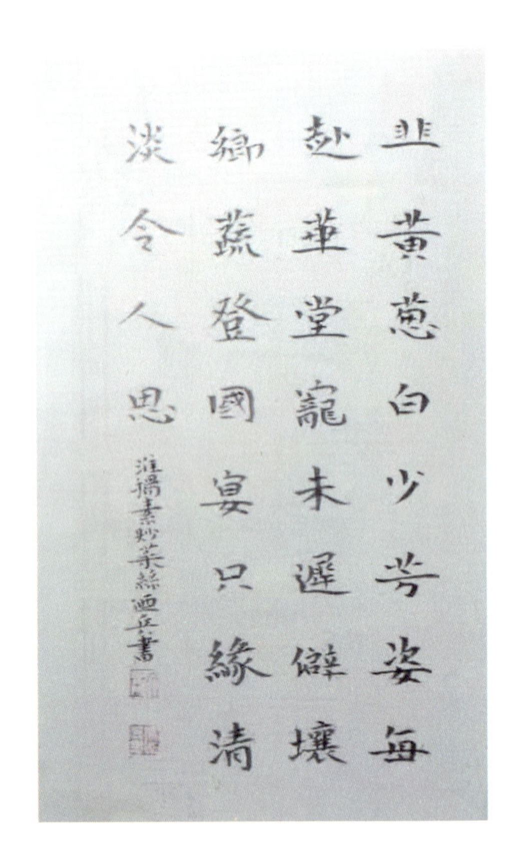

韭黄葱白少芳姿，每赴华堂宠未迟。
僻壤乡蔬登国宴，只缘清淡令人思。
（马乃兵书）

年年有余（吴洪祥画）

鱼我所欲也（尹步军画）

余味绕梁三日不绝（尹步军画）

菊黄蟹肥（田志刚画）

春江鱼肥（田志刚画）

重阳醉菊（吴洪祥画）

蒲香鸟欢（马伟画）

政协灌南县委员会组织编写的《灌南味道——印烙在民俗里的舌尖记忆》（以下简称《灌南味道》）一书，不仅为当地餐饮业做了件大好事，也为江苏的烹饪事业做出了贡献。

灌南是连云港的“南大门”，地处黄海海滨一隅，有“海西古国”之称，还被誉为“菌都”“酒乡”。其疆域不越数箭，人口不过百万，为什么底蕴却如此深厚呢？细察之，我们不难发现，这里有海、有湖、有河，土肥水美、物产富饶；这里人杰地灵、民风淳厚。根植于“汉韵”“水秀”的灌南文化融古通今、并外兼内，尤其是这里的餐饮文化，更是在淮扬菜的基础上融入了鲁菜的豪放、粤菜的恬静、川菜的洒脱，大有“聚万沙独成塔，汇百泉自为溪”的态势，形成了鲜明的餐饮特色。

味可味，非常味。政协灌南县委员会审时度势，与时俱进，组织编写了这本《灌南味道》，他们取精用宏，撷英集萃；主创人员更是焚膏继晷，伏案长耕；其他参与编写的人员亦是殚精竭虑，任劳任怨。这才成就了《灌南味道》这道灌南文化的“大餐”，让人倍感钦佩和欣慰。

走进此书，“厨圣”伊尹、食基农耕、酒制祭礼、灶形土垒……一幅幅历史画卷仿佛就在眼前，让人不自觉地锁紧餐饮历史的腕脉，感悟着历史的传承和发展的脉动；传统宴席的变迁、节日食俗的规范、特殊食俗的讲究、食艺同源的雅致、趣闻轶事的浪漫、汤沟美酒的香醇……一层层记忆的丝茧，勾勒着生活的过往，勾画着古今的脉络，编织着餐饮与民俗的锦缎；挖野荠菜、打槐树花、晒马齿苋……一帧帧鲜活的生活画面，凝结着生活的艰辛，见证着时代的变迁，蕴藏着家国的情怀；烹豆丹、炸蝎子、煎知了、烧蝗虫……一道道“匪夷所思”的菜品，让舌尖记忆多了一道烙痕，让味蕾重新定位感知，让食俗补上新的一页；海鲜、湖鲜、河鲜……一波波地域特有的“鲜”味浪潮，把食鲜演绎到极致，让人食意盎然，垂涎欲滴。翻开《灌南味道》，咀嚼“味道灌南”，一种“尝尽海西珍馐方知味，饮完汤沟佳酿始觉香”的感觉油然而生，让人不忍释手，畅然怡情。纵览全书，探古溯源，忆往述今，宽域广纳，包罗有序，非常值得一读。

“一方水土养一方人”。各民族、各地区因风俗、地理、食材、饮食习惯迥异，创造出形形色色、林林总总的餐饮特色。就江苏而言，其历来是全国文化和经济先进大省，也是饮食文化十分厚重的省份，这里物产富饶，人杰地灵，素有“鱼米之乡”的美称。苏南、苏中、苏北的地理气候、人文风情、生活习惯、菜肴特色等就有明显的不同，形成了以金陵风味、苏锡风味、淮扬风味、徐海风味为代表的江苏菜系，并以其独特的人文气息、精美滋味享誉全国乃至全世界。《灌南味道》层次分明地描述了灌南一带是如何兼容连云港、淮安的饮食优点，形成了当地菜肴的风格特色的。人们在饮食中，不仅享受着食鲜味美，而且还能体察人文情怀，让舌尖记住往日味道，让人们记住乡愁。本书能充分体现当地领导为弘扬本土饮食文化而做出的贡献，让人体会到他们对家乡的热爱、对民生的关注，更能让人领略到灌南古今风土人情的变化、人民生活水平的提高和经济社会的发展。

“路漫漫其修远兮，吾将上下而求索”，是树华先生经常挂在嘴边的一句话。我们有理由相信，灌南餐饮人正是秉持着这种执着，不断地探寻着、总结着灌南餐饮文化，为灌南的建设追求着、奉献着。

江苏省餐饮行业协会会长 于学荣

2022 年 9 月于金陵

民以食为天，食以味为先。为传承灌南饮食文化，展示地方特色民俗，留存珍贵乡土记忆，经部分县政协委员提议，县十届、十一届政协接力组织编写了《灌南味道——印烙在民俗里的舌尖记忆》（以下简称《灌南味道》）一书。自2021年5月召开第一次组稿会起，历时廿月，数易其稿，至2022年12月正式付印，为舌尖上的灌南增添了丰盛而别样的味蕾情怀，折射出海西大地跨越千年的社会生活变迁。

《灌南味道》第一章至第六章、第九章第一节及第十章第一节中的《百禄熏烧肉》为县政协委员成树华撰写，其他部分由薛凡、林农等同志组织编撰。在编撰过程中，创作人员怀着满腔热忱，执着追求，不辞劳苦地走乡访村，缜密细致地查阅资料，在提纲修订、文稿编撰、修改校对等工作中，夜以继日、伏案长耕，倾注了大量心血和汗水，做出了突出贡献。

中国烹饪协会第七届会长傅龙成、江苏省餐饮行业协会会长于学荣在阅读书稿后，于百忙之中欣然拨冗为《灌南味道》著了序和跋，给本书留下了书香墨韵，增添了许多光彩；县委、县政府高度重视本书的编撰、出版工作，主要领导经常过问和关心工作进展；县十届、十一届政协杨以波、廖朝兵等领导多次了解创作进度，及时提出意见和建议，指导明确编撰方向，发挥了不可替代的重要作用；县政协港澳台侨委卜海主任和编撰人员打成一片，全程参与书稿编写，为本书的顺利出版做出了重要贡献。

王玉照、张国民、孙建明、陈建、尹步军、朱亚群、吴洪祥、

马伟、胡长荣、卞华平、金孝清、李伟、邢文飞、丁乃灿、周健康、吕业茂等同志为本书提供了诸多帮助，灌南县新安镇人民政府、县现代农业示范园区、县财政局、县文体广电和旅游局、县农业农村局、县机关事务服务中心、县博物馆、灌南中专、江苏汤沟两相和酒业有限公司、县烹饪协会、县诗词楹联协会、新世纪大酒店对出版给予了大力支持，苏州大学出版社的领导和编辑给予了热情指导，在此表示衷心的感谢！

灌南饮食文化源远流长，深厚广博，由于编写匆忙，视野有限，特别是对地方饮食史料研究得还不够深入，本书肯定存在不足和疏漏之处，敬请谅解！尽管如此，我们依然希望社会各界在《灌南味道》的字里行间中咀嚼灌南、感悟灌南、回味灌南，渴望并期盼《灌南味道》能够在生生不息的岁月长河中，助力灌南因美食而更加丰富多彩，以文化而更加厚重致远！

编委会

2022 年 12 月